El universo a vista de pájaro

Mariano Moles Villamate

El universo a
vista de pájaro

Prólogo de Vicent J. Martínez

institució
alfons el magnànim
centre valencià
d'estudis i d'investigació

 COL·LECCIÓ URÀNIA

Dirección editorial: Vicent J. Martínez

© 2024, Mariano Moles Villamate

© 2024, del prólogo: Vicent J. Martínez

© 2024, de la ilustración de portada: Javier Pérez, sobre fotografías de 123RF

© 2024, de esta edición:

Institució Alfons el Magnànim -
Centre Valencià d'Estudis i d'Investigació
Diputació de València
Corona, 36 – 46003 València
Tel. +34 963 883 169
contacte@alfonselmagnanim.com
www.alfonselmagnanim.net

© de las figuras:

Figura II.1: © Hubble Heritage Team (AURA/STScI/NASA/ESA). **Figura III.1:** © ESA/ Hubble & NASA. **Figura III.2:** © NASA, ESA, Joseph DePasquale. **Figura III.3:** © EHT Collaboration. **Figura IV.1:** © AURA, STScI, NASA, Hubble Heritage Project (STScI, AURA). **Figura IV.2:** © ESO, ALMA (ESO/NAOJ/NRAO)/A. Schruba, VLA (NRAO)/Y. Bagetakos/Little THINGS. **Figura IV.3:** © NASA/JPL-Caltech - Processing & Copyright: R. Gendler & R. Croman. **Figura IV.4:** © R. P. Kirshner, PNAS vol. 101, No. 1, pp 8-13, 2003. **Figura IV.5:** © Luiz de Costa, https://arxiv.org/abs/astro-ph/9812258. **Figura IV.6:** © M. Blanton and the Sloan Digital Sky Survey. **Figura IV.7:** © N. Benítez, R.Dupke, M. Moles et al., 2014, arXiv:1403.5237. **Figura IV.8:** © CEFCA, Augusto Llacer. **Figura IV.9:** © NASA COBE. **Figura IV.10.** © ESA & Planck Collaboration. **Figura IV.11:** © ESA and the Planck Collaboration (https://sci.esa.int/web/ planck/-/51555-planck-power-spectrum-of-temperature-fluctuations-in-the-cosmic-microwave-background.). **Figura IV.12:** © NASA, ESA, E. Jullo (Jet Propulsion Laboratory), P. Natarajan (Yale University), and J.-P. Kneib (Laboratoire d'Astrophysique de Marseille, CNRS, France); Acknowledgment: H. Ford and N. Benitez (Johns Hopkins University), and T. Broadhurst (Tel Aviv University). **Figura IV.13:** © X-ray: NASA/CXC/CfA/M.Markevitch, Optical and lensing map: NASA/STScI, Magellan/U. Arizona/D.Clowe, Lensing map: ESO WFI. **Figura IV.14:** © Perlmutter et al, Astrophysical Journal 517, 565, 1999

Corrección lingüística: Ofelia Sanmartín
Diseño de la colección y maquetación: Javier Pérez Belmonte
Tipografía: IBM Plex Serif, de Mike Abbink i Bold Monday; Bulo Rounded, de Jordi Embodas. En en el interior, papel Printset Ivori de 90 gramos y en la cubierta Image Silk de 350 gramos
Impresión: Paper Plegat

ISBN: 978-84-1156-026-9
Depósito legal: V-466-2024

Para mis padres, in memoriam.

Para Sylvia.

Para Vanessa y Vital.

*Para mis hermanos, Jesús (*in memoriam*) y Carmen.*

Para mis abuelos, in memoriam.

Para Jean-Pierre Vigier, in memoriam.

Para investigar la verdad es preciso dudar,
en cuanto sea posible, de todas las cosas.

R. Descartes

Agradecimientos

Cualquier trabajo es deudor de numerosas influencias que provienen no ya solo del ámbito directamente profesional, sino también de otros más generales, desde los que se incide en el modo de aproximarse a la ciencia y la actitud ante sus logros y dificultades. Quizás por eso, estos agradecimientos siguen lo que ha sido mi trayectoria profesional.

El impacto, aún niño, de las noticias sobre el primer satélite artificial, me había decidido a la ingeniería aeronáutica. Pero, según descubrí algo después, no era el espacio como lugar para recorrer con ingenios, sino el cielo y lo que contiene lo que realmente me atraía, lo que me llevó a una total reorientación una vez acabados los estudios universitarios. El primer contacto con la investigación en astronomía se produjo a través de los estudios entonces llamados de tercer ciclo y la incorporación como becario al Institut Henri Poincaré en París. Dirigidos por el profesor Jean-Pierre Vigier, y en contacto frecuente con el profesor Jean-Claude Pecker, nos reunimos un grupo de jóvenes que aceptamos dirigir nuestros esfuerzos en ámbitos cosmológicos controvertidos, algo alejados del núcleo del paradigma dominante. Éramos Gerard LeDenmat, Laurent Nottale, Hiroshi Karoji, Jean-Luc Nieto y yo mismo. Fue una etapa que se desarrolló en un clima efervescente, durante la que pudimos disfrutar de las opiniones, críticas y sugerencias de muchos expertos y colegas, con los que intercambiamos opiniones y largas discusiones que nos enriquecieron para siempre. Pero destacaba, sobre todo, el carácter, la vitalidad, la gran capacidad y entusiasmo del profesor Vigier, quien no solo influyó decisivamente en mi enfoque de las cuestiones científicas, sino en la actitud general ante la realidad. Mi recuerdo agradecido perdurará conmigo.

En una situación de gran entusiasmo y muy limitados medios, el empeño de científicos como Francisco Sánchez, José María Quintana y Jesús Gómez, desde instituciones diferentes, pusieron los fundamentos de lo que se ha convertido, años después, en nuestro país, en una disciplina del máximo nivel, con las mejores instalaciones y equipos. Esa situación de efervescencia inicial fue la que motivó mi regreso a España. En esos momentos iniciales pude incorporarme, desde el Observatorio de Calar Alto, al esfuerzo de establecer una investigación de calidad en astronomía y astrofísica en nuestro país. Recuerdo con gran viveza las discusiones, generalmente largas, en las que tratábamos de analizar la situación, preparar el futuro y la manera de hacerlo realidad. Tras una breve estancia en el Observatorio Astronómico Nacional, durante la cual mis vínculos de amistad y respeto profesional por Jesús Gómez se reforzaron, a través de las discusiones, que aún ahora tenemos, sobre astronomía, ciencia y la vida en general, me incorporé al CSIC. Ya he nombrado a José María Quintana, quien propició el marco en el que pudimos crear el primer departamento de Astronomía Extragaláctica en España, en el joven Instituto de Astrofísica de Andalucía. En ese clima de entusiasmo llegaron a Granada los primeros doctorandos decididos a estudiar las galaxias:

Pepa Masegosa, Ascensión del Olmo, Eija Laurikainen, Jaime Perea y Antonio Aparicio. Llegarían luego Isabel Márquez, Ana Campos, Carlos Barceló, Begoña Ascaso. Todos ellos salieron magníficamente adelante y con todos ellos pude tener largas y muy sustanciosas discusiones. Poderosos intercambios de ideas, cuyo recuerdo quiero rememorar por su importancia en mi devenir como astrónomo.

Quiero recordar también a M. V. Penston por su indispensable guía en nuestros primeros pasos y, junto con Enrique Pérez, por las maravillosas discusiones sobre las galaxias activas y sus propiedades. Y también a Halton Arp, cuya capacidad científica, experiencia y capacidad de análisis general me hicieron apreciar sus contribuciones, siempre desde la capacidad de discrepar que no solo practicó, sino que siempre respetó profundamente. Junto con Jean-Pierre Vigier y Jean-Claude Pecker, ejemplos de honestidad intelectual, compromiso y consistencia tanto en sus vidas como en su trabajo, son algunos de mis referentes más importantes.

Las últimas etapas de mi actividad profesional se centraron en la definición, planificación y ejecución de los proyectos científicos que pusieron de manifiesto la necesidad de un nuevo tipo de observatorio, no tanto de carácter generalista, sino orientado a propósitos específicos, a saber, los grandes cartografiados necesarios para caracterizar el universo a gran escala, a la vez que pudieran servir los intereses de diferentes ramas de la astrofísica por las técnicas que implementa. Este último proyecto ha resultado la etapa más intensa de mi carrera, en la que se han puesto en tensión permanente nuestra capacidad y conocimientos, y me han forzado, a nivel personal, a un esfuerzo extraordinario de aprendizaje e imaginación. Y, cómo no, toda esa actividad y sus logros está asociada a colegas y compañeros que han contribuido decisivamente a que pudiera llevarse a cabo. Si bien son muchos más, quiero citar en particular las contribuciones imprescindibles de Vicent Martínez, Alberto Fernández Soto y Narciso Benítez, sin los cuales no se hubieran elaborado los proyectos científicos que están en la base del Centro de Estudios de Física del Cosmos de Aragón y del Observatorio Astrofísico de Javalambre.

La realidad de ese nuevo centro y su observatorio es obra de un extraordinario grupo de jóvenes científicos e ingenieros, de los que quiero destacar a Javier Cenarro, Antonio Marín Franch, David Cristóbal, Jesús Varela, Carlos López San Juan, Axel Yáñez, Alessandro Ederoclite, Fernando Rueda, Sergio Rueda, Ángel López Sáinz, Tamara Civera, Javier Hernández, sin olvidar el papel necesario que desde la gestión de todo lidera Silvia Vaquero. Qué extraordinaria oportunidad, ya en la última etapa profesional, para discutir, argumentar, aprender e imaginar la ciencia y sus necesidades con todo ese grupo de jóvenes brillantes, entusiastas y profundamente comprometidos con la ciencia. Gracias a todos.

No puedo terminar sin mi más profundo agradecimiento al profesor Manuel Lozano Leiva, sin quien este libro no hubiera sido escrito. Y, de nuevo, al profesor Vicent Martínez por haber aceptado escribir el prólogo que abre esta presentación.

A todos los nombrados y a tantos más que de una u otra forma han contribuido a mi formación como científico y a mi modo de percibir la ciencia y la cosmología, mi más profundo reconocimiento.

Índice

Prólogo

Cuando entre 1599 y 1601 William Shakespeare escribió Hamlet, comienza un siglo que culminaría con una revolución científica que cambiaría para siempre nuestra concepción del cosmos. Una revolución iniciada en el siglo XVI, con personajes como Giordano Bruno, Nicolás Copérnico y Tycho Brahe, que culminará, ya en el siglo XVII, con Johannes Kepler, Galileo Galilei e Isaac Newton. La genialidad y la enorme intuición del dramaturgo de Stratford-upon-Avon le lleva a poner en boca de Hamlet, dirigiéndose a Horacio, su compañero de estudios en la Universidad de Wittenberg, la siguiente frase: «Hay más cosas en el cielo y en la tierra, Horacio, de las que han sido soñadas en tu filosofía».

Sin duda, cuando Shakespeare habla de «en el cielo y la tierra» se refiere a «todo lo que existe». Hoy podríamos hablar del universo. Ese es el objetivo que pretende conocer, a través de la filosofía natural, Horacio, el personaje que representa la racionalidad en Hamlet. Pero el príncipe de Dinamarca advierte a su amigo de que hay mucho más por descubrir y conocer de lo que hubiera soñado llegar a saber.

La cosmología pretende estudiar el universo en su totalidad, su origen, su evolución y su destino. La historia de esta disciplina en los últimos cien años queda muy bien descrita por la frase de Hamlet: hay en el universo más cosas de las que habíamos soñado. Hoy, las personas que trabajan en cosmología hablan de materia oscura, de energía oscura, de neutrinos, de grandes estructuras cósmicas y de grandes vacíos, de una radiación cósmica que todo lo inunda, de ondas gravitacionales..., mucho más de lo que hubiéramos soñado.

En la descripción de nuestro universo necesitamos teorías y modelos que lo expliquen y observaciones cosmológicas que nos aporten la información necesaria para contrastar estas teorías. Y necesitamos de cierta perspectiva: observar el universo «a vista de pájaro», como acertadamente ha elegido titular Mariano Moles este libro.

Decía el biólogo Lluís Montoliu al recoger el Premio COSCE de difusión de la ciencia de 2022: «Mi consejo: primero investiga y acumula conocimiento, porque cuanto más conoces un tema más capaz eres de simplificarlo y ponerlo a disposición de la gente». Sin duda, esa ha sido la trayectoria de Mariano Moles, un investigador en astrofísica y cosmología con una trayectoria científica impresionante que no pretendo glosar en este prólogo, pero de la que sí diré que ha combinado sabiamente estudios teóricos de gran calado en diferentes áreas de física y cosmología con una intensa actividad en proyectos observacionales en astrofísica, incluidos los desarrollos tecnológicos asociados al Observatorio Astrofísico de Javalambre operado por el Centro de Estudios de Física del Cosmos de Aragón (CEFCA), del que Mariano fue su fundador y primer director. Al leer *El universo a vista de pájaro* quedan patentes los profundos conocimientos de astrofísica teórica y observacional del autor, enmarcados en un amplio bagaje cultural, que abarca desde la propia historia de la cosmología –de la cual el propio autor ha sido protagonista– hasta sus repercusiones en filosofía y en otras áreas de conocimiento.

Déjenme poner solo un ejemplo. En 1991, el autor del libro que el lector tiene en sus manos publicó un artículo en la prestigiosa revista *The Astrophysical Journal,* cuyo título podríamos traducir como «Modelos cosmológicos físicamente admisibles con constante cosmológica distinta de cero». El artículo se adelantaba –en prácticamente una década– al rescate de la constante cosmológica introducida por Einstein en 1917.

Este rescate vino primero de la mano de los estudios de las supernovas más remotas que podemos observar en el universo y que llevaron a la comunidad que se dedica a la cosmología a hablar de expansión acelerada del universo y de energía oscura. En 1998 la revista *Science* consideró que este descubrimiento, llevado a cabo por dos equipos de investigación liderados por Saul Perlmutter, Adam Riess y Brian Schmidt, que más tarde recibirían el Premio Nobel, debía ser considerado el gran avance científico de ese año. En nuestro modelo cosmológico la componente dominante es la energía oscura, una versión de la cual es equivalente a la constante cosmológica. Representa en torno al 70 % de la densidad de materia y energía del universo, valor que ya aparece indicado, haciendo gala de una acertada intuición, en el artículo de Mariano Moles de 1991.

Una vez invité al periodista científico Javier Sampedro a participar como ponente en un curso de la Cátedra de Divulgación de la Ciencia de la Universitat de València que llevaba por título: «Escenarios y actores para la comunicación científica». Le pregunté sobre los diferentes canales de la difusión de la ciencia y contestó:

La tele es hechicera; la radio, benévola; la web, inmediata: la dimensión que queda disponible para el libro científico es la profundidad, y esa es la que el escritor debe explotar a fondo. Pese a lo que suele pensarse, la metáfora es solo un recurso secundario en la divulgación. Lo esencial es explicar con transparencia el fondo de la cuestión. Y la única forma de hacerlo es entender con claridad el fondo de la cuestión. Escribir de ciencia para el público general es un trabajo duro: poco serios abstenerse.

Mariano Moles entiende con claridad la cosmología moderna y el modelo cosmológico estándar, así como las teorías físicas en las que se basa y las observaciones cosmológicas que lo sustentan, y eso le permite explicar con transparencia cuestiones complejas.

Cuentan que el editor del libro de Stephen Hawking *Breve historia del tiempo* le indicó que por cada fórmula que pusiera en su libro perdería la mitad de lectores. Al final Hawking dejó solo una fórmula, la famosa relación de Einstein $E=mc^2$. Ya hace más de cuarenta años que se publicó el libro de Hawking. Los tiempos han cambiado. Mariano Moles evita el uso de las fórmulas matemáticas en su libro, pero tampoco rehúye de ellas, y cuando, a su juicio, es más clarificador introducirlas, así lo hace. El texto se lee con fluidez. Muchos de los conceptos que introduce el autor no son fáciles de explicar, pero el autor consigue hacerlos comprensibles manteniendo siempre el rigor científico. En algunos casos aclara, con maestría, confusiones frecuentes y recurrentes en cosmología, como la interpretación del desplazamiento al rojo cosmológico como efecto Doppler o la propia ley de

Hubble-Lemaître. La visión del autor acerca de cómo hemos aprendido lo que sabemos del universo es extremadamente lúcida y original. Espero que disfruten de su lectura del mismo modo que he disfrutado yo.

Vicent J. Martínez
Universitat de València

Introducción

El afán cosmológico, en tanto que pretensión de conocer lo que hay en el universo, es común a todas las civilizaciones, y en todas ellas ha constituido un elemento de impulso y convergencia de diversos saberes. Pretender conocer el universo conlleva, como es obvio, la consideración de que es accesible al conocimiento algo que, como es bien sabido, asombrara a Einstein, si bien fueron sus ideas y teorías las que más han impulsado ese afán.

En efecto, esa luz, tan débil, que nos llega de las estrellas, nos invita a aceptar la idea simple de que, puesto que se nos manifiestan y son perceptibles, los astros que pueblan el cielo y sus propiedades son congruentes con el observador, y por tanto pueden llegar a conocerse. Sobre esa base, elemental, se busca descubrir nuevos fenómenos y, gracias al interés por explicarlos, se van transformando los mitos en teorías y se van construyendo imágenes inteligibles del mundo.

Pero esa idea simple era negada, en su momento, por filósofos como Platón y Aristóteles, quienes, en medio del progreso del conocimiento del cosmos y del pensamiento de su época y tradición, predican una radical dualidad entre los cielos, que proclaman inaccesibles, y la Tierra, lugar donde las cosas evolucionan y se corrompen. Tras siglos de olvido, las ideas de unicidad volverán lentamente a abrirse camino, si bien el abandono de las ideas aristotélicas requerirá un cambio conceptual profundo, una revolución que tardará varios siglos en producirse.

En su última fase, decisiva, ese cambio viene impulsado por científicos y filósofos como Nicolás de Cusa, Copérnico, Kepler, Bruno o Galileo, hasta Newton, que acaban con los principios aristotélicos de circularidad de los movimientos y centralidad de la Tierra, demostrando que las mismas leyes rigen en la Tierra y en los cielos. Como reclaman los adalides de esas revoluciones, no se trata solamente, como el Vaticano argumenta contra Galileo, de una técnica o artificio para simplificar los cálculos, sino de una nueva concepción de la naturaleza y del universo, que multiplica nuestro mundo hasta el infinito.

Los cielos han sido abiertos a la ciencia y, paulatinamente, gracias a sucesivas revoluciones conceptuales y a los avances en la capacidad de observación, se van conociendo los diferentes astros, cimentando el desarrollo de concepciones cosmológicas que intentan aprehender el orden y la unicidad del universo, por encima y más allá de la diversidad y de la multiplicidad de las apariencias inmediatas.

Esas son las raíces de las que parten nuestras concepciones actuales sobre el universo, que va a ser analizado, a partir de ahí, no solo desde el punto de vista geométrico y descriptivo. Ya el mismo Kepler, por primera vez, se pregunta por las causas físicas de los movimientos de los planetas alrededor del Sol que acaba de descifrar. Mientras, casi simultáneamente, el pensamiento se hace científico por el método y matemático por el lenguaje de la mano de Galileo. Para culminar con la formulación de la ley que rige los movimientos en la Tierra y en los cielos, la teoría de la gravitación de Newton, en la que el adjetivo universal traduce precisamente la idea y el hallazgo de que afecta de igual forma a todo lo que existe, y en todas partes. Se impone la concepción de un universo gobernado por la fuerza de la gravedad, que se constituye en su principio organizador. Desde entonces, esas mismas ideas de unicidad y fuerza de gravedad como elemento de cohesión de todo el universo han prevalecido y constituyen la base de las concepciones cosmológicas actuales.

Ciertamente la cosmología es compleja y multidisciplinar, de contornos difusos, en la que los ingredientes conceptuales, incluso filosóficos, son inexcusables, por más que queden a menudo implícitos. Es una disciplina en la que la propia definición de su objeto es problemática y condiciona lo que luego se elabore. Decir que el universo, en cuanto tema de estudio de la cosmología, es todo lo que existe no pasa de ser una tautología sin valor operativo. Deslindar lo que es su dominio, qué entendemos por universo y qué por cosmología, lo que son detalles locales de lo que tiene carácter global, ese es el primer y fundamental problema que hay que tomar en consideración. Pero la cuestión de qué es relevante para la cosmología no es trivial, como lo ilustra el simple argumento de Kepler, que nos hizo ver que la oscuridad del cielo por la noche es un hecho de profundas consecuencias cosmológicas.

El título que hemos escogido para este libro quiere expresar esa perspectiva en la que hay que situarse para hablar de cosmología, que delimita antes conceptos que dimensiones.

Es precisamente esa necesidad de perspectiva la que hace difícil definir el dominio de la cosmología y explica la invocación de grandes principios para poder abordarla científicamente. Por esa razón, nuestra exposición comienza precisamente por las cuestiones relacionadas con la idea de universo y de cosmología. En el capítulo I tratamos de explorar las consideraciones de principio que subyacen a las teorías cosmológicas, y que raramente son explicitadas, a saber, los principios de unicidad de la materia y de las leyes físicas, que hacen inteligible el universo, y el de la accesibilidad del universo, expresada generalmente en forma de principios cosmológicos, que nos autorizan conceptualmente a abordar la cosmología desde nuestro rincón del universo.

La cosmología se va construyendo a partir de la ampliación de los conocimientos de los astros que contiene el universo. La luz, objeto del capítulo II, es la fuente básica de información, el vehículo que recorre el universo aportando datos no solo sobre las posiciones y brillos de esos astros, sino también sobre su naturaleza, composición y condiciones. Capacidad que se pone de manifiesto, a partir del siglo XIX, cuando la espectroscopía nos enseñó a desenterrar y decodificar esas informaciones encerradas en la luz que nos llega de los astros. A medida que se consigue detectar más y más manifestaciones de los astros, el universo empieza a hacerse complejo, con cuerpos y sistemas en diferentes condiciones que ponen a prueba los conocimientos existentes y propulsan nuevos desarrollos teóricos.

Todo lo que hasta ahora conocemos del universo, con la notable excepción de las muestras traídas de la Luna o de algunos asteroides y planetas, de los neutrinos provenientes del Sol o de la SN1987A y la reciente detección de ondas gravitatorias, nos llega codificado en las ondas luminosas que captan nuestros instrumentos. La extracción de la información que nos trae la luz, tomada en el sentido amplio de radiación electromagnética de cualquier longitud de onda, es la tarea básica y fundamental del astrónomo, que, recolector de luz, dirige los telescopios hacia los lugares de los que pretende obtener información y, pacientemente, la detecta y acumula en sus instrumentos.

El panorama cósmico se enriquece sin cesar, a partir de ese preámbulo luminoso, con el descubrimiento de nuevos tipos de astros, hasta que la identificación de las galaxias como sistemas externos a la Vía Láctea, hace explotar, literalmente, los límites de lo que se creía que era el universo.

La ciencia es descubrimiento (datos), pero también es invención (teorías), potenciadora de su desarrollo, entrelazados de manera inevitable. Cuando se trata de teorías cosmológicas, hay que comenzar por hablar de gravedad, el agente que define la fábrica del universo. Y ese es el objetivo del capítulo III. La elaboración de la teoría de la gravedad es un capítulo mayor de la historia del desarrollo de la humanidad, que pone en juego y lleva a redefinir conceptos básicos sobre espacio y tiempo, materia y energía. La construcción tiene su primera culminación en la formulación de Newton, y transita, durante más de dos siglos, hacia una nueva teoría de la gravedad, impulsando un extraordinario cambio conceptual que, en este caso, no viene de la mano de grandes problemas prácticos, sino de la necesidad de resolver las contradicciones internas de la teoría de Newton.

Nada es obra de una sola mente, pero hay que señalar que el papel de Einstein es clave en esa transición, que se resume en dos grandes saltos. El primero, que supone la superación de la dinámica newtoniana, lo formula Einstein con la teoría de la relatividad restringida. La incorporación del hecho de que existe un límite a la velocidad de propagación de cuerpos e interacciones, usualmente identificada como velocidad de la luz en el vacío, transforma radicalmente los conceptos y lleva la dinámica clásica en la dirección marcada por el electromagnetismo. Espacio y tiempo se hacen conmensurables, en cierto modo equivalentes, gracias a esa nueva constante, la velocidad de la luz. Pero esa revolución no es, aún, suficiente.

La gravedad de Newton se propaga a velocidad infinita, y por lo tanto deja de ser válida en ese nuevo marco. Se hace necesaria una nueva teoría de la gravedad que, tras varios años de esfuerzos, culminará el mismo Einstein en 1916, con su teoría general de la relatividad, tras revisar y cambiar profundamente los conceptos de espacio y tiempo. Es su análisis crítico de esos conceptos básicos el que le lleva a geometrizar la gravedad, de modo que la curvatura de la entidad espaciotiempo es ahora su correlato geométrico. Para ello ha habido que abandonar la geometría euclídea y construir un nuevo marco conceptual, radicalmente diferente del newtoniano, si bien contiene la vieja teoría como aproximación.

La cosmología, consecuencia lógica inevitable de esa nueva concepción, se desarrolla inmediatamente, siendo Einstein el primero en proponer, un año después, el primer modelo cosmológico relativista. Pero el corpus de datos, en ese momento, es aún muy pequeño; el universo conocido es, todavía, un universo de estrellas.

En paralelo, sin embargo, se está llevando a cabo un extraordinario esfuerzo observacional que va a poner de manifiesto la inmensa escala del universo, más allá de nuestra Vía Láctea, con galaxias y grandes asociaciones de galaxias, que proporciona de manera inmediata y natural el terreno al que aplicar esas nuevas ideas. Lo que observamos es el objeto del capítulo IV, en el que se traza una panorámica del universo que se ofrece al observador, esa inmensidad que aflora tras los telescopios, que se constituye en el sustrato astrofísico de las nuevas inquietudes cosmológicas.

Es precisamente el descubrimiento de las galaxias, en tanto que entidades separadas e independientes de nuestra propia Vía Láctea, lo que constituye el otro pilar, junto con la nueva teoría de la gravedad, del edificio de la nueva cosmología. Vendrán luego extraordinarios descubrimientos, a comenzar con el de la radiación de fondo y sus irregularidades, la materia o la energía oscuras, que pondrán la cosmología en el centro del debate científico, y que esta se esforzará en incorporar. Pero la cosmología como hoy la entendemos se cimenta sobre una teoría, la gravedad einsteiniana, y un dato de observación, la existencia de galaxias y la escala inmensa del universo accesible.

Sobre esa base disponible, los datos, ha de construirse la cosmología. El tránsito del mundo de la astrofísica, entendida como la que estudia el universo observado, a la cosmología, entendida como ciencia del universo, necesita de algún principio que lo oriente y haga posible pasar de la extrema complejidad que muestran las observaciones a una visión global, a un *universo a vista de pájaro*. De la diversidad a una cierta uniformidad que permita una visión cosmológica, en la que tan solo los grandes rasgos, lo que subyace, es tenido en cuenta. Ese tránsito desde el universo de las observaciones, necesariamente limitado, pero en continua evolución gracias a nuevas ideas e instrumentos de medida, se va a asentar sobre un principio que permite pasar de lo heterogéneo y diverso a lo homogéneo, de lo complejo y estructurado a lo simple y uniforme. De la inmersión en un mundo intrincado y complejo a la visión de un pájaro que lo sobrevuela.

Para ello, hay que imponer principios que permitan definir qué entendemos por cosmología y un criterio para seleccionar, de entre todos, aquellos datos que se consideran relevantes para construirla. De la aplicación de ese tipo de principio a la teoría de la gravedad de Einstein surgen los modelos cosmológicos, que son el objeto del capítulo v.

Einstein, para elaborar su modelo, postula la uniformidad espaciotemporal como principio cosmológico, pero la solución no es satisfactoria. Poco después, Friedman modifica ese principio, asumiendo la uniformidad espacial, pero no la temporal, de modo que el espaciotiempo es dinámico y aparecen soluciones practicables de las ecuaciones que describen un universo evolutivo, en el que la métrica (la geometría) cambia con el tiempo. Casi simultáneamente, se identifica lo que va a ser el dato fundamental, cosmológico por excelencia, el fenómeno del desplazamiento hacia el rojo de las líneas espectrales emitidas por astros extragalácticos, que esos modelos evolutivos integran de manera natural.

A partir de ahí, se formalizan los modelos y se exploran las posibles consecuencias observacionales. La constatación de su más importante previsión, la existencia de una radiación global (cósmica) de fondo, consagra el modelo que se reafirma con la integración de otros «hechos cosmológicos», como la abundancia general (cósmica) de helio, y se impone definitivamente. Es el modelo que ha sido denominado estándar, el de referencia y comúnmente aceptado, al que se dedica la parte principal del capítulo.

El análisis de esos principios y la consistencia del modelo con los datos son el objeto del último capítulo, junto con algunas consideraciones generales sobre la actual cosmología. Al fin y al cabo, la fortaleza de todo el sistema es la de sus principios, y estos podrían, a la postre, resultar menos fuertes de lo que pudiera pensarse.

El objetivo central de este libro, canalizado a través de las actuales concepciones sobre la gravedad y la luz y las ideas globales sobre el universo, es presentar el modelo cosmológico estándar, desde sus orígenes y fundamentos. Sus éxitos son abrumadores, proyectándose la imagen de que ya se han descifrado los principales misterios del universo, dando base a la apreciación general de que esa cosmología, representada por el modelo estándar, constituye la representación definitiva. Como si no solo sus cimientos, sino el entramado mismo del universo hubiera sido capturado y desentrañado.

La propia naturaleza de la cosmología, construida sobre un principio que se postula y se superpone a la teoría de la gravitación, desaconseja, sin embargo, concluir en esos términos. Pensemos que ese tipo de conclusiones no es privativa de nuestra época. El propio sistema del mundo de Tolomeo, basado en postulados claros como la circularidad de los movimientos, era capaz de encajar todos los datos de observación de la época, incluso después de la revolución copernicana. Tratándose, además, de una disciplina de contornos sutiles y cuya base empírica se sustenta y extrapola desde una ciencia observacional, quizás sea necesario mantener un cierto espíritu crítico, aunque solo fuese por la simple consideración de la historia de la ciencia.

En esta presentación, a los éxitos vamos añadiendo un contrapunto de comentarios o consideraciones críticas sobre lo que consideramos, desde nuestra perspectiva particular, que son sus aspectos menos contundentes, sus debilidades y potenciales inconsistencias. No se trata de presentar aquí una crítica sistemática de ese modelo sino de poner de manifiesto algunos de sus aspectos menos claros que, por otro lado, no suelen considerarse. La virtud de los modelos es precisamente la de permitir una presentación sistematizada y la de formular los problemas en un marco delimitado. Es, precisamente, la crítica de principios aparentemente simples y bien establecidos, o de esos detalles observacionales que no acaban de encajar, el material con el que pudiera construirse el pedestal sobre el que pueda alzarse un nuevo paradigma. Cuando se trata ya no meramente de una descripción de los fenómenos, sino de su comprensión, ningún progreso ha resultado definitivo.

Como dijimos, la ciencia entrelaza en su devenir datos cada vez más precisos y abundantes con elaboraciones teóricas. La ciencia progresa por acumulación de conocimientos empíricos, sobre los que se elaboran teorías, a las que se añaden principios generales en el caso de la cosmología. Cuando se analiza nuestra disciplina, no son los hechos empíricos contrastados y las regularidades que muestran los que puedan prestarse a discusión, como por otro lado es obvio, sino la conceptualización que de ellos se hace y el marco teórico en el que se interpretan.

La historia del conocimiento nos enseña que las leyes empíricas, que son relaciones entre magnitudes observadas, permanecen y deben ser integradas en cualquier marco explicativo que se construya. Las teorías cambian. Un ejemplo claro de lo que decimos nos lo ofrece la de la gravedad. La teoría de Newton describe con gran precisión los hechos de experiencia que caen dentro de su marco, a comenzar por los movimientos planetarios. Sus logros llegaron a marcar incluso la filosofía y el pensamiento de los siglos que vieron su reinado, de modo que, hasta el momento mismo de ser sustituida, nadie podía imaginar que iba a producirse un cambio tan radical en la concepción de la gravedad y de la dinámica como el que aportó la relatividad general. Bien mirado, tan solo pequeños detalles como el avance del perihelio de Mercurio parecían plantear problemas a la formulación de Newton. Y, aun, no fueron ellos los que guiaron a

Einstein, sino las cuestiones olvidadas tales como la igualdad entre la masa grave y la masa inerte y la velocidad de propagación de la gravedad que, al final, hicieron posible una nueva teoría de la gravitación, radicalmente diferente a la de Newton en lo conceptual, aunque la contiene como aproximación y de la que, por ende, hereda toda su capacidad explicativa.

Hablar de relatividad general y de cosmología presenta una dificultad añadida cuando se decide no utilizar el complejo aparato matemático que las sustenta. Algo de lo que, por otro lado, es necesario prescindir cuando el objetivo es difundir esos conocimientos para que pueda alcanzar al público interesado e interesar al que aún no lo está. Pero la tarea es particularmente difícil en este caso, pues se trata de una disciplina que requiere un cierto grado de abstracción y que se acomoda mal a analogías que podrían parecer adecuadas a primera vista.

El concepto de espaciotiempo curvo es difícil de trasladar y, en consecuencia, es difícil hablar de gravedad y cosmología relativistas, cuando los conceptos más familiares de fuerza, espacio o tiempo no son aplicables. La difusión acorde con las enseñanzas básicas de la disciplina, pero que no se haga inextricable para los no especialistas, transita por una estrecha banda que exige, en primer lugar, un esfuerzo especial por parte de los autores. Pero también exige un cierto esfuerzo por parte de los lectores, para tratar de comprender lo que significan esas teorías y modelos.

Invitamos al lector a ese esfuerzo de comprensión en este recorrido que, como «marineros de los cielos»,[1] proponemos acometer. La recompensa está en entender mejor lo que la acumulación de conocimientos ha proporcionado en su largo recorrido, en esta historia cuya trama es llegar a entender lo que se presenta ante nosotros y en valorar el esfuerzo acumulado de la humanidad por descifrar esas luces que nos llegan de los cielos. Con el ánimo dispuesto a abordar las dificultades y complejidades de un mundo extraordinario, cada vez más abierto y accesible al conocimiento.

Porque la realidad del mundo físico es tercamente compleja y acaba por resistirse a ser encapsulada en formulaciones simplificadoras. Nuevos descubrimientos, nuevas formas y estructuras emergentes configuran una realidad que también se va construyendo, inagotable, y se abren cada vez mayores espacios al conocimiento, como la historia nos va mostrando. El final de la cosmología, que algunos ya creen entrever, en triste paralelo con el fin de la historia, no ha mucho, proclamado y ampliamente desmentido, se aleja indefinidamente. Lo que aún ignoramos es siempre inconmensurablemente mayor que lo que conocemos, y a medida que el conocimiento aumenta, mayor se hace el océano de lo que desconocemos.

De ser así, para los que creemos que la realidad, y por ende el conocimiento, son inagotables, las perspectivas que se abren con los progresos recientes y los nuevos desafíos científicos solo pueden ser causa de entusiasmo.

I
El universo y la cosmología

El hombre, servidor e intérprete de la naturaleza, ni obra ni comprende más que en proporción de sus descubrimientos experimentales y racionales sobre las leyes de la naturaleza; fuera de ahí, nada sabe ni nada puede.

Francis Bacon
Novum Organum. Aforismos sobre la interpretación de la naturaleza y el reino del hombre, Aforismo n.º 1.

La construcción de una representación del universo, utilizando para ello los más refinados métodos de observación, análisis, reflexión y formalización de que pueda disponerse, es una constante a lo largo de la historia de la civilización. Difícil es, sin embargo, precisar lo que se entiende por universo y, en consecuencia, lo que es la cosmología, que pretende estudiarlo y comprenderlo.

Al comienzo de cualquier exposición de los logros de una disciplina, es acostumbrado empezar por definir su ámbito y objeto para, de ese modo, especificar desde el principio el dominio de fenómenos y conceptos a los que se dirige. Con la cosmología, la situación es, sin embargo, más compleja, pues su objeto, el universo, es más difícil y problemático de definir de manera significativa. Proponer la cosmología como el estudio del universo considerado como el todo es, en sentido estricto, un postulado, por la simple razón de que esa totalidad no es accesible a la observación y no puede ser, como tal, objeto de experiencia sensible: observamos y experimentamos en el universo; pero, como es obvio, no podemos hacerlo con el universo.[2] En suma, la idea de universo es antes una conclusión, propia de los conocimientos de cada época, que una definición previa.

Esas simples constataciones llevan a plantear la cuestión en términos más pragmáticos, con la esperanza implícita de que el avance de la disciplina, a medida que permita sondear mayores regiones del universo, nos acerque paulatinamente a un conocimiento cada vez más extenso y profundo. En palabras de E. Hubble: «La región explorable del espacio, la que puede ser explorada con los instrumentos disponibles, es una muestra del universo. Si la muestra es representativa, las características que se observan podrían aportar información importante sobre el universo a gran escala».[3] Pero ¿cómo se demuestra que la muestra es representativa?

El concepto científico de universo, en cada momento, se conforma a partir de la acumulación de datos de observaciones y de elaboraciones teóricas, que proporcionan un marco de comprensión y, en ocasiones, de predicciones verificables. El que transmite la tradición grecolatina en el mundo occidental, y que se mantendrá por muchos siglos, es el que delimitan las estrellas fijas, con los planetas arrastrados por esferas en movimientos que exigen complicados mecanismos para reducirlos a la perfección circular. En ningún momento se propone comprender o explicar ese universo, sino de describirlo adecuadamente, con capacidad para prever las posiciones futuras del Sol, la Luna y los planetas. El principio explicativo básico (la teoría) es la circularidad (perfección) de los movimientos celestes, con la Tierra en el centro del universo. Con esas herramientas había que *salvar las apariencias*, es decir, explicar las observaciones, cada vez más precisas y detalladas.

Ese modelo considera que tan solo el movimiento de los planetas, sobre el fondo inmutable de las estrellas fijas, es accesible al conocimiento, proclamando que los cielos están hechos de materia etérea, y por lo tanto están fuera del alcance de cualquier intento de comprensión. Es, en síntesis, el modelo de Tolomeo, vigente por muchos siglos.

El final de ese modelo se formula con la salida de la Edad Media, provocada por un cambio radical de los conceptos básicos. Como expone A. Koyré:

> La revolución científica y filosófica (es por supuesto imposible separar los aspectos filosóficos de los puramente científicos de este proceso: son interdependientes e íntimamente relacionados entre sí) puede ser descrita a grandes rasgos como portadora de la destrucción del Cosmos, es decir, la desaparición, a partir de conceptos científicos y filosóficos válidos, del concepto de un mundo finito como un todo cerrado y ordenado jerárquicamente (un todo en el que la jerarquía de valor determina la jerarquía y estructura del ser, desde la oscura, pesada e imperfecta Tierra hasta la cada vez mayor perfección de las estrellas y de las esferas celestes) y su sustitución por un universo indefinido, incluso infinito cuya cohesión es asegurada por la identidad de sus componentes fundamentales y sus leyes, en el cual todas esas componentes están situadas en el mismo nivel de ser.[4]

La dualidad terrestre-celestial se sustituye por la idea de la universalidad de la materia y de las leyes físicas, como ya lo enuncia Nicolás de Cusa en el siglo xv. Lo que propulsa un gran cambio que llevará al replanteamiento de los problemas en un marco diferente y más rico, y abrirá nuevos caminos a la ciencia y a la filosofía. Las contribuciones de Copérnico, Kepler, Bruno y Galileo, hasta Newton, entre otros, asentarán definitivamente la idea de que la Tierra no ocupa ningún lugar especial ni está constituida por materia diferente de la que constituye los otros planetas, la Luna y las estrellas.

La idea de universo y de lo que puede conocerse de él se redefine a medida que las observaciones muestran que el Sol no es perfecto (tiene manchas en su disco), que aparecen nuevas estrellas (lo que implica nacimiento y muerte, cambios) y que la gravedad reina en todas partes, desde el jardín de Newton hasta los más lejanos confines conocidos. En ese universo se descubrirán estrellas de diferentes clases, luminarias que varían e, incluso, que aparecen por primera vez a los ojos del observador, nebulosas y galaxias, y hasta se pondrán de manifiesto, por sus efectos, componentes oscuras, hasta configurar el universo que hoy conocemos y estudiamos.

Como demuestra el recorrido histórico, la pretensión de la cosmología ha propiciado, por mor del doble flujo entre datos y teorías, entre conceptos y desarrollo instrumental y tecnológico, extraordinarios avances científicos que han influido en todos los aspectos de nuestra civilización.

Cabe, en este punto, preguntarse cómo puede justificarse la pretensión de acceder al conocimiento y comprensión del universo, sobre qué se asienta esa posibilidad. La respuesta, que Nicolás de Cusa pone de nuevo sobre la mesa, es la unicidad de la materia y la universalidad de las leyes que rigen su comportamiento. De tal modo que los conocimientos que se obtienen en nuestro entorno espacial y temporal pueden ser aplicados a otros lugares y épocas, y a otras condiciones, en cualquier dominio.

La Tierra ya no está en una posición privilegiada, como se pensaba, sino que todos los emplazamientos, tomada una cierta perspectiva para difuminar los accidentes locales, son equivalentes en cuanto a que desde todos ellos es posible acceder al conocimiento del universo.

Universo y dominio cosmológico

Si nos preguntamos, no sin cierta candidez, qué es el universo, la respuesta inmediata nos remite al conjunto de todo lo que existe o, más brevemente, el todo, queriendo significar que es un sistema que no deja nada fuera de él. Lo cual significa, como mínimo, que ese universo debe ser tan grande y duradero como para que nada pueda quedar fuera de él, ni en el espacio ni en el tiempo.

También, frecuentemente, la cosmología es presentada como el estudio del universo (o el de su estructura) a gran escala, para indicar que lo que se considera relevante para la cosmología es aquello que identifica y especifica la distribución de la materia y sus propiedades, cuando se pierden de vista los detalles y solo se consideran sus rasgos generales. Determinar esa escala, que se denomina cosmológica, es por lo tanto un aspecto clave, ya que delimita el correspondiente dominio cosmológico. Lo que está lejos de ser trivial, pues su dimensión no está dada de antemano, sino que se va definiendo, y de hecho creciendo, a medida que las ideas y los medios de observación han ido aumentando y mejorando.

La primera imagen moderna del universo se construye a partir del descubrimiento de las galaxias, que revelan su inmensidad. Hubble, tras elaborados estudios, había concluido que su distribución puede considerarse homogénea y, por lo tanto, esas galaxias serían como los hitos que permiten trazar las propiedades subyacentes del universo. A medida que se fueron poniendo de manifiesto aglomerados de galaxias, hubo que ir abandonando esa idea y, en consecuencia, plantear la cosmología a una escala muy superior al de las galaxias. Esa sería la nueva escala cosmológica, aún por determinar, el tamaño de la *molécula cosmológica*, en cuyo interior se estructura la materia en aglomerados de diferente jerarquía.

En todo caso, más allá de las consideraciones sobre el universo en su conjunto, ancladas en conceptos y teorías o modelos, la práctica cosmológica está supeditada a lo que se conoce sobre el universo observable, a la astrofísica. Desde esa perspectiva, es posible plantearse una definición extensiva (en el sentido que se le da a esa denominación en teoría de conjuntos) o, incluso, constructiva, en el sentido que le da G. Bueno a la ciencia,[5] enumerando uno por uno los componentes que entran en ese dominio: galaxias, cúmulos, supercúmulos, radiación de fondo, vacíos y así sucesivamente. Esta aproximación traduce directamente el carácter de acumulación de conocimientos y de progreso de la disciplina. Si, además, se acepta como hipótesis de trabajo que lo que conocemos en cierto momento histórico es representativo de todo el universo, es lícito plantear la cuestión de la escala cosmológica y pretender el estudio del universo a esas escalas y superiores.

A fuer de repetirnos, digamos que en cosmología se trata de proyectar nuestros conocimientos empíricos y las leyes físicas descubiertas en nuestro entorno al conjunto del universo. Esa proyección se hace, como vamos a ver, sobre principios y teorías que, aunque avalados por observaciones, deben someterse a permanente evaluación y escrutinio, a medida que los datos se van acumulando. Es evidente, por otro lado, que cualquier posicionamiento *a priori* en contra de esa hipótesis optimista sería paralizante y haría imposible el salto a la cosmología. Las dificultades no pueden, sin embargo, implicar la parálisis o el abandono, sino más bien obligar al esfuerzo necesario para tratar de vencerlas y o bien llevar a la confirmación del paradigma vigente o, en el mejor de los casos, a su superación y reemplazo por uno nuevo.

Resumiendo, queremos poner el énfasis en el carácter operativo de lo que se entiende por universo, necesariamente limitado a lo que es accesible en cada época y el carácter histórico del conocimiento, para valorar de manera menos laudatoria pero más real y mucho más profunda el magnífico e, inevitablemente, inacabable intento de comprensión que representa la cosmología.

Extensión y duración del universo

La idea de su extensión espacial y duración temporal es consustancial con la del propio universo, no solo en cuanto a tamaño y edad concretos, sino centrada en si es finito o infinito, si es eterno o tiene historia. Como es de esperar, los grandes cambios que se introducen con la relatividad general en las ideas sobre espacio y tiempo han impuesto la reconsideración de esas cuestiones sobre bases radicalmente nuevas. El universo tolemaico, delimitado por la esfera de las estrellas fijas, es finito. Idea que empieza a ser cuestionada en el siglo XVI, cuando ciertas consideraciones filosóficas proclaman su infinitud. Pero, como lo mostrará el debate que siguió, ambas posiciones, finitud o infinitud, dan lugar a contradicciones insuperables que la teoría de Newton no solucionará.

Dado que se admite la geometría euclídea como apropiada para describir la naturaleza, la idea de finito y la de limitado son indisolubles: un sistema finito necesariamente tiene un borde, una frontera que lo delimita y contiene. Ahora bien, la existencia de una frontera plantea una contradicción flagrante cuando se trata del universo. En efecto, en la formulación imperante, no hay ningún límite a la velocidad que puede alcanzar un móvil. De modo que, si cuenta con tiempo suficiente, un móvil podrá llegar a superar la frontera de cualquier sistema, incluso la del universo. Algo obviamente contradictorio con la idea de que el universo contiene todo lo que existe y todos los movimientos.

Se dibuja, pues, la idea de un universo infinito formulada, por primera vez desde la antigüedad griega clásica, por Nicolás de Cusa. Thomas Diggs, en 1576, fue el primero en ilustrar gráficamente la distribución inacabable de las estrellas fijas. En el plano filosófico, el impulsor de la idea de la infinitud de universo e, incluso, de la necesidad lógica de que así sea, será Giordano Bruno, quien extraerá consecuencias de esa idea proponiendo y defendiendo, en varios de sus libros, la existencia de innumerables mundos, similares al nuestro. La idea de un universo infinito elimina la necesidad de un borde y, además generaliza de manera radical el principio copernicano, pues no tiene el centro en ninguna parte o, si se prefiere, cualquiera de sus puntos puede ser tomado como centro, pues todos son equivalentes.

Sin embargo, esa idea de un universo infinito tampoco está libre de problemas dentro del marco en el que ha sido formulado. No solo es que el concepto, desde un punto de vista físico, es difícil de imaginar y plantea graves cuestiones de principio, sino que cuando se quiso implementar desde el terreno de la física, dio lugar a insalvables contradicciones.

Fue Kepler el primero en interpretar las observaciones más inmediatas como argumento de gran peso contra la idea de infinitud del universo. Solo un genio puede llegar a sacar conclusiones cosmológicas de una observación tan trivial como la de que el cielo es oscuro por la noche.[6] En sus *Conversaciones con el Nuncio Sidéreo* (en referencia a la obra de Galileo de ese título, que este le envió), se da cuenta de que, si el número de estrellas fuese ilimitado, como parece apuntar el asombrado Galileo tras observar la Vía Láctea con su telescopio, el cielo brillaría lo mismo de noche que de día, es decir, no sería oscuro por la noche. Esta paradoja del cielo oscuro fue luego transmitida por Herschel y presentada finalmente por Olbers, con cuyo nombre se conoce.

La asociación finito-limitado, como ya apuntamos, es una consecuencia del marco geométrico adoptado, el euclídeo, que parecía fuera de toda discusión hasta inicios del siglo XX. Salir de los problemas asociados a esa hipótesis exige cambiar la geometría. De la euclídea, tomada como dada de manera natural, se va a pasar a otra que ya no es plana, lo que rompe aquella asociación. En efecto, si la geometría es curva, pueden existir sistemas que son finitos pero ilimitados. Aunque sea una mera analogía y, por tanto, debe ser tratada con máxima cautela, se puede ilustrar esa opción considerando un sistema 2-dimensional, la superficie de una pelota, por ejemplo. Es obviamente finita, pues tiene dimensiones (radio, volumen, superficie) determinables, pero para un móvil en ese espacio es ilimitada, ya que este puede moverse indefinidamente por esa superficie sin encontrar nunca un límite o frontera. En cierto modo, el problema con el que comenzamos ha desaparecido.

En cuanto a la duración del universo, en el mundo clásico, la cuestión que se plantea es si fue creado o no y, salvo en las escuelas epicúreas y sus epígonos, que consideran el universo infinito en el espacio y eterno, la referencia bíblica se impone para asumir, sin mayores discusiones, la idea de un universo creado en un momento determinado. Se llega, incluso, a datar ese momento de la creación de la Tierra a partir del recuento de generaciones según aparece en la Biblia, como lo hizo Beda en el siglo VII y, mucho más tarde, el mismo Newton o el obispo Usher, en pleno siglo XVII, quien lo dató en el año 4004 antes de la era actual.

A medida que las dataciones de sedimentos y fósiles fueron mostrando que esos cálculos bíblicos eran superados por órdenes de magnitud, se impone la idea de un universo muchísimo más longevo. En el bien entendido de que las edades que se determinan para los sistemas más viejos observados no son sino una cota inferior a la edad del universo, sin que sea posible determinar una superior. Es decir, bajo ese criterio, siempre será posible atribuir al universo una edad finita.

Se ha invocado a veces, en apoyo de la idea de necesidad de un universo infinito, el principio de plenitud (ver Koyré, *op. cit.*). Para decirlo de forma esquemática, este principio viene a plantear que la materia acaba por desarrollar todas sus opciones y posibilidades, que serían infinitas, para lo que sería necesario un tiempo ilimitado. El mismo Cusa o Bruno hicieron hincapié en este principio. Bien es verdad, sin embargo, que ese principio no parece tan exigente como podría pensarse, pues todo el problema reside en qué se entiende por posible, lo que depende del marco teórico en que se plantee. A la luz de nuestros conocimientos actuales, por ejemplo, puede argumentarse que la propia expansión del universo contribuye a definir lo que es posible, y por lo tanto no hay limitación arbitraria a las posibilidades de la materia, en cuanto a manifestarse en todas las opciones que tiene. Un sistema que evoluciona lo hace en direcciones determinadas en cada etapa significativa, y si ese proceso de evolución se da una única vez, hay muchas opciones que no llegarán a concretarse.[7]

Para terminar con una conclusión, señalamos que el modelo actual de universo le atribuye, sobre la base de los datos de observación, la edad de unos 13.800 millones de años,[8] suficiente para englobar todos los fenómenos relevantes para la comprensión del universo y mayor que la edad de los sistemas más viejos conocidos hasta ahora.

El universo que representan los modelos que ofrece la relatividad general es, por lo tanto, finito, tanto en extensión como en edad. En cuanto al futuro, según el modelo estándar, la dominación de la energía oscura ya habría comenzado, por lo que la expansión sería permanente y acelerada, asintóticamente desbocada hacia el infinito.

Inteligibilidad del universo.
Unicidad de la materia y de las leyes físicas

Nuestras teorías son productos humanos sujetos a desarrollo y cambios (la ciencia se construye), mientras que el modo de comportamiento del mundo físico, que es el objeto de esas teorías, no lo es.

A. F. Chalmers[9]

La posibilidad de elaborar una cosmología científica reposa sobre la aceptación de la idea de que el universo es cognoscible e inteligible. La cuestión de partida puede reformularse inquiriendo hasta qué punto los conocimientos que adquirimos en nuestro planeta y su alrededor inmediato, junto con las teorías que elaboramos sobre datos y observaciones recogidos en nuestras inmediaciones, son aplicables cuando tratamos de estudiar inmensas regiones del universo y sus propiedades a gran escala.

Como muestra la experiencia astrofísica, esa posibilidad se fundamenta en la predicación de la radical unicidad de la materia, considerando que está hecha de las mismas sustancias y se comporta de acuerdo con las mismas leyes, en todo lugar y tiempo. De tal modo que los conocimientos adquiridos localmente pueden ser aplicados a la información que llega, tras recorrer inmensas distancias, de los astros que pueblan los cielos. Aceptamos y comprobamos que esa información se ha producido según leyes físicas determinadas, se propaga siguiendo esas mismas leyes y, al llegar al observador, es tratada y abordada desde nuestros conocimientos científicos, como si fuesen datos terrestres, para descifrar su contenido.

Hay que evitar, sin embargo, caer en la ingenua rigidez de concluir que lo que conocemos sobre las formas y comportamientos de la materia aquí y ahora agota todas sus posibilidades. Es más que admisible que el entorno espacio-temporal de nuestra experiencia y de nuestra ciencia puede resultar demasiado estrecho, por lo que no debemos descartar en ningún momento el descubrimiento de nuevos fenómenos y propiedades de la materia. Siempre, eso sí, con el convencimiento de que, en todo caso, todo lo que el universo pueda llegar a mostrarnos podrá ser integrado en el esquema científico que trata de comprender y describir la naturaleza. El desarrollo de la astrofísica y la construcción de la teoría de la evolución estelar, o el descubrimiento de las galaxias, los cuásares y la radiación de fondo son una buena ilustración.

Es evidente que el repertorio de fenómenos y teorías que la ciencia contempla en cada etapa histórica corresponde a las capacidades de ese momento. Por lo que, en ningún momento, se dispone de un repertorio completo. La ciencia progresa incluyendo nuevos fenómenos y elaborando nuevas teorías que amplían el rango de conocimiento y aplicación.

Quizás convenga un inciso en este punto. En cuanto a la energía y materia oscuras, aún no dilucidadas desde el punto de vista teórico, debemos hacer énfasis en que han sido puestas de manifiesto, como veremos, a partir de observaciones e interpretaciones que siguen los principios y las leyes conocidas. Ante datos de observación de esa naturaleza caben dos actitudes. La primera es admitir, como hipótesis, que existen materia y energía que no emiten luz, ya sea porque lo hacen en rangos espectrales no explorados o porque, por su naturaleza, no son sensibles a interacciones electromagnéticas y no son capaces de emitir luz. La segunda es considerar que la teoría que subyace debería ser modificada en ciertas situaciones. Ambas opciones han sido y son exploradas, como luego tendremos ocasión de recordar.[10] Cabe repetir aquí la cita de Chalmers que abre esta sección, recordando el carácter histórico de las interpretaciones y teorías. El reto está planteado, pero dentro de la racionalidad científica. Algo característico de la actividad científica.

Hablar de materia y no de materias ya nos predispone a una visión unitaria de la misma, a pesar de que se presenta en infinita variedad de formas y circunstancias. La idea de que la materia es única y la misma en todos los casos puede encontrarse ya, al menos, en los primeros filósofos presocráticos. La filosofía griega está recorrida desde sus comienzos por el esfuerzo de identificación de los elementos fundamentales, a partir de los cuales puedan explicarse todas las formas de la materia y los fenómenos que origina. Es de resaltar que nacen a la vez dos corrientes diferentes. La primera, originada por Tales de

Mileto (siglo VI antes de nuestra era), propone sustancias conocidas como base de todas los demás. En su caso es el agua, que por diferentes transformaciones da origen a todos los cuerpos. Anaxímenes, hacia la misma época, propondrá el aire; luego se propondrán también la tierra o el fuego, o los cuatro elementos a la vez, por cuyas combinaciones se originan todos los cuerpos.

La otra línea de pensamiento, más radical en su búsqueda, fue iniciada por Anaximandro (también siglo VI antes de nuestra era), quien propone que las cosas nacen y se originan a partir de un elemento indiferenciado, que denomina *ápeiron* (lo indefinido, lo que no tiene límite o perímetro), que solo adquiere propiedades cuando se concreta y toma forma en cuerpos determinados y específicos. Las propiedades de un cuerpo material no están inscritas en las sustancias simples, como ocurre en la otra teoría, sino en la estructuración y forma del compuesto, en la trama de relaciones que lo configura y especifica. Esta idea de unicidad a un nivel más básico y fundamental será también defendida por los atomistas. Las teorías atómicas propugnan que todos los cuerpos están constituidos por elementos indivisibles e indistinguibles entre ellos, los átomos. Como en la teoría de Anaximandro, las formas y propiedades de las diferentes entidades materiales se explicarían por las diferencias de ordenamiento y estructuración de esos mismos átomos.

En un mundo de cambios, tanto de lugar como de naturaleza, en el que unas cosas acaban por corromperse mientras otras se generan o regeneran, los unos proponen la transformación como explicación y causa de esos cambios. El agua, al calentarse, se transforma en aire, etc. Pero los atomistas proponen la existencia de componentes de la materia simples, irreductibles y eternos en lo que todo acaba descomponiéndose. Su durabilidad y su capacidad de agruparse por mor de sus movimientos y organizarse en infinitas variedades, da lugar a nuevos entes. Se trata de un principio unificador que permite la transmutación de todo en todo, el movimiento y el cambio, que autoriza el análisis de toda sustancia en sus componentes últimos e irreductibles, los átomos. Toda la realidad queda comprendida en ese esquema.[11]

La idea misma de cosmos, de organización del mundo, impone a los filósofos presocráticos la idea de la unicidad de la materia en el doble sentido, de ser una bajo la diversidad de los fenómenos y de ser única, suficiente para comprender toda la realidad. ¿De qué otro modo, si no, podría el universo manifestar su estructura y ser inteligible?

Hay que admitir que la formulación (posterior) de la dualidad de la materia por Aristóteles provocó un retroceso, como señala y enfatiza Koestler.[12] En ese esquema, que prevalecerá por siglos, el cambio (corrupción, en su lenguaje) queda confinado en el mundo sublunar, mientras que la inmutable eternidad es la propiedad del supramundo. En el primero, el más bajo, irónicamente presidido por la Tierra, la materia está formada por los elementos ordinarios y nada, salvo el espíritu, puede aspirar a salir de él. En cambio, los cuerpos celestes estarían formados por un elemento distinto y desconocido, un quinto elemento que llama por esa razón quintaesencia. Indescifrables pero capaces de manifestarse, una flagrante contradicción.

Habrá que esperar al renacimiento para que se recupere la tradición atomista, la idea de unicidad de la materia como principio explicativo de la infinita diversidad que se despliega ante nosotros. Cambio por el que la humanidad (y la Tierra), que había sido colocada en el más bajo de los mundos, podrá recuperar su verdadero lugar en el universo.

51

El análisis de la materia y la búsqueda de sus componentes últimos fue el objeto de la alquimia por siglos. Sobre postulados mágicos y místicos, pero con un gran trabajo de laboratorio y experimentación, se irá preparando el camino que siglos después hará posible la química. Cuando en 1789 Lavoisier publica *Los elementos de la Química*, se conocen 23 componentes simples que pueden combinarse para dar lugar a nuevas sustancias químicas compuestas. Desde el título mismo de su libro, defiende la idea de que esos elementos simples son especies diferentes, irreductibles unas a otras, y permanentes, en la línea de los atomistas presocráticos.

Según Lavoisier, la razón de las propiedades de las sustancias compuestas no hay que buscarla en los elementos simples mismos, sino en su capacidad combinatoria que hace posible innumerables estructuras diferentes. Así, las propiedades del agua poco tienen que ver con las que el oxígeno y el hidrógeno, sus elementos simples, tienen cada uno por su lado, sino más bien en cómo se han asociado, en proporciones definidas y con un patrón determinado. A partir de ahí, se acelera la experimentación sobre cómo, de qué forma y en qué proporciones se combinan los elementos simples, dando lugar a un flujo de datos e ideas que en muy poco tiempo permiten desarrollar toda una sistemática de las reacciones químicas.

La idea es simple, y además muy poderosa, pues, a partir de un pequeño número de elementos de partida, se pueden generar innumerables sustancias de propiedades diversas. El paso siguiente es inevitable y se produce muy poco después. En 1808 John Dalton publica su *Nuevo sistema de filosofía química*, en donde formula y desarrolla su teoría atómica de la materia, asumiendo como punto de partida que cada sustancia es un conjunto determinado de átomos. La variedad en el número y modo en que se asocian esos átomos explica la variedad de sustancias. Es de nuevo la antigua visión atómica planteada ahora sobre bases cuantitativas, que se apoyan en la experimentación y empiezan a ser formalizadas en leyes expresadas en lenguaje matemático.

El avance es muy rápido. La experimentación en el laboratorio se hace método para plantear cuestiones pertinentes a la naturaleza y de las respuestas experimentales surgen nuevas ideas y teorías, a la vez que nuevas técnicas experimentales más precisas. La idea de que los elementos químicos son estructuras que responden a ciertos principios de organización impulsa la idea de que pueden ser encajados en algún esquema que traduciría aquel principio organizador.

Hasta tal punto está esa idea en el ambiente que el primer esquema de clasificación será propuesto simultáneamente y de manera independiente, en 1867, por dos científicos, D. Mendeléyev y L. Mayer. Es la tabla periódica, en la que los elementos químicos se ordenan de manera sistemática, en períodos, configurando un patrón característico en el que se reconoce que ciertos elementos, aun siendo muy diferentes, comparten sus propiedades químicas. Hay, es verdad, algunas anomalías que no serán explicadas hasta que se tenga una teoría sobre la estructura del propio átomo, pero el éxito del esquema es incontestable.

Tal es la confianza en el esquema, que se predice que tienen que existir elementos químicos, aún desconocidos, que vendrán a ocupar los huecos que han quedado en la tabla. De hecho, su localización permite predecir no solo la existencia sino también las propiedades más salientes de esos elementos aún por conocer. Los resultados experimentales vendrán a confirmar de manera rotunda esas previsiones, reafirmando la justeza de los criterios de clasificación. Más aún, algunos de esos elementos químicos son identificados más allá de la Tierra, en los espectros que se toman del Sol, en el que se detecta, por primera vez en 1869, el helio, que toma de él su nombre. La asociación entre la química y la astrofísica ha comenzado.

La tabla periódica de Mendeléyev ya no es solo un inventario de las especies químicas elementales, sino una manifestación del orden de las cosas químicas y un indicio inequívoco de que los elementos no son irreductibles sino estructuras que responden a reglas estrictas de combinación. Los avances en química van imponiendo la idea de que los átomos deben tener propiedades o «composición», a pesar de la etimología de su nombre, que expliquen las regularidades de la tabla periódica. Se impulsa el análisis de la estructura de los átomos, hasta entonces indivisibles, y los resultados no se hacen esperar. Rutherford constata que están casi vacíos y postula la existencia de un núcleo, muy pequeño, rodeado de una envoltura mucho más grande o corteza, en la que partículas simples, con una unidad de carga eléctrica negativa, orbitan. El nombre de esas partículas es inevitable: electrón, denominación introducida en 1874 por Stoney con el argumento de que, si la materia es atómica, también debe serlo la electricidad, en cuyo caso la unidad de carga debería llamarse de ese modo. Esas partículas son las mismas que Thomson identifica en 1898 al estudiar los rayos catódicos.

Dado que los átomos, en condiciones normales, son eléctricamente neutros y, por otro lado, los electrones están en la corteza, se concluye que sus núcleos deben contener partículas con igual carga que los electrones, pero de signo contrario, que se denominan protones. Su detección y caracterización indican que, en efecto, tienen igual carga que el electrón, pero que su masa es 1.836 veces superior, de modo que la masa de los átomos está concentrada en sus núcleos. La neutralidad exige que, en cualquier elemento, el número de protones sea igual al de electrones, lo que se denomina número atómico, denotado con la letra A.

El número atómico permite entender la ordenación primaria de los elementos en la tabla periódica. Si el núcleo aumenta en un protón, la zona externa debe aumentar en un electrón para mantener la neutralidad eléctrica global, pasando así al siguiente elemento de la tabla. Pero ¿es eso todo? Aunque el avance es extraordinario, las cosas no son tan simples, y va a ser necesario un extraordinario esfuerzo de experimentación, por diferentes vías, para ir caracterizando los átomos. Y, desde luego, una nueva teoría física, la mecánica cuántica, para comprenderlos.

El estudio de elementos llamados radiactivos por Becquerel, Marie Curie y Pierre Curie, entre otros, llevó a la conclusión de que la causa de esa radiación que emiten, de naturaleza aún desconocida, está en los núcleos de los átomos. Como resultado de nuevos experimentos, el mismo Rutherford empezó a considerar la idea de que en el núcleo hubiese partículas con masa apreciable, pero sin carga eléctrica, para no violar la neutralidad eléctrica. Se denominaron neutrones y fueron descubiertos y puestos en evidencia por Chadwick en 1932. Se trata de partículas que no tienen carga eléctrica y con masa muy parecida a la del protón.

La existencia de neutrones en los núcleos atómicos implica que la masa de un átomo no viene dada solamente por los protones. De modo que, además del número atómico, habrá también que determinar la masa atómica, denotada como Z. El valor de A, un entero, corresponde al número de protones en el núcleo, que es igual al de electrones en la corteza del átomo. Por su parte, la masa atómica, medida en unidades de la masa del protón, toma en cuenta los protones y neutrones.

Pronto se conoce que existen átomos que, teniendo el mismo número de protones y de electrones, no tienen el mismo número de neutrones. Son los isótopos, así llamados porque, al tener el mismo número atómico, comparten la misma posición en la tabla periódica, aunque difieran en el valor de la masa atómica. Sabemos, por ejemplo, que el hidrógeno, con un protón en el núcleo (y ningún neutrón), tiene dos isótopos, el deuterio, con un neutrón en el núcleo, y el tritio, con dos neutrones en el núcleo (además del protón). El primero es el estable y el más abundante, de lejos. Pero los tres existen y ocupan la misma casilla, la primera, en la tabla periódica, mientras que la masa del deuterio es, aproximadamente el doble que la del hidrógeno, y la del tritio, aproximadamente, el triple. En definitiva, en principio, un determinado átomo tiene un núcleo en donde hay un número A de protones y, además, Z-A neutrones. Y contiene A electrones en las zonas exteriores.

En esta vertiginosa aceleración de la historia de la ciencia, se han explicado las propiedades químicas de la materia; las sustancias complejas se han reducido, tanto en la representación formal como en el laboratorio, a elementos químicos y, estos, a átomos. Un paso más, y los átomos, perdiendo así la virtud que su nombre implica, se han encontrado compuestos por tres ingredientes básicos: electrones, protones y neutrones.

A efectos de la química, solo el número de electrones en la corteza cuenta. La mecánica cuántica nos explicará que los electrones se sitúan en sucesivas capas alrededor del núcleo, no pudiendo superar un cierto número en cada capa (diferente para cada una de ellas). Y también explica por qué cuando se completa una capa queda completado un período de la tabla, dando así la razón de la estructura de la tabla periódica. Por último, las reglas de la teoría nuclear nos dirán cuántos neutrones son necesarios en cada caso para configurar un núcleo.

La estructura última de las cosas materiales se reduce a átomos, que son estructuras compuestas de electrones, protones y neutrones. Su número y organización determinan las propiedades de cada elemento químico y a su vez explican por qué se organizan en una tabla periódica. Pero hoy sabemos que no son esos los componentes últimos de la materia. De hecho, de esas tres partículas, conocidas en su momento como elementales, tan solo el electrón es considerado hoy como absolutamente estable y realmente elemental, sin estructura ni composición. Del neutrón se sabe que, en estado libre, es inestable y decae en un protón, un electrón y un antineutrino, con un tiempo característico de poco más de diez minutos. En cuanto al protón, aunque no se ha encontrado todavía signo alguno de su inestabilidad, las teorías auguran que no es totalmente estable. Tanto el protón como el neutrón se consideran partículas compuestas por tres verdaderas partículas elementales llamadas *quarks*.

No pretendemos entrar aquí en la descripción de las familias de partículas elementales, tema que cuenta con numerosos libros de divulgación.[13] Basta apuntar, para nuestros propósitos, que la física actual nos dice que hay dos tipos de partículas elementales, los leptones (en donde se incluye el electrón, el muon y las tres familias de neutrinos) y los *quarks*. Los primeros se manifiestan libremente, pero los segundos están confinados, y no se manifiestan más que formando parte de partículas como el protón, el neutrón o las especies hadrónicas. Finalmente, hay que añadir un tipo diferente de partículas, que son las que vehiculan las interacciones, los vectores de las fuerzas que actúan entre ellas. Entre ellos cabe citar aquí el más conocido, el fotón, mediador de las interacciones electromagnéticas y, también, el gravitón, aún no detectado, que intermediaría las interacciones gravitatorias.

Como síntesis de todo ese avance, habida cuenta de lo que pretende presentar este texto, puede decirse que la idea básica de que la materia tiene un número finito de constituyentes últimos, y que la infinita variedad que se observa proviene de las ilimitadas combinaciones posibles, prevalece en nuestros días. Predicar la unicidad de la materia equivale a decir que lo que podamos encontrar en cualquier lugar del universo es susceptible de ser encajado en esos marcos explicativos u otros que puedan ser inventados, en los que toda la materia, tanto la terrestre como la celeste, quede explicada, sobre conceptos básicos únicos.

Quizás sea conveniente repetir aquí, para ilustrar el poder y forma de operar de ese conjunto de principios básicos, un par de acontecimientos históricos que fortalecieron, en última instancia, nuestra capacidad para entender el universo.

Tras la aplicación de la espectroscopía al estudio de la materia, la implementación de espectrómetros como instrumentos focales de los telescopios permitió comenzar a estudiar de qué están hechas las estrellas. El estudio del espectro solar pronto puso de manifiesto que nuestra estrella está compuesta por los mismos elementos que la Tierra. Algo después, William y Margaret Huggins comenzaron a aplicar de manera sistemática, desde su observatorio propio, las nuevas técnicas, incluido el uso de la placa fotográfica para registrar los espectros, al estudio de las estrellas, nebulosas y cometas. La comparación con los espectros de referencia tomados en laboratorio les permitió anunciar, con carácter general, que los astros están compuestos de los mismos elementos que nuestro planeta.

El otro acontecimiento tiene que ver con las nebulosas. Algunas emitían una luz verdosa que, una vez obtenidos sus espectros, se comprobaba que estaba dominada por una línea muy intensa de emisión situada, efectivamente, en la región verde del espectro visible. Esa línea no se podía asociar, sin embargo, con ningún elemento conocido y observado en laboratorio, ni siquiera con las predicciones teóricas basadas en la nueva e incipiente mecánica cuántica. Capaces de detectarlo, pero no de identificarlo, algunos científicos concluyeron que se trataba de un elemento nuevo, bautizado como *nebulio*, desconocido en la Tierra y, lo que es mucho más grave, para el que no habría lugar en la tabla periódica. Cuando la teoría cuántica permitió abordar teóricamente situaciones muy diversas, se constató que esa línea verde era producida por el oxígeno, aunque en condiciones tales que no se podían reproducir en los laboratorios terrestres. De esa forma se desvaneció el nebulio. Algo similar le ocurrió al coronio, hipotético nuevo elemento responsable de una intensa emisión de la corona solar, y que resultó ser hierro, en un estado de alta ionización.

Asumida la unicidad de la materia, podría pensarse que admitir la unicidad de las leyes que rigen su comportamiento es casi una consecuencia inevitable. En efecto, cuando se examina un espectro de cualquier estrella o galaxia, se detectan diferentes líneas espectrales, a veces en emisión y otras en absorción. Algunas son atómicas y otras moleculares. Si esas características espectrales se comparan con las que producen diferentes elementos o compuestos en el laboratorio, podemos identificarlas y se encuentra una correspondencia perfecta. Eso significa que las leyes que rigen el comportamiento de los átomos son las mismas en la Tierra y en cualquier lugar del universo observado, a comenzar por el propio Sol. O cuando se analizan estrellas binarias, se constata que sus movimientos orbitales son descritos perfectamente por la ley de Newton. Es más, precisamente esa constancia ha permitido demostrar, entre otras cosas y hasta donde la precisión alcanza, la de las constantes fundamentales de la física[14] (constante de Planck, velocidad de la luz, carga del electrón) en todo el universo observado.

Se constata que, en situaciones similares, rigen las mismas leyes con independencia de localización y época. Añadamos rápidamente, para evitar toda confusión, que esas constataciones no significan que sea posible conocer todas las leyes de una vez, aquí y ahora. Como venimos diciendo, siempre está abierta y bajo escrutinio la posibilidad de que, al observar situaciones o escalas muy diferentes, se pongan de manifiesto nuevas componentes y se descubran nuevas leyes. Ese, de hecho, constituye uno de los objetivos científicos mayores. Al fin y al cabo, la evolución del conocimiento y de la ciencia a lo largo de la historia no es sino el sucesivo descubrimiento de elementos, partículas, fuerzas, fenómenos y leyes.

La ciencia avanza cuando se encentran respuestas a cuestiones que estaban abiertas y se cierra algún capítulo. Pero avanza mucho más cuando se plantean nuevos problemas relevantes y desafíos, detrás de los cuales se encuentran dominios por conocer. A fin de cuentas, ese es el máximo objetivo de la búsqueda científica, abrir nuevos campos, encontrar fenómenos nuevos y formular nuevas y más refinadas leyes.

Hacia la cosmología. Gravedad y principios cosmológicos

Se conocen cuatro clases de fuerzas que describen el comportamiento de la materia, de las que la fuerte (responsable de la convivencia de los protones entre sí y con los neutrones en los núcleos atómicos, entre otras cosas), y la débil (responsable, por ejemplo, de la desintegración del neutrón), son de rango muy corto y solo se manifiestan a escalas muy pequeñas. Por su parte, la interacción electromagnética, al igual que la gravitatoria, se deja sentir a todas las escalas, pero no es universal puesto que solo se manifiesta entre sistemas cargados eléctricamente y no actúa sobre la materia neutra.

Por su parte, la fuerza gravitatoria es universal, se ejerce entre cualesquiera formas de materia, energía, presión, hasta la luz la siente; es consustancial con la existencia: no se puede concebir ninguna forma de existencia de la materia (incluida la energía) que no sienta y produzca, a la vez, efectos gravitatorios. Está siempre presente y no puede apantallarse o anularse, se acumula. Es inevitable. Todo lo que existe gravita y, todo lo que gravita, existe. De modo que, a pesar de ser, con gran diferencia, la menos intensa de las fuerzas conocidas,[15] es dominante a escalas cosmológicas.

Con independencia del papel que las otras fuerzas puedan tener en diferentes fases o subsistemas del universo, la gravedad es la matriz de la cosmología. La cosmología puede considerarse como una disciplina englobada en la teoría de la gravitación. Por ello, los modelos cosmológicos se construyen en el marco de la teoría de la gravitación.[16]

Como ya hemos apuntado, para construir una teoría cosmológica, es decir, para transitar desde el conocimiento de los astros que pueblan el universo, la astrofísica, a la cosmología, hay que imponer algún principio que sirva de base a la visión global que pretende formularse. Esos principios, llamados cosmológicos, deben también sustentar la idea de que todo observador pueda desarrollar la misma visión del universo, es decir, que todos los observadores son equivalentes a la hora de desarrollar una aproximación objetiva al estudio del universo.

El enunciado de principios cosmológicos acompaña necesariamente cada intento de construir una cosmología. Manteniéndonos en el mundo occidental, hasta el siglo XVI se consideraba que la perfección (obligada por ser el universo obra de Dios) exige movimientos circulares y la incorruptibilidad (no evolución) de los cielos. Se desprende de ese ejemplo que la adopción de un principio que haga posible una cosmología establece un marco que prefigura nuestras concepciones.

Como contrapeso, los astrónomos tienen que estar siempre atentos a la posibilidad de que se produzcan contradicciones que pudieran llevar a la necesidad de abandonar o modificar esos principios. Todos sabemos el drama científico que se desarrolló de Copérnico a Kepler, que supuso el abandono, primero, de la centralidad de la Tierra y, finalmente, de la obligada, hasta entonces, circularidad de los movimientos celestes. Episodio que, digámoslo de paso, ilustra la enorme resistencia a abandonar los principios establecidos, aunque sea a costa de retorcer las explicaciones en ciclos y epiciclos, hasta que la necesidad de cambio se abre camino.

Centrándonos en la cosmología relativista, basada en la teoría de la gravedad de Einstein, los principios cosmológicos establecen que el universo es homogéneo e isótropo alrededor de cualquier observador, una vez que se sitúa a la escala apropiada. Esa condición, en apariencia genérica y poco condicionante, impone, de hecho, muy fuertes restricciones y delimita, drásticamente, la familia de soluciones de las ecuaciones de Einstein que podrían ser relevantes en cosmología. Hay dos formulaciones diferentes de ese principio, según se considere la uniformidad espacial y temporal o tan solo la espacial.

Hoy, todo esto se da por hecho y parece trivial a cualquier estudiante de astrofísica, pero su formulación y posterior formalización y aceptación supuso todo un proceso, con sus dificultades y reconsideraciones, dando lugar, en ese momento, a interesantes debates, algunos de gran profundidad.

El aspecto más perturbador de esos principios cosmológicos es que no son directamente verificables. Para usar el lenguaje popperiano, eso significa que no satisfacen el principio de falsabilidad. El filósofo Karl Popper, que admiraba a Einstein y reconocía cuánto debía su filosofía de la ciencia a los planteamientos e ideas avanzadas por él, encontraba maravillosa la cosmología que surgía de la teoría de Einstein, que permite un universo finito pero ilimitado. Pero no dedicó muchas páginas a hablar de ella. La llamaba «la más filosófica de las ciencias», difícil de someter a prueba empírica y, en particular, no le parecían adecuados los principios cosmológicos, que consideraba similares a dogmas.[17]

Es verdad que la gran capacidad mostrada por los modelos cosmológicos resultantes, tanto para explicar los datos conocidos como para predecir otros que iban a ponerse pronto de manifiesto, han relegado todos esos argumentos y consideraciones sobre los principios cosmológicos. Pero, no está de más recordar que una hipótesis falsa puede dar lugar a conclusiones verdaderas, por lo que, manteniendo un cierto grado de prudencia, esos éxitos no deberían traer como consecuencia el cierre de todos los debates.

La formulación más directa e inmediata del principio cosmológico considera que el universo es el mismo para cualquier observador, en cualquier momento. Sin dar más argumentos, este es el principio cosmológico, llamado perfecto, asumido por Einstein para elaborar el primer modelo cosmológico. Un universo siempre igual a sí mismo.

La solución propuesta por Einstein en 1916, formulada antes de que se descubrieran las galaxias, pretendía explicar un universo de estrellas, cuyos movimientos reales son insignificantes con respecto al límite impuesto por la relatividad restringida, por lo que podía considerarse como estático. Casi inmediatamente después, W. de Sitter formuló otro modelo basado en el mismo principio, con la particularidad de que no contenía materia. De hecho, los modelos de Einstein y de De Sitter son las dos únicas opciones estáticas posibles.

Hay otra familia de modelos surgidos de la aplicación del principio cosmológico perfecto, los estacionarios, que fueron desarrollados en los años 1940. En este caso, al aceptar la expansión del espaciotiempo como explicación de la ley de Hubble-Lemaître (ver luego), se hace necesario introducir la idea de creación continua de materia, para que la dilución creada por la expansión quede exactamente compensada y el universo mantenga sus propiedades medias en el tiempo.

La acumulación de datos de observación, propiciados por los extraordinarios desarrollos tecnológicos, ha dotado a la cosmología de un corpus empírico que ha permitido sacar algunas conclusiones que favorecen a los llamados modelos evolutivos, forzando al abandono a los modelos estacionarios y estáticos que se habían propuesto. Esto, a su vez, implica la necesidad de cambiar el principio cosmológico perfecto sobre el que los modelos desechados se fundan.

La naturaleza dinámica del espaciotiempo en la relatividad general de Einstein está en las raíces de la teoría. Pero no será Einstein sino Friedman quien, por primera vez, considere ese aspecto clave como posible ingrediente de los modelos cosmológicos, incluso antes de que Lemaître y Hubble descubran y formulen la ley que lleva sus nombres. Las ecuaciones de Friedman describen un modelo que impone homogeneidad e isotropía tan solo espaciales, lo que permite la evolución temporal del modelo: el universo va cambiando con el tiempo, pero en cada instante es uniforme en todas sus propiedades.

Al igual que el perfecto, ese nuevo principio cosmológico (que pronto perdería el inicial apellido de simple) restringe extraordinariamente el tipo de soluciones. La estructura del espaciotiempo puede ser considerada, bajo ese principio, como una sucesión infinita de secciones espaciales tridimensionales (espacios) que corresponden, cada una de ellas, a un momento determinado. Recordemos que, en general, lo que existe es el espaciotiempo, y no es posible desenredar el espacio y el tiempo y separarlos. Pero sí es posible cuando se impone el principio cosmológico, que determina la estructura geométrica del espaciotiempo como foliable, es decir, se puede representar como esa serie infinita de «hojas» (tridimensionales) paralelas, en las cuales se cumple la homogeneidad e isotropía, si bien el universo es diferente de una a otra, es decir, de un instante al siguiente. Por su parte, el tiempo fluye monótonamente y permite, por lo tanto, hablar de la evolución e historia del universo.

Es importante insistir en que esta propiedad del espaciotiempo, que permite hablar de tiempo cósmico, no es una característica general de la teoría de Einstein, sino que se deriva de las hipótesis de homogeneidad e isotropía espaciales, impuestas por el principio cosmológico y solo en este caso. Con otra geometría, no sería posible hablar de tiempo cósmico ni, por lo tanto, de evolución del universo. Gracias a esa ordenación temporal, los modelos que resultan de la aplicación del principio cosmológico dan la posibilidad de describir el universo en todos y cada uno de sus estadios evolutivos y conectarlos mediante las leyes físicas, consideradas invariantes con el tiempo.

Dada la estructura de las ecuaciones de Einstein, las condiciones de homogeneidad e isotropía impuestas a la geometría del espaciotiempo deben ser también satisfechas por la parte que describe la materia-energía del universo. En particular, la densidad, presión o temperatura de la materia-energía, en un instante dado de tiempo cósmico, debe ser la misma en todo punto del espacio. Condición que, desde el punto de vista observacional, no se cumple a todas las escalas y que obliga a hablar de cosmología tan solo a partir de cierta escala, tema que surge y resurge al hablar de cosmología.

Los fundamentos pueden resultar problemáticos, pero, como hemos repetido, su crítica no tiene por qué ser paralizante. El proceso de construcción de la actual cosmología ha jugado un papel esencial para el avance tecnológico y observacional, que, a su vez, ha posibilitado la acumulación de datos de gran calidad, que han propulsado la cosmología hasta posiciones que eran inimaginables hace solo cuarenta años. Los nuevos telescopios, más eficaces y poderosos, los nuevos detectores, llegando a límites de detección impensables antes, junto con la extensión de las observaciones a rangos del espectro electromagnético hasta ahora inexplorado y los medios de control, automación y computación, han producido colecciones de datos de creciente precisión y amplitud. Todo ello ha supuesto una extensión extraordinaria del dominio observado y una profundización en detalles, que han permitido sofisticar y poner a prueba las concepciones y modelos avanzados hasta entonces.

Como insiste P. Feyerabend,[18] aún no se conoce ninguna teoría que satisfaga todos los criterios de consistencia y que explique todos los datos de observación conocidos en su dominio. Pero, aunque no se haya dado una teoría perfecta, eso no impide progresar en el conocimiento y en su conceptualización. La ciencia es pragmática y constructivista, es decir, va asimilando observaciones y constataciones mientras es posible. Y las teorías son juzgadas por su capacidad para explicar y prever hechos de observación En este sentido, y como ya hemos indicado, el modelo estándar que se deriva de la aplicación del principio cosmológico a las ecuaciones de Einstein es, hasta ahora, un modelo de éxito.

Las ideas y teorías promueven nuevos caminos de exploración, pero es la acumulación de datos fiables y contrastados la que va refrendando o poniendo en apuros a las teorías. La ciencia avanza cuando va resolviendo problemas. Pero, como ya dijimos, avanza mucho más cuando se abren otros nuevos.

En esto de plantear nuevos problemas, la astrofísica ha mostrado su gran capacidad a lo largo de la historia, y en particular en los últimos decenios, poniendo de manifiesto retos como la estructura del universo, la existencia de materia oscura o la aceleración de la expansión, entre otros. Las respuestas nunca son definitivas, aunque sí cada vez más afinadas. La ciencia no ha desechado a Newton; lo ha perfeccionado. Pasarán los modelos, pero no los conocimientos acumulados ni la ciencia como actitud de búsqueda y comprensión racional de la realidad a todas las escalas.

II
La luz, mensajera de los cielos

Débil es la luz que nos llega del cielo estrellado. Qué sería, sin embargo, del pensamiento humano si no pudiésemos percibir esas estrellas...

Jean Perrin
Citado por Paul Couderc en: «Jean Perrin et l'Astronomie», *Revue d'Historie des Sciences*, 1971, 24-1m, pp. 117-122 (traducción del autor).

La simple contemplación del cielo nocturno ya nos sitúa ante un universo inmenso, de intensa oscuridad penetrada por luces de estrellas. Pero ese es tan solo el primer paso. Es emocionante percibir cómo se maravilla Galileo, en su *Sidereus Nuncius* (que evocamos en el título de este capítulo), al ir viendo diferentes partes del cielo con su pequeño anteojo; cómo se le van revelando, por primera vez en la historia de la humanidad, precisamente a él, la inmensidad, la variedad y la sorpresa del universo que va descubriendo.

La luz, la luz vehicula la información que nos ha permitido avanzar en el conocimiento del universo. La luz nos trae la información desde las lejanas estrellas, es la mensajera que nos informa de cómo es y qué hay en el universo. Efectivamente, parafraseando a Jean Perrin, cabe preguntarse qué sería de la humanidad sin la débil luz que nos llega de las estrellas.

El acceso al universo lo proporciona la luz que emiten los astros, que transporta la información hasta el observador y, una vez decodificada e interpretada en base a los principios que hemos considerado en el capítulo anterior, nos permite conocerlo. Era la luz el único acceso al universo disponible hasta hace apenas unos años, la fuente en la que hemos basado todo el conocimiento acumulado sobre el cielo, y sobre cuya base se han elaborado teorías, discutido conceptos y avanzado en ese camino científico hacia lo desconocido.

El telescopio, usado por primera vez por Galileo, catapulta nuestro sentido de la vista al permitir captar mucha más cantidad de luz que el ojo desnudo. Son colectores de luz que multiplican su capacidad en la razón (al cuadrado) entre sus aperturas y la de la pupila del ojo. Por otro lado, el ojo humano, si bien es un instrumento extraordinario, sensible a intensidades de luz muy bajas, no es capaz de acumular la luz recibida durante un tiempo determinado. Limitación que pudo ser superada gracias a la aparición de detectores con esa capacidad, a comenzar con la placa fotográfica en el siglo XIX, hasta los modernos detectores de tipo CCD, que, con su alta sensibilidad (que les permite captar la casi totalidad de los fotones que le llegan) y su capacidad de integración, ha revolucionado las capacidades de observación. La combinación del poder colector del telescopio con el de integración de esos detectores han hecho posible el aumento exponencial del conocimiento astronómico.

Se capta la luz para analizar la información que contiene, pero no es posible «tocar» las estrellas ni experimentar con ellas. La astrofísica es una ciencia observacional que se constituye a partir de la paciente acumulación de la información que la luz, que llega de los astros, acarrea. Información que nos llega de los cielos, modulada y distorsionada, a lo largo de su trayecto por los espacios interestelares y extragalácticos, acabando por atravesar nuestra atmósfera. Hasta que el detector, con sus imperfecciones y ruidos propios, atrapa esos fotones. A partir de ahí, comienza un proceso de depuración y decodificación de esa información que permite deslindar lo que se debe a los avatares del trayecto de lo que corresponde al astro en estudio. Tanto la información que se obtiene del medio que la luz ha atravesado como la del propio astro son sometidas al criterio de las leyes de la física que se han ido elaborando en los laboratorios terrestres, para obtener conocimiento del medio y de los astros. Pero en ningún caso es posible experimentar con los astros.

En el sistema aristotélico, la inaccesibilidad al conocimiento de los astros es radical, debida a su supuesta naturaleza diferente. En el conocido y, a menudo, referido caso de Comte, ya en el siglo XIX, esa imposibilidad no es de principio sino práctica. Las enormes distancias y la (entonces solo presumida) diferencia de condiciones con respecto a situaciones en nuestro planeta son las que harían inaccesible su conocimiento según el filósofo positivista. Muy pocos años después comenzó a desarrollarse la espectroscopía, que mostraba la capacidad de la luz para transportar información de las fuentes que la emiten. Su casi inmediata aplicación a la astronomía reveló esa potencialidad, mostrando la composición y condiciones de los astros e, incluso, sus movimientos, abriendo así el camino de acceso hacia el conocimiento físico del universo.

Puesto que la luz es el vehículo de la información celestial, el nuncio de las estrellas, el avance en el conocimiento de la naturaleza de la luz y de su relación con la materia resultó crucial para entender cómo funcionan las estrellas, qué son las galaxias, y cómo se distribuye la materia y la radiación

71

en el universo. Por cierto, cuando hablamos de luz, como ya apuntamos, queremos referirnos a cualquier radiación electromagnética, de cualquier frecuencia o longitud de onda, en todo su infinito espectro desde las ondas de radio más largas hasta los rayos X y gamma, pasando por los dominios más familiares del ultravioleta, el óptico o el infrarrojo. Y es esa luz, en sus diversas manifestaciones, lo único que nos llega desde los abismos siderales.

Las excepciones estaban solamente en nuestro entorno más inmediato hasta recientemente, cuando se pudieron detectar neutrinos provenientes de la supernova 1987A en la Nube de Magallanes o las ondas gravitatorias que han comenzado a ser detectadas tan solo a partir de 2015. Por extraordinarias y prometedoras que sean esas observaciones, lo que hasta ahora conocemos del universo se ha acumulado a partir de la medida de la luz que viene de las estrellas y del cosmos. Por esa razón, hemos situado a la luz en el curso de nuestro relato.

Propagación y naturaleza de la luz

La luz ha sido siempre objeto de interés y estudio, porque está ligada al fenómeno de la visión, de cómo nuestros ojos son capaces de reconocer las cosas externas o, gran misterio durante siglos, por qué no vemos a oscuras. Fenómeno cuya comprensión ha exigido un largo proceso histórico, a lo largo del cual se han ido marcando los hitos sobre los que hoy se asienta nuestra concepción de la luz.[19]

Que la luz se propaga en línea recta, como si se tratase de rayos rectilíneos, y a grandísima velocidad, es una constatación inmediata, que forma parte del cuerpo general de conocimiento desde las primeras etapas de nuestra civilización.

Fenómenos, digamos simples, como la reflexión, eran comprensibles en base a esas premisas. Incluso la refracción, fenómeno más complejo, recibía una explicación cualitativa. Con el transcurso de los siglos, diferentes teorías sobre la visión, juntamente con ideas sobre la propagación de la luz, fueron propuestas, aunque las soluciones tardarían en llegar. Por mucho tiempo se pensó que el ojo tenía un papel activo en el fenómeno de la visión, emitiendo unos rayos que se reflejaban en los cuerpos, trayéndonos, de vuelta, sus imágenes (de ahí el misterio de no ver en la oscuridad). Se tardó mucho tiempo en demostrar que eran los cuerpos los que emiten (o reflejan) la luz que llega de alguna fuente (el Sol, por excelencia), que es captada por el ojo y transmitida al cerebro, que elabora las imágenes.

En este texto nos limitaremos a indicar hitos importantes que han conducido al conocimiento actual y a su caracterización como radiación electromagnética, con los fotones como contrapartida corpuscular. En cierto modo, el devenir de la teoría de la luz hasta ahora puede resumirse como un ir y venir desde la teoría corpuscular a la ondulatoria.

El análisis de la luz como fenómeno independiente puede que se inicie con Descartes, que encara el problema tratando de poner orden en lo que se conoce, desechando alternativas no racionales. Se sabe, en efecto, que la luz se propaga en línea recta y a una velocidad determinada, aunque muy grande, llegando a decir el filósofo que la luz llega desde el Sol en «un instante». La medida de la velocidad de la luz no aparecía entre las prioridades en el siglo XVII, aunque Galileo ya lo intentó, para concluir que, tomando bases de distancias en el entorno local, sobrepasaba la capacidad de medida. Pero, antes de finales de siglo, en el *Journal des Sçavants* del 7 de diciembre de 1676, el académico francés de origen danés

O. Römer publicó una nota titulada «Demostración relativa al movimiento de la luz», en la que trata de responder a la cuestión que se plantean los filósofos sobre si la luz recorre cualquier distancia en un instante o si necesita tiempo. Las observaciones de entrada y salida del primer satélite de Júpiter de la zona de sombra del planeta, desde diferentes posiciones de la Tierra en su órbita, permiten calcular el tiempo que tarda la luz en recorrer la correspondiente diferencia de distancias y, en consecuencia, su velocidad. El primer resultado fue 241.000 km/s. Un valor inimaginable, aunque quedase un poco corto frente al valor que hoy conocemos con precisión.

La idea, en principio confirmada, de que la luz se propaga a velocidad finita, no fue realmente integrada hasta que, en 1729, J. Bradley descubrió el fenómeno de la aberración de la luz, que se manifiesta como un movimiento anual de las estrellas que, a diferencia de la paralaje, no depende de la distancia. Este fenómeno, que recordaremos al hablar de gravedad, no puede explicarse salvo si la luz tiene, efectivamente, una velocidad finita.

Por entonces se conocían las leyes de reflexión y refracción de la luz, aunque faltaban explicaciones contundentes para el caso de la refracción, hasta que Snell, en ese mismo siglo XVII, pudo caracterizar el fenómeno con leyes formuladas de forma precisa. Por esa misma época, el gran matemático francés Pierre de Fermat había establecido un principio, que lleva su nombre, según el cual la luz se propaga siempre por el camino más corto (medido en tiempo), incorporando así de manera natural la propagación en línea recta en un medio homogéneo.

Newton, entre otras actividades, dedicó estudio y esfuerzo, a lo largo de décadas, a estudiar la naturaleza de la luz, llegando a formular una hipótesis clara, científica, que expone y explica en su obra *Optics*, de 1704. Lo que Newton propone es que la luz está constituida por corpúsculos que son emitidos por los cuerpos y que se propagan en línea recta. Esta hipótesis permite explicar de manera inmediata la reflexión, si bien tiene algunos problemas con la refracción. Las contribuciones a la óptica de Newton se extienden, como es bien conocido, al estudio de los colores, para lo que utiliza un prisma capaz de descomponer la luz blanca en colores o, a la inversa, recombinar los colores, con otro prisma, para producir luz blanca.

Unos años antes de que Newton presentase sus ideas sobre la luz y los colores, Huygens había propuesto una idea muy elaborada sobre la misma, considerándola un fenómeno ondulatorio (*Traité de la lumière,* 1690). El elemento clave de la propuesta, conocida hoy como principio de Huygens, es la hipótesis de que, cuando una onda luminosa llega a un punto, este se convierte, a su vez, en foco de emisión de ondas luminosas en todas las direcciones. La construcción geométrica que lleva a cabo Huygens muestra que, tomando en cuenta todas esas reemisiones, el resultado global es una onda esférica, con centro en el foco primario, que se propaga de igual manera en todas las direcciones y que materializa la propagación de la luz. Con esta concepción se explican de manera directa tanto la reflexión como la refracción de la luz, además de los fenómenos de interferencia y difracción, puestos de manifiesto por Grimaldi a principios del siglo XVII.

La teoría ondulatoria parecía establecida sobre bases sólidas y mostraba una gran capacidad explicativa. Además, fue publicada unos años antes que la teoría corpuscular de Newton (cuando Newton publicó su obra, Huygens ya había muerto). Sin embargo, quedó relegada al olvido por un largo tiempo, bajo el peso de la figura científica y concepciones sobre la luz de Newton.

Bien es cierto que la teoría ondulatoria se topaba con un argumento de peso, desarrollado por el mismo Newton, entre otros. En efecto, si la luz es un fenómeno ondulatorio, debería compartir las propiedades esenciales con otros fenómenos ondulatorios, en particular el sonido. Es bien conocido que este es capaz de contornear esquinas, con lo cual es posible oír, aunque no llegue directamente, «a la vuelta de una esquina». Pero, en el caso de la luz, aparentemente no ocurre lo mismo, ya que no es posible ver al volver de una esquina. Parece un argumento sólido contra la concepción ondulatoria, que necesitará algún tiempo para poder ser respondida.

También la teoría corpuscular, por su parte, presentaba inconvenientes a la hora de explicar la refracción y, sobre todo, los fenómenos de interferencia y difracción. En la tesitura de elegir entre dos propuestas imperfectas, con zonas oscuras en su intento de explicación de los fenómenos, la opinión científica se decantó en ese momento por la teoría corpuscular, en detrimento de la ondulatoria, sin entrar a considerar la diferente naturaleza de esos inconvenientes o fallos de cada teoría. La propuesta de Newton debía ser complementada con hipótesis *ad hoc* para tratar de explicar los fenómenos; la de Huygens necesitaba refinar los cálculos.

Al fin, la gran debilidad de la teoría corpuscular para explicar los fenómenos de interferencia resultó fatal para ella, al menos de momento. En 1801, Thomas Young llevó a cabo extraordinarios experimentos, considerados aún entre los más ingeniosos y decisivos de la historia de la ciencia,[20] que vindicaron la teoría ondulatoria. El experimento de las dos rendijas de Young pone de manifiesto que la iluminación combinada de dos fuentes puede producir zonas de sombras (interferencias destructivas), alternadas con zonas de máxima iluminación (interferencias constructivas). Solo una concepción ondulatoria de la luz puede explicar este experimento y la cuestión quedaba zanjada, al menos por unos años.

Comenzado el siglo XIX, Fresnel dio cuerpo de teoría a la idea ondulatoria de la luz y propuso un experimento para medir su velocidad en laboratorio. Lo que, entre otras cosas, llevaría a cabo años más tarde Fizeau, que consiguió medir la velocidad de la luz con buen grado de precisión, tanto en el aire como en otros medios. El experimento, que llevó a cabo en 1849, le permitió medir la velocidad de la luz en el aire, encontrando el valor de 313.000 km/s, algo superior, pero próximo ya al valor determinado con máxima precisión en épocas mucho más recientes.

Esas medidas y otros experimentos reforzaron definitivamente la teoría ondulatoria, en la medida en que también echaban por tierra alguna de las hipótesis necesarias para sostener la corpuscular. Además, se pudo responder a la vieja objeción de Newton cuando se contó con las herramientas matemáticas adecuadas. Los resultados muestran que también la luz es capaz de contornear las esquinas, pero la distancia que penetra en la zona de sombra, que depende de la longitud de onda (varios órdenes de magnitud inferiores en el caso de la luz con respecto a las sonoras), es extraordinariamente pequeña y la iluminación que se produce en esa zona de penumbra es inapreciable.

La teoría ondulatoria no está, sin embargo, libre de serios problemas de fondo, a saber, cuál es la naturaleza de lo que vibra y la del medio en el que se propaga a través del vacío intersideral. Se observa que se propaga en diferentes medios, con velocidades menores cuanto mayor es la densidad del medio. Pero ¿cuál es el medio que permite la propagación de las ondas luminosas que nos llegan desde los astros del firmamento? ¿De qué está lleno el cielo para que la luz, cualquiera que sea su naturaleza, pueda propagarse y recorrer extraordinarias distancias?

Este problema de la naturaleza última de la luz y su propagación a enormes distancias se agudizó a medida que los datos de laboratorio iban acumulándose. Las medidas del propio Fresnel sobre polarización ponían de manifiesto que las ondas de luz son vibraciones que se producen en un plano perpendicular a la velocidad de propagación, es decir, a los rayos luminosos. Se trata, pues, de ondas transversales, diferentes a las sonoras que oscilan en la misma dirección en que se propagan (ondas longitudinales).

En el caso del sonido, es el medio el que vibra y propaga la oscilación. En consecuencia, en el vacío el sonido no se propaga. Pero, en el caso de la luz, ¿qué es lo que vibra?, ¿cuál es el medio en que se propaga? Ante la falta de mejores opciones, se postuló la existencia de un medio apropiado (y desconocido), que se rebautizó como éter. Pero, a medida que se intenta precisar sus propiedades, las contradicciones se hacen inasumibles, pues, por un lado, debía ser rígido para poder transmitir ondas transversales, hasta las más altas frecuencias, y, por otro, sutilísimo para que la atenuación fuese inapreciable. Como ya reconociera Young, eso hacía del éter una hipótesis imposible.

Así pues, mientras se dispone de una teoría con gran capacidad explicativa, no es posible responder a las cuestiones básicas que plantea. Lo que no impide el desarrollo de las aplicaciones de la óptica, con la fabricación de lentes, espejos, telescopios y microscopios que hacen avanzar rápidamente la ciencia en muchos de sus dominios. Una vez más, las cuestiones básicas que aún no tienen respuesta quedan pospuestas, mientras el avance del conocimiento y el encaje y predicción de fenómenos siga el camino del éxito.

La explicación a esas cuestiones básicas vendrá de otro campo, que también se desarrolla hasta su plenitud en el siglo XIX, en el que, finalmente, tendrá cabida la teoría de la luz: el de la electricidad y el magnetismo. De nuevo, la actividad en los laboratorios empuja un dominio de conocimiento que se desarrolla muy rápidamente. Mientras Oersted había mostrado que las corrientes eléctricas producen campos magnéticos, Faraday demuestra el recíproco, la creación de corrientes eléctricas por influencia de campos magnéticos. Ya más directamente relacionado con la cuestión de la luz, el mismo Faraday descubrió, hacia 1845, que las ondas luminosas son modificadas por un campo electromagnético (en concreto, el ángulo de polarización de la luz se modifica por efecto de un campo magnético, lo que se conoce como efecto o rotación de Faraday). A partir de ahí, relacionó ambos fenómenos, luz y campos magnéticos, llegando a proponer que la luz es una vibración electromagnética.

En esa misma línea, antes de llevar a cabo la síntesis de los fenómenos magnéticos y eléctricos, Maxwell publicó un trabajo en 1865 en el que demostraba que los campos eléctrico y magnético se propagan en el espacio como ondas, a la velocidad de la luz. Las ideas y los datos empezaban a converger y emergía con fuerza la idea de que la luz es una vibración transversal del campo electromagnético, que se propaga por el espacio a velocidad finita.

La síntesis electromagnética fue publicada por Maxwell en 1873 con el título *A Treatise on Electricity and Magnetism*. En esa nueva formulación, los campos[21] eléctrico y magnético quedan unificados en uno solo, el campo electromagnético, y las ecuaciones relacionan ese campo y sus variaciones con las propiedades del medio en que ejerce su acción. La nueva teoría permite abordar los problemas conocidos y explicar los resultados de los experimentos, incluidos aquellos que mostraban la aparición de campos magnéticos asociados a corrientes en movimiento, o viceversa.

Las consecuencias que esa unificación supone para el avance de la ciencia y de sus aplicaciones son de sobra conocidas, y se sitúa en la base de una nueva física y del desarrollo exponencial de la sociedad humana.

Como ya habían anticipado Faraday y el propio Maxwell, la teoría contiene una nueva concepción de la luz, que queda definitivamente caracterizada como una vibración transversal del campo electromagnético que se propaga a gran velocidad, que se denota con la letra c. Lo que eran conjeturas e indicios se convierten en teoría, gobernada por un conjunto majestuoso de relaciones matemáticas: las ecuaciones de Maxwell. Las ondas luminosas no son sino soluciones de esas ecuaciones, que caracterizan el fenómeno y permiten estudiar su propagación y propiedades.

Esas ondas transversales pueden propagarse en cualquier medio con una velocidad característica, dependiendo de su índice de refracción. También se había comprobado que, dentro de los errores experimentales, esas ondas se propagan, en un medio determinado, a la misma velocidad independientemente de su frecuencia o energía. En otras palabras, desde las ondas de radio hasta las de más altas frecuencias se propagan a la misma velocidad.

A su vez, la teoría de los colores se asentaba ahora sobre conceptos físicos bien definidos y cuantitativos: la luz monocromática es una onda sinusoidal; su amplitud está relacionada con la intensidad luminosa, y su frecuencia, con el color. El producto de la frecuencia por la longitud de onda es, precisamente, la velocidad de la luz, por lo que son conceptos equivalentes, como lo son sus correlatos, espacio y (la inversa de) tiempo.

La luz, en tanto que radiación electromagnética, tiene un espectro infinito de frecuencias (o longitudes de onda) del que una parte pequeña corresponde al que nuestros ojos son capaces de percibir. Las frecuencias más altas corresponden desde el ultravioleta hasta los rayos X y gamma, mientras que las más bajas corresponden desde el rojo-infrarrojo hasta el dominio de radioondas. La energía que transporta una onda es directamente proporcional a su frecuencia.

De esa caracterización surge toda una catarata de conclusiones, explicaciones y nuevos planteamientos experimentales y de aplicación. La teoría de Maxwell, que encuadraba todo ese inmenso y creciente mundo de ideas y experimentos, predecía la posibilidad de generar ondas electromagnéticas y propagarlas para que puedan ser detectadas en diferentes localizaciones. La posterior confirmación experimental de las teorías de Maxwell por Hertz, quien, por primera vez, generó ondas electromagnéticas cuya velocidad de propagación es c, eliminó las últimas dudas, si alguna quedaba, que se tenían sobre la naturaleza ondulatoria y electromagnética de la luz.

La cuestión del medio «mínimo» necesario para la propagación de la luz quedaba, sin embargo, en la confusión creada por la invocación de un éter de propiedades contradictorias. Sabido es que la hipótesis del éter, a pesar de todo, fue mantenida por el propio Maxwell.[22] Hará falta recorrer un largo camino conceptual y científico para deshacerse del concepto del éter, y terminar por aceptar que la luz, las ondas electromagnéticas, pueden propagarse en el vacío.

La extraordinaria aceleración del progreso del conocimiento a lo largo del siglo XIX (y de sus aplicaciones, que abrían nuevas vías de experimentación y transformaban el mundo cotidiano) era tal que, apenas celebrado el triunfo de la teoría de Maxwell, nuevos problemas, profundamente ligados a esa concepción de la luz, vinieron a sumarse, obligando a replantear toda la cuestión. Nos referimos a dos en particular, cuya comprensión iba a revolucionar el mundo de la física, alumbrando la mecánica cuántica: el espectro de la radiación emitida por un cuerpo negro, que no es compatible con la teoría de Maxwell, y el efecto fotoeléctrico, que se refiere al proceso por el que una placa metálica produce una corriente eléctrica cuando se la ilumina con la luz adecuada.

La luz, onda y corpúsculo

Según la teoría de Maxwell, la energía emitida por un cuerpo en equilibrio termodinámico y confinado, lo que se llama en física un cuerpo negro, tiende a concentrarse en las frecuencias más altas. Formalmente, esa tendencia es imparable y la energía contenida en esas altas frecuencias se acumula sin límite. Los cálculos muestran que esa concentración se hace infinita (diverge) y por eso se la conoce como catástrofe ultravioleta (por concentrarse en las frecuencias más altas). Todo lo cual es obviamente incongruente y, sobre todo, contrario de manera flagrante con los datos experimentales.

Max Planck, a comienzos del siglo XX, se dio cuenta de que el problema podía resolverse, al menos formalmente, si se admite que tan solo ciertos niveles discretos de energía pueden ser emitidos. Puesto que la energía es proporcional a la frecuencia (siendo la constante de proporcionalidad una nueva constante universal, h, la constante de Planck), la emisión no se produce en todo el continuo de frecuencias, sino tan solo en las que corresponden a aquellos valores discretos, cuantificados, de la energía, sin que se produzca ninguna emisión para valores intermedios. De ese modo, a primera vista un mero artificio matemático, Planck demostró que no existe la divergencia ultravioleta, eliminando la flagrante discrepancia con los datos y explicando el espectro característico de un cuerpo negro.

Ahora bien, esa explicación implica la existencia de un valor fundamental o *quantum* de energía, lo que equivale a considerar que la energía luminosa es transportada por corpúsculos, cuya energía solo puede tomar valores determinados, múltiplos de ese valor fundamental. Aunque funciona, esta explicación desazonaba al propio Planck y no fue muy bien recibida por la comunidad científica, puesto que reintroducía la idea corpuscular de la luz cuando su naturaleza ondulatoria, explicada por la teoría de Maxwell, estaba asentada. Momentáneamente, se admitía que se trataba, a la espera de mejores explicaciones, de un artilugio matemático, hasta que, muy poco después, la idea iba a hacerse necesaria, de la mano de un joven Einstein, para explicar un nuevo resultado experimental.

Se había descubierto que, cuando un haz de luz incide sobre una superficie metálica, se puede producir una corriente eléctrica, tanto más intensa cuanto mayor es la intensidad de la luz incidente. El fenómeno solo se presenta cuando esa luz es de frecuencia superior a un cierto valor mínimo o umbral, diferente según la naturaleza del material sobre el que incide. Einstein hizo uso de la idea de los *quanta* de energía, que, en el caso de la luz, llamó fotones, para explicarlo: esas partículas de luz chocan con la superficie del metal y arrancan electrones, que son los que producen la corriente eléctrica medida. A mayor intensidad de la luz, mayor es el número de fotones, y por tanto mayor es el número de electrones arrancados y la corriente producida. Ahora bien, los electrones están ligados al metal, de modo que si la energía, es decir, frecuencia, de los fotones incidentes no es suficiente para romper esa ligadura, los electrones seguirán en la placa metálica y no se producirá la corriente eléctrica. Esta explicación del efecto fotoeléctrico, proporcionada por Einstein en 1905, daba carta de naturaleza a los *quanta*, y de esa manera lanzaba lo que iba a ser la mecánica cuántica. Le valió el Premio Nobel en 1921.

Todo lo cual volvía a plantear, esta vez por el intermedio de los *quanta*, las viejas discusiones sobre si la luz es de naturaleza ondulatoria o corpuscular. Por un lado, estaba demostrado que la luz es una vibración electromagnética, pero, por otro, también estaba demostrado que está compuesta por corpúsculos con niveles de energía cuantificados. ¿Cómo es esto posible? Detrás de esa cuestión está uno de los grandes capítulos de la historia de la ciencia.

El posterior desarrollo de la mecánica cuántica, que permite comprender lo que ocurre en el mundo de los constituyentes básicos de la materia, ha proporcionado la visión científica definitiva, por el momento, de lo que es realmente la luz: una entidad dual, onda y corpúsculo a la vez. Una vibración del campo electromagnético, que también puede comportarse como un corpúsculo. Bien es verdad que esos dos aspectos no pueden manifestarse ni ser observados simultáneamente, sino que son dos caras de una sola realidad que hay que explorar por separado (lo que se conoce como principio de complementariedad).

Esta dualidad onda-corpúsculo no es exclusiva de la luz, sino que todos los constituyentes básicos de la materia la presentan, tal y como propuso Louis de Broglie en 1924, en su tesis doctoral. Poco después, contando con el apoyo explícito de Einstein, con quien compartió muchas de las ideas sobre las bases de la mecánica cuántica, llegó la confirmación experimental cuando se demostró, en 1927, que los electrones también producen fenómenos típicamente ondulatorios como son la difracción o interferencias. L. de Broglie recibió el Premio Nobel en 1929 y desarrolló la mecánica ondulatoria. La dualidad onda-corpúsculo quedaba establecida, y es uno de los ingredientes básicos de nuestro conocimiento del mundo microscópico.

En conclusión, la luz es concebida como onda-corpúsculo, que puede propagarse en el vacío, siempre a la misma velocidad (independiente de la velocidad del emisor y de la frecuencia). Como es bien conocido, no se trata de que sean aspectos contradictorios sino, como se dice en mecánica cuántica, complementarios, ambos necesarios para una descripción completa. Pero no pueden manifestarse ambos a la vez. De manera esquemática puede decirse que:

• La naturaleza ondulatoria determina las propiedades de propagación.
• La naturaleza corpuscular determina las interacciones materia-energía.

Radiación de cuerpo negro. Los colores de las estrellas

La materia es capaz de emitir o absorber radiación electromagnética. De modo que el espectro de esa radiación, es decir, la distribución de la intensidad emitida o absorbida en función de la frecuencia contiene información sobre el mecanismo por el que esa materia emite o absorbe la luz y, a la vez, sobre su estado. Y también, aspecto fundamental, de cómo se mueve el emisor con respecto al observador. La luz que recibimos nos da la más completa información posible tanto sobre el estado de la materia como de sus movimientos y situaciones dinámicas. Eso es lo que la astronomía, de la mano de la física, nos ha ido revelando a lo largo de su desarrollo.

Los mecanismos de radiación y su propagación en un medio constituyen toda una rama de la ciencia que justifica y cuantifica todos esos procesos y la información que acarrean. Para los propósitos de esta exposición nos referiremos tan solo, y brevemente, a dos mecanismos básicos de emisión, que nos permitirán ilustrar cómo, efectivamente, la luz nos trae información de los astros.

Que un cuerpo caliente emite luz es una experiencia cotidiana. El clásico sistema de iluminación por lámparas de filamento incandescente es una ilustración entre otras muchas. También nos hemos habituado a hablar de la temperatura de una lámpara, que está relacionada con la zona del espectro en la que presenta el máximo de intensidad. También es de conocimiento general que el color dominante de la radiación cambia cuando la temperatura se hace más o menos elevada.

Por supuesto, la radiación, en general, no es monocromática, sino que cubre un amplísimo rango de frecuencias, incluidas, como demostró Herschel con la radiación solar, algunas que no son directamente detectadas por el ojo humano. Veamos cómo estas constataciones inmediatas se han conceptualizado y se han convertido en claves para conocer las estrellas y el universo.

Para ello, volvamos al concepto de cuerpo negro, que es un sistema que emite un espectro característico, identificativo. La termodinámica nos enseña (aunque hay que recurrir, como hemos visto, a la mecánica cuántica para comprenderlo) que ese espectro queda completamente determinado por un solo parámetro, su temperatura. Existe una relación directa entre esa temperatura y la frecuencia o longitud de onda a la que se produce el pico máximo de emisión. Por tanto, determinar la posición del pico de intensidad de un espectro de cuerpo negro es equivalente a determinar su temperatura.

Lo que la experiencia sugiere se concreta cuando se comparan cuerpos negros a diferentes temperaturas: el pico de emisión varía con la temperatura de una forma determinada, que se conoce como ley de Wien, en honor a su descubridor. Esta ley establece que el producto de la temperatura por la longitud de onda del máximo de intensidad es constante, de modo que, a medida que aumenta la temperatura, la longitud de onda del pico se va desplazando hacia menores valores, que corresponden a mayores valores de la frecuencia. Para poner algunos números, la ley de Wien determina que un cuerpo negro a 100 K tiene su máximo de emisión a la longitud de onda de 28,98 micras; uno a 1.000 K lo presenta a 2,898 micras, y otro a 10.000 K, a 0,2898 micras.

Más allá de su valor como recurso teórico, el concepto de cuerpo negro es de gran utilidad, dado que, como se ha demostrado, una gran parte de las estrellas, entre ellas el Sol, son sistemas para los que esa aproximación es válida. Efectivamente, cuando se observa el espectro de luz emitida, haciendo abstracción de las líneas de emisión o absorción para considerar tan solo la forma del continuo, se constata que, en muchos casos, no difiere demasiado de un cuerpo negro. Aceptada por un momento esa aproximación, se puede determinar la posición del pico de emisión y la temperatura correspondiente. En consecuencia, las estrellas también tienen colores, dependiendo de la temperatura de la fotosfera (zona emisora), que la astrofísica ha categorizado como tipos espectrales y ha utilizado para clasificarlas.

La medida de las luminosidades y espectros de las estrellas, con la determinación de sus temperaturas y colores, se hizo posible cuando la naciente astrofísica se combinó, a partir de la segunda mitad del siglo XIX, con la construcción de cada vez más potentes telescopios y nuevos detectores capaces de acumular luz durante largas exposiciones. Señalemos que, incluso a simple vista, si observamos en una noche despejada y oscura, se puede apreciar el color de algunas estrellas (como Sirio, Betelgeuse, Arturo o Rigel), si bien es verdad que la mayoría son más bien blanquecinas, sin que se discierna su color. Eso se debe, simplemente, a que el ojo humano no es sensible a los colores si la intensidad luminosa que recibe es demasiado baja ya que los fotosensores correspondientes, llamados conos, no llegan a activarse. Afortunadamente, los bastones son excitados con muy bajos niveles de luz, de modo que podemos ver cosas muy débiles, aunque sin colores.

Dado que la aproximación por un cuerpo negro (cuando se hace abstracción de las líneas espectrales) se ha comprobado ser válida para una gran mayoría de las estrellas, a partir del examen del continuo y de la determinación del pico de emisión, es posible atribuir una temperatura y un color a cada una de ellas. Comencemos con el Sol. El pico se encuentra a una longitud de onda de 0,50 micras, es decir, en el verde (la absorción diferencial de la atmósfera lo hace más amarillento, al igual que puede verse rojizo cuando está muy bajo sobre el horizonte). Si la asimilamos a un cuerpo negro, según la ley de Wien la temperatura de la fotosfera es de 5.780 K, una muy buena aproximación al valor real. Si, por otro lado, tomamos el caso de la estrella Rigel, el pico de emisión se observa a 0,25 micras, en el ultravioleta, y su temperatura es de 11.500 K. Eso explica el color azulado con el que se observa. Si, para terminar nuestra ilustración, tomamos ahora la estrella Betelgeuse, también en Orión, su pico de emisión se sitúa a 0,828 micras, que corresponde a una temperatura de 3.500 K. Razón por la que la vemos con tonalidades rojizas.

Hemos dejado a un lado las líneas espectrales para tratar de caracterizar la estrella, en buena aproximación, como un cuerpo negro, pero la física de las estrellas está también en esas líneas, que nos informan sobre cuáles y cuantos átomos las producen, es decir, nos dicen la composición química de cada estrella. Sus longitudes de onda nos permiten identificarlas, mientras que sus intensidades nos informan de esas abundancias atómicas. Es, pues, la totalidad del espectro la que nos permite, gracias a la información que nos trae, determinar la naturaleza y composición de las estrellas, clasificarlas por tipos y luminosidades y, tras un extraordinario proceso de desarrollo de la ciencia, desentrañar el origen de la energía, la estructura y el estado evolutivo de cada una.

Otros mecanismos de radiación

Además del caso fundamental de radiación que acabamos de ver, hay otros mecanismos de radiación que se manifiestan en múltiples astros o, incluso, en diferentes regiones de alguno de ellos. Resumiendo, y de manera sucinta, se reconocen dos tipos de emisión en función de los mecanismos físicos que los explican: los térmicos, que reflejan situaciones de equilibrio y cuyo prototipo es el cuerpo negro (estrellas y radiación de fondo, principalmente), y los no térmicos, producidos en situaciones de no equilibrio, en explosiones de estrellas, por ejemplo.

Al medir el espectro integrado de un astro hay que tener en cuenta que pudiera contener diferentes componentes producidas por diferentes mecanismos. Así, en el caso del Sol, el espectro que se obtiene en condiciones normales presenta las características típicas de una estrella de su clase y tipo, un cuerpo negro con líneas de absorción. Pero si, con las técnicas adecuadas (durante un eclipse solar o usando un coronógrafo), obtenemos un espectro de la parte más exterior, la corona, se obtiene algo muy diferente, característico de un plasma de muy baja densidad y temperatura muy alta, situada muy por encima de la fotosfera y fuera de equilibrio térmico. Su intensidad, sin embargo, es tan débil, comparada con el espectro integrado, que solo puede apreciarse cuando se usan las técnicas citadas.

Los mecanismos fuera de equilibrio pueden ser dominantes en muchos casos, y, de hecho, a pesar del número de estrellas que hay, se estima que la mitad, aproximadamente, de la energía radiada en el universo lo es por causa de mecanismos que operan fuera del equilibrio térmico. Las estrellas no lo son todo. Pensemos en la radiación sincrotrón, en las supernovas o novas y en los mecanismos responsables de los estallidos de rayos gamma, o los que se producen en los núcleos activos de galaxias y cuásares, todos ellos en situaciones de no equilibrio.

Cada uno de esos mecanismos se manifiesta fundamentalmente en una determinada banda espectral, dependiendo de las condiciones de cada caso, lo que resulta en espectros característicos. Nuestro sentido de la visión está obviamente ajustado al espectro solar, y eso nos permite ver estrellas a simple vista, pero una buena parte de las emisiones en el universo se manifiestan en otras bandas espectrales que el ingenio y el progreso de las técnicas experimentales y observacionales han hecho accesibles y han integrado en el sistema de conocimiento.

Entre los mecanismos de radiación fuera de equilibrio térmico, traemos aquí uno de los más ubicuos. Se trata de la radiación emitida por cargas eléctricas en movimiento. Las cargas eléctricas pueden emitir energía electromagnética a costa de la energía involucrada en su movimiento. Lo hacen a frecuencias relacionadas con esa velocidad y con intensidades que dependen, entre otras cosas, de la intensidad del campo electromagnético en el que se mueven y de la propia densidad de partículas radiantes. Dependiendo del valor de esos parámetros, la radiación se producirá en diferentes dominios espectrales, desde el de radioondas hasta el de los rayos X.

Una carga en movimiento, al emitir radiación, pierde energía y, por tanto, pierde velocidad, razón por la que este mecanismo se denomina de frenado («bremmstrahlung», de su nombre en alemán, tal y como aparece en los textos). En esta categoría podemos incluir la radiación sincrotrón, que fue detectada por primera vez al final de los años 1940 en una instalación sincrotrón (un tipo de acelerador de partículas en el que sus órbitas se mantienen cerradas), de ahí su nombre. La primera detección en el dominio astrofísico fue la de Júpiter, en 1955. Desde entonces, se ha detectado y medido este tipo de radiación en una gran variedad de fuentes, desde galaxias/radiofuentes hasta los púlsares, supernovas y estallidos de rayos gamma o el continuo de los cuásares, responsable de la ionización del gas circundante que emite las líneas que se observan.

Hay que notar desde un principio que esta radiación no es isótropa, sino direccional. Está confinada en un cono alrededor del vector velocidad de cada partícula emisora, cuya apertura es tanto menor cuanto mayor es la velocidad. De ahí que, cuando esa velocidad es próxima a la de la luz y las partículas están colimadas, lleguen a observarse haces muy estrechos de emisión, llamados *jets*, como en el caso de la galaxia central de Virgo, M87 (figura II.1).

El espectro característico, que resulta de la suma de la radiación que produce cada electrón, sigue una ley de potencias con la frecuencia.

Por su especial relevancia en cosmología, vamos a dedicarle unas líneas ahora a la radiación en rayos X que se observa en cúmulos de galaxias. El mecanismo responsable es de nuevo la radiación de frenado producida por las partículas cargadas del medio intracumular. Este medio, que está en equilibrio dinámico en el enorme potencial gravitatorio del cúmulo, está a altísimas temperaturas cinéticas, del orden de 100 millones de grados. Los átomos, en particular los de hidrógeno, el más abundante de los elementos, están disociados, y los electrones, que conforman el plasma que baña el cúmulo de galaxias en cuestión, se mueven a muy grandes velocidades (del orden del millar de km/s) y son desviados por los campos electromagnéticos generados por los protones (que, al ser mucho más masivos, se mueven con velocidades mucho menores). Esa deceleración se acompaña de la radiación correspondiente.

Su descubrimiento y medidas sucesivas, posibles desde el momento en que se pusieron telescopios y detectores fuera de la atmósfera, han puesto de manifiesto la importancia de ese plasma de electrones y protones en el balance dinámico de los cúmulos, mostrando que la materia responsable de esa emisión es la componente más importante de la materia bariónica en ellos, superando a la que se almacena en galaxias.

FIGURA II.1. M87, galaxia elíptica masiva, en el centro del cúmulo de Virgo. Sobre la imagen difusa de la galaxia, cuya luminosidad es producida por la inmensa cantidad de estrellas que alberga, se aprecia un extraordinario filamento de radiación (codificado en colores azulados), que se extiende, desde el núcleo, por varios miles de años-luz. El origen de esa radiación está en procesos ultra energéticos en su núcleo, que alberga un sistema muy compacto, un agujero negro.

Naturaleza observacional de la astronomía

No podemos terminar este capítulo sobre la luz sin considerar, aunque sea someramente, la naturaleza observacional de la astronomía y las dificultades inherentes al proceso de decodificación de la información que llega de los astros. Tras un inmensamente largo recorrido, es inevitable que haya sufrido alteraciones, que hay que considerar cuidadosamente antes de extraer consecuencias y sacar conclusiones. La astronomía no es, como es bien sabido, una ciencia experimental. Tan solo podemos observar, acumulando en los detectores los fotones que nos llegan de los astros.

Resulta inevitable, como decimos, que esa información que recibimos esté mediatizada por las vicisitudes de un recorrido extraordinario entre la fuente y el observador, pero también por las limitaciones de todo proceso de observación y medida. Lo que a menudo resulta en sesgos observacionales que hay que ponderar y considerar con todo detalle. Esa luz, tan débil, que nos llega de los astros, es portadora de información sobre los mismos, pero esa información está codificada y, en general, inevitablemente contaminada. El arte de la astronomía ha ido perfeccionándose para identificar y corregir todos los espurios, limitar los efectos sistemáticos y, finalmente, producir datos netos, específicos del astro emisor, que puedan ser confrontados directamente con las leyes y los conocimientos proporcionados por las ciencias desarrolladas en nuestro entorno terrestre.

Las limitaciones de capacidad de detección y medida han ido superándose con el avance de los telescopios de todo tipo, cada vez mejores y más grandes, y de los detectores. Pero, mientras consideremos observaciones desde Tierra, que son la mayoría por ahora, hay que contar con los inevitables efectos distorsionadores de la atmósfera terrestre. Como todos sabemos, esta deja pasar tan solo ciertas longitudes de onda, mientras que otras las atenúa o las absorbe completamente. Aspectos que, necesariamente, hay que tener en cuenta para depurar los datos.

Basta comparar lo que vemos en una noche despejada y en otra con nubes para comprender inmediatamente lo que queremos decir cuando hablamos de la absorción atmosférica. Para desgracia de los astrónomos que observan desde observatorios terrestres, tan solo en una fracción de las noches el cielo está en condiciones adecuadas para que se puedan realizar observaciones astronómicas. No es, pues, de extrañar que se empeñen en buscar emplazamientos que permitan maximizar el número de noches útiles.

Aún en una noche despejada, incluso de excelente calidad, la absorción atmosférica se sitúa alrededor del 10 % en el centro de la banda visible, siendo superior para bandas más azules y menor para bandas más rojas. Más aún, esa absorción no solo varía de una noche a otra, sino que también es diferente de uno a otro observatorio. ¿Cómo es posible, entonces, comparar los datos tomados en noches diferentes y en diferentes observatorios? Sencillamente, determinando y caracterizando esa absorción noche a noche, con la mayor precisión posible y en cada lugar de observación, y corregir las medidas de los astros de ese efecto atmosférico. De modo que las magnitudes que se incorporan a los catálogos y a las tablas de datos están referidos a valores fuera de la atmósfera, para que sean comparables. Las necesarias correcciones llevan asociada, inevitablemente, una incertidumbre, cuando no alguna sistematicidad, que los astrónomos tienen que tratar de identificar y acotar.

Entre los efectos de la atmósfera, queremos señalar otro que, quizás, no resulta tan familiar. Se trata del efecto de emborronamiento, conocido por su nombre en inglés, *seeing*, por el cual las imágenes puntuales que producirían las estrellas en ausencia de atmósfera se transforman en pequeñas manchas de luz. La dimensión de esas manchas, que suelen medirse en segundos de arco, es el valor del *seeing*. Cuanto menor es ese valor, mayor es la calidad de las observaciones.

Hay que tener en cuenta que este efecto es doblemente pernicioso. Por un lado, se pierde resolución angular, puesto que las imágenes resultantes son relativamente extensas y el poder separador entre dos imágenes muy próximas disminuye. Por otro, también disminuye la sensibilidad efectiva, ya que la luz, que podría concentrarse en, digamos, un píxel, se distribuye entre varios, por lo que cada uno recibe una menor intensidad luminosa y, por lo tanto, se disminuye la relación entre señal y ruido en cada píxel.[23] Cuando se trata de detectar bajos niveles de luz, como puede ser el caso de objetos débiles y extensos como las galaxias, puede suponer una limitación importante, y resulta en una reducción de la región detectada con la suficiente relación señal/ruido para proporcionar medidas fiables.

Sin duda el *seeing* es otro de los parámetros fundamentales cuando se trata de buscar un emplazamiento para un observatorio, al que hay que añadir el de los valores típicos de la luminosidad del fondo de cielo. La necesidad de huir de las zonas habitadas es obvia para cualquiera que mire de vez en cuando al cielo desde una zona iluminada, desde el interior de una ciudad, por ejemplo, y luego desde terreno abierto, lejos de las ciudades. De modo que los astrónomos, cuando buscan un buen emplazamiento para un nuevo observatorio, no solo quieren que tenga muchas noches despejadas, sino que también buscan lugares muy oscuros, lejos de toda contaminación luminosa, y con mínima turbulencia atmosférica, para garantizar pequeños valores de *seeing* y asegurarse que el emborronamiento de las imágenes sea el mínimo posible.

Obviamente, a partir de la época en que ha sido tecnológicamente posible poner telescopios en órbita, todas esas limitaciones de banda espectral, extinción, *seeing* y noches nubladas desaparecen. Las imágenes y logros del Hubble o de los telescopios en los rangos del UV, el IR o en el de los rayos X y gamma, están ahí para atestiguar esas extraordinarias mejoras. Pero, no lo olvidemos, la contribución desde los observatorios terrestres sigue siendo muy ampliamente mayoritaria.

Mas allá del proceso mismo de medida, que ha exigido el desarrollo de detectores de muy alta sensibilidad y de telescopios capaces de concentrar la luz de manera eficiente, el proceso de recuperación de la información es muy complejo. En primer lugar, hay que tratar las imágenes obtenidas (ya sean directas o espectroscópicas) para identificar y corregir todos los elementos espurios debidos al proceso de detección, tales como aberraciones de los telescopios, luz reflejada en el entorno del telescopio o derivados del funcionamiento de los detectores (diferencias de sensibilidad píxel a píxel, presencia de píxeles defectuosos). Correcciones que se añaden a la ya considerada absorción atmosférica.

Tras lo cual, con ayuda de estrellas bien calibradas para que sirvan de referencia, los datos pueden ser calibrados y susceptibles de ser comparados con otras medidas e incorporarse al cuerpo de datos general.

Por último, hay que corregir de los efectos que el medio que ha atravesado esa luz que detectamos, haya podido imprimir en ella. Nuestra propia galaxia afecta a la luz que la atraviesa, de manera diferente según la dirección en que venga, es decir, según las zonas que atraviese para llegar hasta nosotros. Conocido es que la zona del disco galáctico es como una cortina absorbente que impide o limita extraordinariamente (al menos en la zona visible del espectro) la observación de astros en esa dirección. Para estudios de naturaleza cosmológica, en particular, conocer esta absorción en función de la dirección en que nos llega la luz (línea de visión de la galaxia en cuestión) puede resultar decisivo para los resultados que se buscan, al producir efectos espurios importantes si no se lleva a cabo la corrección de manera apropiada. Estos efectos han producido resultados diferentes en función de cómo se procede a su corrección (que no está dada sino por otras observaciones, que hay que interpretar) y, en consecuencia, a largos debates y discusiones.

Pensemos, por un momento, en la determinación de distancias en astronomía, uno de sus más amplios y complejos capítulos. En general, un parámetro a medir es, por supuesto, la luminosidad de alguna familia de astros. El flujo luminoso que recibimos es afectado, entre otros fenómenos, por la absorción dentro del sistema en el que ese astro se encuentra, por la absorción en los diferentes medios que tiene que atravesar hasta los dominios de nuestra galaxia (si es que se trata de un astro exterior) y por la absorción galáctica (que depende de la dirección y de la distancia recorrida dentro de ella). La forma de tener en cuenta todos esos efectos, cuya caracterización está lejos de ser trivial, puede modificar significativamente los resultados, promoviendo discusiones científicas que, en ocasiones, han recorrido una buena parte de las valoraciones de los datos, por introducir sesgos sistemáticos que cambian el sentido de los resultados y de las conclusiones que se extraen. Los errores sistemáticos, enraizados en el desconocimiento o conocimiento insuficiente de fenómenos que alteran el mensaje que nos trae la luz de los astros lejanos, son uno de los grandes enemigos de los astrónomos y cosmólogos, y están en la base de muchas de las discusiones sobre el significado último de esos datos.

El carácter observacional de la astronomía le añade una especial dificultad que, en ningún caso, hay que minusvalorar u olvidar. La humildad que es exigible a un científico hay que redoblarla cuando se trata de la astronomía. La búsqueda por diferentes caminos, la duplicación de observaciones análogas por equipos y equipamientos diferentes, la presentación exhaustiva de todos los datos y los métodos y herramientas utilizados para obtenerlos y depurarlos, la confrontación de opiniones, experiencias y datos es el largo camino, inevitable, para ir avanzando hacia un grado razonable de certidumbre. Para poder decir, al final, como hizo Kepler al comparar sus primeros modelos con los datos de Tycho, que los modelos no están bien porque los datos no concuerdan, y esos datos, por su calidad, tienen la última palabra.

Tener presente las dificultades con que se encuentra la astronomía para completar un conjunto de datos de calidad y sin sesgos (o, al menos, controlados y acotados), es imprescindible para poder apreciar sus logros, en particular en los últimos 100 años. Y admirar, aunque siempre con la tensión necesaria, las conclusiones que la cosmología pretende extraer de datos de astros debilísimos, al límite de nuestras capacidades instrumentales y computacionales.

III
La gravedad o la cohesión del universo

> En mi opinión, creo que la diversidad de las cosas está creada a partir de no otra cosa que la materia o, a veces, causada por la materia, y donde hay materia hay geometría.
>
> **J. Kepler**
> *De Fundamentis. Astrologiae Certioribus*, tesis 20 (1601)

No pretendemos producir la impresión de que las palabras de Kepler puedan suponer un anticipo de lo que luego la física, ya en el siglo XX, ha desarrollado. Pero sí que reflejan la idea general de que el contenido material del universo fija sus propiedades, que pueden ser descritas matemáticamente. Reflejan, además, su búsqueda permanente, más allá de las leyes planetarias en sí, de un principio organizador que diera coherencia a su concepto sobre el universo. Kepler, además de atribuirle al Sol el papel de regidor y responsable de los movimientos de los planetas y de la armonía de todo el sistema, situado no en un inexistente centro sino en uno de los focos de la elipse, lo identifica como causa, a través de influencias aún no descubiertas, pero vislumbradas a través de las leyes que rigen sus movimientos.[24]

El soporte específico es la tercera ley, descubierta tras un largo proceso de búsqueda de armonía, es decir, de leyes generales, que, por primera vez, relaciona propiedades de las órbitas de los diferentes planetas y, en consecuencia, apunta hacia una ley universal que no solo describa, sino que tenga capacidad de explicar. Abierto el camino por las observaciones y constataciones, Kepler se pregunta qué es lo que da cohesión al universo, lo que lo hace posible y unifica.

Como se sabe, la ley de Newton está contenida en la tercera ley de Kepler, pero, en aquellos años, la situación aún no estaba madura ni las herramientas listas para ir más allá de especulaciones e ideas sugerentes. Kepler llegó a invocar fuerzas similares a las magnéticas, cuyo estudio había llevado a Gilbert a concluir que la Tierra se comporta como un gran imán, considerando que también podría ser el caso del Sol que, a través de una fuerza que, como la magnética, disminuye con el cuadrado de la distancia, gobernase todo el sistema. Pero habrá que esperar a Newton para que se defina, matemáticamente, la fuerza de gravitación universal y pueda disponerse de una formulación rigurosa.

La fuerza de la gravedad es la más débil de todas, pero es la única que es universal, capaz de manifestarse y actuar en todos los lugares y sobre todos los sistemas, cualquiera que sea su tamaño y propiedades. Es, además, acumulativa pues no puede ser apantallada y nada la inhibe. Por todo lo cual, la gravedad, la atracción universal, es la que da unidad y coherencia al universo, de modo que la ciencia del universo está contenida en la ciencia de la gravedad: todo lo que existe gravita y todo lo que gravita existe.

El camino hacia Newton

Hicieron falta siglos de esfuerzo y reflexión para llegar a representarse cuál es la naturaleza de la fuerza responsable de los movimientos de los planetas y de la caída de graves. El camino que, sobre el conocimiento acumulado, abren Copérnico, Kepler y Galileo, entre muchos otros, va a culminar con la formulación de la ley universal de la gravedad por Newton, ya en la última parte del siglo XVII. Una teoría válida para todos los cuerpos tanto en la Tierra como en el cielo, capaz de explicar lo que se observa y predecir espectaculares descubrimientos, que sigue siendo válida en la gran mayoría de las situaciones con las que podemos encontrarnos.

Newton también desarrolló la ciencia de la dinámica, que mostró aspectos fundamentales en relación con la gravedad. La dinámica se ocupa de los movimientos y sus causas, poniendo en relación las fuerzas (causas) con las aceleraciones que producen (efectos). Conocidas las aceleraciones, es posible analizar los movimientos, como la cinemática ya ha mostrado. La aplicación de esas leyes dinámicas al caso de la gravedad pondrá de manifiesto la existencia de dos tipos de masa, en principio, diferentes. Por un lado, la masa grave, que es la que siente y produce la gravedad, y, por otro, la masa inerte, la que modula la relación entre fuerza y aceleración en la segunda ley de la dinámica. Newton, consciente de la cuestión, optó por igualarlas, sin producir argumentos o razones para justificar tal decisión.

La teoría de Newton muestra, como iremos viendo, un marcadísimo contraste entre sus éxitos a la hora de explicar y predecir acontecimientos, y sus inconsistencias conceptuales acerca de las masas inerte y grave, o sobre la causa de la gravedad (que no llega a considerar) y el carácter instantáneo de su acción. Cuestiones conocidas desde el primer momento, pero que serán dejadas de lado ante el éxito explicativo de la teoría. Su reconsideración llevará, más de dos siglos más tarde, a una profunda crisis en la física, que acabará con la concepción galileana-newtoniana de la mecánica y de la gravedad, de la mano de la teoría de la relatividad general, presentada por Einstein en 1916.

Dos vías diferentes de desarrollo conducen hacia la primera formulación de la ley de la gravedad, una a partir de las observaciones del cielo, y la otra, de los estudios sobre los movimientos en la Tierra. Los conceptos de *inercia, aceleración, tipos de movimiento* y *fuerza*, aplicadas en particular a la caída de graves, se van elaborando en los centros de estudio europeos, con la observación de la naturaleza y con la incipiente experimentación. En el cielo, Kepler iba a pavimentar el camino con sus leyes planetarias.

El conocimiento acerca de diferentes tipos de movimiento de los cuerpos se fue elaborando lentamente a través, sobre todo, de las escuelas de Oxford y París. A partir del siglo XIV, se comienza a conceptualizar y organizar todo lo que se conoce, estableciendo definiciones precisas de *velocidad* (el espacio recorrido en función del tiempo transcurrido) y *aceleración* (variación de la velocidad en función del tiempo). Con esos conceptos se clasifican fácilmente los diferentes tipos de movimiento, fundamentalmente los uniformes (*velocidad constante*) y los uniformemente acelerados (*aceleración constante*), llegando a establecer un primer corpus de *cinemática*, el estudio de los movimientos en sí mismos, sin referencia a sus causas. Destaca, por su interés para el desarrollo de la dinámica y de la teoría de la gravedad, la formulación de las leyes del movimiento uniformemente acelerado, descubiertas en el siglo XIV. El llamado teorema de Merton o de la velocidad media, demostrado por los *calculadores* de Oxford, establece una propiedad de ese tipo de movimientos con aceleración constante, a saber, que el espacio recorrido por un móvil en un tiempo determinado es el mismo que el que recorrería en ese mismo tiempo con la velocidad media.

Como muestra del interés suscitado por estas cuestiones en ámbitos más generales del pensamiento, cabe destacar la reflexión de Domingo de Soto, quien fue el primero en apuntar que un cuerpo en caída libre tiene una aceleración constante.[25] No es sino una intuición lógica en el contexto del análisis de la física aristotélica que, si bien no presenta una base experimental ni la propone, ilustra el clima de búsqueda en esa época y constituye un magnífico precedente de todo lo que irá sucediendo hasta la culminación llevada a cabo por Galileo en su estudio sobre el movimiento de graves.

Galileo Galilei es quien asienta el método de trabajo e incorpora todo un plan experimental para «hacer hablar a la naturaleza», que, como él mismo dice, se expresa en lenguaje matemático. Conocida es la historia de sus experimentos sobre la caída de graves, es decir, pesados (incluso algunos que no realizó nunca, como el de la torre de Pisa[26]), como para repetirla aquí. Baste recordar tan solo la conclusión esencial: todos los cuerpos en caída libre, cualquiera que sea su naturaleza o cantidad (masa), sienten la misma aceleración, y, por lo tanto, partiendo de las mismas condiciones iniciales y haciendo abstracción de la resistencia del aire, caen de igual modo sobre la superficie de la Tierra. En otras palabras, liberados desde lo alto de una torre, caen siguiendo la misma trayectoria (líneas verticales, dirigidas hacia el centro de la Tierra) y tardan el mismo tiempo en llegar al suelo.

Para determinar el tipo de movimiento habrá que hacer las medidas de esos tiempos de caída con la suficiente precisión. En principio, en el entorno terrestre, habría que buscar torres muy altas para que los espacios recorridos por un móvil y los tiempos transcurridos fueran suficientemente grandes, de modo que los errores de medida tuvieran poco peso en los resultados. Galileo, gracias a su experiencia y conocimiento sobre movimientos, ideó una forma diferente de llevar a cabo esas medidas, asimilando la caída desde una cierta altura con el deslizamiento por un plano inclinado con la misma altura.

Galileo conocía que la velocidad con que un móvil llega al final de su recorrido por un plano inclinado (partiendo con velocidad cero) no depende de la inclinación, sino tan solo de la altura del punto inicial sobre el plano horizontal. De tal forma que un cuerpo grave, al caer desde esa misma altura, llegaría al suelo con la misma velocidad final. Partiendo de esa equivalencia era posible «alargar» el proceso de la caída disminuyendo la inclinación de dicho plano (manteniendo siempre la altura sobre el plano horizontal) y, por lo tanto, tener más precisión en las medidas (si se minimizan adecuadamente los rozamientos, lo que parece que Galileo se tomó muy en serio).

Galileo llevó a cabo, al parecer, numerosos experimentos, con bolas de materiales diferentes y masas diferentes, para demostrar empíricamente, no por apelación a principios, que todos los cuerpos caían de la misma forma. Todos llegaban con la misma velocidad al final del recorrido y la distancia recorrida (caso ideal, sin rozamiento ni resistencia del aire) es proporcional al cuadrado del tiempo transcurrido. Lo que corresponde a un movimiento uniformemente acelerado. En otras palabras, todos los graves caen con la misma aceleración, que es universal y constante para cada cuerpo atractor.[27] Lo que Soto había ya anticipado.

En otro orden de cosas, la mejora sustancial de los instrumentos de medida (aún antes de haber sido inventado el telescopio astronómico) ponía cada vez más estrictas condiciones a los modelos que pretendían explicar las observaciones. La inevitable conclusión de que tanto Mercurio como Venus, al menos, orbitan alrededor del Sol, y de que el Sol era el cuerpo más grande del sistema, empujaban abiertamente hacia la recuperación del olvidado heliocentrismo de Aristarco de Samos.

En cierto modo, y desde la perspectiva de nuestra época, podría incluso pensarse que el mundo griego clásico tuvo a su alcance la explicación adecuada al problema de los movimientos planetarios entre dos y tres siglos antes de nuestra era. Por un lado, Aristarco de Samos, basándose en los cálculos que mostraban que el Sol es mucho más grande que la Tierra, llegó a proponer, como conclusión lógica, que es el Sol el centro de los movimientos planetarios, y que la Tierra, ahora un planeta más, orbita también a su alrededor. Por otro, el desarrollo de los conocimientos matemáticos había posibilitado los hallazgos y cálculos de Apolonio de Perga sobre las curvas cónicas. En su libro, llamado precisamente *Cónicas*, había definido y caracterizado las curvas que resultan de la intersección de un cono por un plano, entre las cuales se encuentra la elipse.

Pero, un siglo antes, Aristóteles había elevado a principio la circularidad (equivalente a perfección) de los movimientos celestes, con la Tierra, inmóvil en el centro. A su favor estaban las percepciones inmediatas de las simples observaciones nocturnas y, además, el reconocimiento de que el posible movimiento de la Tierra planteaba serios problemas para el conocimiento de la época, ya que no se aprecia desplazamiento relativo alguno entre lo que se encuentra sobre la superficie y lo que está a cierta altura.

En definitiva, el modelo geocéntrico se impuso a pesar de que, además de la propuesta de Aristarco y del trabajo de

Apolonio, la actividad de Hiparco de Nicea había aportado datos más que inquietantes para dicho sistema. Amén de elaborar el primer catálogo conocido de estrellas y establecer el sistema de magnitudes estelares que aún se usa en astronomía,[28] descubrió y midió la precesión de los equinoccios y observó una estrella nueva en la constelación del Escorpión. Todo lo cual iba en contra de las ideas aristotélicas. Aún más, pudo determinar que la velocidad del Sol en su órbita no es constante, sino que varía entre el afelio y el perihelio. Lo que implica que la Tierra estaría ligeramente desplazada del teórico centro, dato de gran valor y significado contra el dogma aristotélico, que podría haber invitado a pensar en órbitas elípticas. Pero no fue debidamente apreciado en ningún momento.

El propio Hiparco se planteó la cuestión de las paralajes que deberían observarse si la Tierra se mueve, pero no detectó ninguna.

La idea del heliocentrismo renace de la mano de Copérnico, quien ve más razonable explicar los movimientos (aparentes) de los cielos como resultado de los dos movimientos (reales) de la Tierra, el de rotación sobre su eje y el orbital alrededor del Sol. Ya en 1514, hizo circular entre sus colegas (sin que llegase a imprimirse) su *Comentariolus*, en el que abogaba abiertamente por situar al Sol en el centro del sistema planetario. Su divulgación, en ese momento, fue bien recibida incluso en el Vaticano. La elaboración definitiva del modelo heliocéntrico, dada en su famoso libro *De Revolutionibus orbium coelestium*, que ya había sido finalizada en 1531, fue impresa en 1543, en los últimos momentos de la vida de su autor. La revolución está en marcha y, aunque la obra de Copérnico suscita condenas teológicas por parte tanto de católicos como protestantes, no será incluida en el índice de libros prohibidos hasta 1616, cuando Galileo defiende la realidad de los movimientos de la Tierra contra los que proponen que la hipótesis de Copérnico es tan solo un artilugio matemático para hacer los cálculos más simples.

El caso es que, además de no apuntar respuestas a las viejas preguntas que suscita la idea de que la Tierra se mueve, la revolución no es completa, ya que Copérnico sigue aferrado al principio de los movimientos circulares. Por lo cual, le es imposible desembarazarse de epiciclos y deferentes (aunque logra deshacerse de los ecuantes), e incluso complica el modelo tolemaico añadiendo algunos. A pesar de esas precariedades e incoherencias (por el momento), y del prefacio de Osiander, que propone reducir el sistema de Copérnico a un artificio matemático para simplificar los cálculos, la idea heliocéntrica se convierte en la piedra angular sobre la que se articula un cambio radical en la concepción del mundo. De la mano, entre otros muchos, de Giordano Bruno (en el plano conceptual); de Kepler, que abandona la idea de órbitas circulares y se deshace de un golpe de todo el aparejo tolemaico, y de Galileo, que instaura el método científico y da las últimas paletadas a la tumba de las ideas aristotélicas.

Es Galileo quien, tras rechazar sus posiciones aristotélicas defendidas en sus primeros trabajos,[29] airea las dudas que ofrece el que la Tierra se mueva, y las resuelve a través de su principio de inercia: las piedras que caen de lo alto de una torre no se apartan de ella, ni las moscas que revolotean en un barco quedan atrás, porque participan, conjuntamente, del mismo movimiento de la Tierra o del barco. Solo los movimientos relativos pueden apreciarse. Es difícil valorar, e incluso imaginar, desde nuestra posición actual, el enorme cambio de pensamiento que supone esa actitud y el cambio de lenguaje y de conceptos.

Para culminar esa revolución, hacen falta datos con la necesaria precisión para confrontar las ideas con la realidad que se observa y mide. Es ahí donde emerge la figura de Tycho Brahe, quien, a lo largo de decenios ha acumulado datos de precisión inigualada. Gracias a los instrumentos nuevos, cada vez más precisos, que él mismo diseña y construye, logra mejorar de manera incesante las medidas de ángulos sobre la bóveda celeste, hasta precisiones mejores que dos minutos de arco.[30] Ya no hay excusa para aproximaciones innecesarias, y las observaciones del astrónomo danés tienen que ser explicadas por todo modelo que se proponga para la comprensión de los movimientos planetarios. El propio Tycho concibe su modelo, de compromiso, como un modelo geoheliocéntrico en el que si bien la Tierra es el centro del universo (el Sol, la Luna y las estrellas fijas giran a su alrededor), los otros planetas giran alrededor del Sol. Modelo que intenta guardar lo mejor de cada hipótesis, pero que no podía durar.

Los datos de Tycho acabaron finalmente en las manos de Kepler, tras un enrevesado proceso que ha dado lugar a todo tipo de especulaciones y elucubraciones más o menos novelescas.[31] El caso es que Kepler entra a trabajar con Tycho (quizás, en la perspectiva del noble danés, a su servicio), quien le encarga, a partir de 1600, que analice los datos para encajarlos en su modelo. Pero el interés de Kepler está centrado en el modelo heliocéntrico como marco y en la órbita de Marte como problema concreto, por ser el caso más difícil de encajar en ningún modelo y, presumiblemente, el que encierra las claves de la solución del enigma de los movimientos planetarios. Un auténtico caso patológico que Kepler se empeña en resolver, para lo que ansía y necesita disponer libremente de los datos de Tycho y hacer sus propios cálculos.

En cuanto Tycho muere en 1601 y Kepler es nombrado astrónomo imperial en Praga, se siente autorizado a abandonar el modelo mixto de Tycho y, con sus datos ya disponibles, se centra en el estudio de los movimientos de los planetas. Manteniendo las órbitas circulares, elabora diferentes modelos para el planeta rojo, incluso llegando a desplazar al Sol del centro geométrico (lo que, por otro lado, era necesario a la vista de los viejos datos de Hiparco). Pero, en su mejor ajuste, sigue habiendo una discrepancia de unos 8 minutos de arco entre los datos de Marte y los cálculos.

Kepler, que va informando de todo el proceso a lo largo del libro en que expone el trabajo, rechaza todo el esfuerzo hecho hasta ese momento y vuelve a comenzar, ya que ese desacuerdo es muy superior a los errores admisibles en las medidas de Tycho. Kepler admite implícitamente que las matemáticas, los cálculos, tienen que reflejar fielmente la realidad, y por lo tanto deben concordar con los datos. Dada la excelencia de las medidas de Tycho, los datos mandan, por lo que Kepler concluye que las hipótesis que ha aceptado hasta ese momento para hacer los cálculos no son adecuadas, y por lo tanto hay que seguir trabajando para poder encontrar un ajuste satisfactorio. Una actitud profundamente científica, en el pleno sentido de la palabra.

El precio final para dar ese paso hacia la precisión es nada menos que el abandono de la hipótesis de partida, el sagrado dogma aristotélico respetado incluso por Copérnico: las órbitas circulares. Los nuevos modelos necesitan que las órbitas sean elípticas para lograr el anhelado acuerdo con los datos. La primera ley de Kepler, que establece, precisamente, que las órbitas planetarias son elípticas, con el Sol en uno de los focos, queda establecida y validada por las observaciones. Lo que representa un cambio mayor en la historia del conocimiento, que abre de par en par los nuevos caminos de la ciencia.

La segunda ley viene a sustituir la uniformidad del movimiento circular por la modulación de esa velocidad según la posición del planeta en su órbita con respecto al Sol: cuando está en el perihelio, va más deprisa que cuando está en el afelio (algo conocido desde Hiparco, como ya apuntamos). Pero esa variación no es cualquiera, puesto que Kepler constata que el vector Sol-planeta barre áreas iguales en tiempos iguales. El movimiento ya no es a velocidad circular constante, pero está perfectamente reglado.

Kepler expuso esas dos primeras leyes en su libro *Astronomía Nova*, publicado en 1609. En esta obra, cuyo título completo es: *Nueva Astronomía basada en la causalidad, o Física del Cielo, derivada de las investigaciones sobre los movimientos del Astro Marte fundadas en las observaciones del noble Tycho Brahe*, verdadera declaración de principios, Kepler presenta y explica todo el proceso que le lleva a desechar las órbitas circulares y a formular las dos primeras leyes. El título puede inducir a pensar que esas leyes están referidas tan solo a Marte, lo que, hasta cierto punto, es así, dado que es, en ese momento, el caso más difícil de explicar, y por tanto el más rebelde a la hora de ser encorsetado en movimientos circulares. Pero, *a fortiori*, la obra se refiere a todos los movimientos planetarios y sus leyes son de general aplicación. Por otro lado, como ya declara el título, apunta a la física como explicación de todo el universo, rompiendo la heterogeneidad postulada por los clásicos, con los mundos sub y supralunar. Todo un gran cambio, sin duda.

Mientras, Galileo apunta su telescopio hacia el cielo, y descubre, con asombro, desde los últimos días de 1609 y los primeros de 1610, las montañas de la Luna, las manchas solares, los satélites de Júpiter o la multitud de estrellas en la que se resuelven las áreas observadas de la Vía Láctea, según lo relata en su *Sidereus Nuncius*. Ya nada puede ser como se concebía hasta entonces, el mundo aristotélico con la Tierra en el centro y los cielos inmutables e inaccesibles, ya quebrado por las observaciones de las estrellas nuevas por Tycho y Kepler, se desmorona. Galileo también constata que el planeta Venus tiene fases, como la Luna. Una victoria más para el modelo heliocéntrico.

Kepler continúa su búsqueda de la armonía por caminos que pueden resultar extraños a primera vista y chocar con muchas ideas preconcebidas, pero que no lo son tanto si miramos la historia de la ciencia que nos presentan epistemólogos como Lakatos o Feyerabend, o como confiesa en determinados momentos el mismo Einstein.[32] Esa búsqueda de causas y regularidades le lleva, finalmente, a la tercera ley de los movimientos planetarios, que pone en relación los parámetros de sus órbitas respectivas. Estas, lejos de ser arbitrarias, constituyen un conjunto armónico: los cuadrados de los períodos de revolución están en la misma relación que los cubos de los semiejes mayores de las órbitas. Lo cual revela que hay una causa común en los movimientos de todos los planetas, pues sus órbitas responden a una misma ley, que impone esa marca en sus movimientos. La tercera ley, enunciada en 1618, está explicada y formulada en su libro *Harmonices Mundi*, publicado en 1619. Contiene la clave fundamental de la futura ley de gravitación universal.

Las leyes de Kepler no solo hablan de la regularidad y armonía de una órbita planetaria alrededor del Sol, sino que nos dicen que las revoluciones de los planetas están en relación precisa, que el sistema es ordenado y está organizado, regido por leyes implacables. Los planetas ya no son astros errantes, arrastrados por esferas en complicadas combinaciones de movimientos, sino elementos de un sistema, dominado por el Sol, que se mueven libremente, con la libertad de una ley fija y precisa. En cuanto a la Luna, Kepler claramente la identifica como orbitando alrededor de la Tierra. De hecho, será el primero en aplicarle el nombre de satélite, que también convendrá a las estrellas mediceas que Galileo descubre alrededor de Júpiter.

Ahora bien, ¿se trata tan solo de una forma de representar las cosas para mejor entenderlas, como pretendía Osiander en su prefacio a la obra de Copérnico? o ¿refleja cómo son realmente las cosas? ¿Es esa la configuración física, real, de un sistema protagonizado por el Sol, a cuyo mandato los planetas se mueven con arreglo a leyes precisas? La respuesta de Kepler es que sí, que esa es la realidad, que se propone seguir indagando para encontrar la causa que no sería de carácter divino, sino que responde a una manera esencial de ser de la materia, que hay que descubrir. El mismo Kepler parece haber recorrido esa trayectoria, cuando dice, en uno de sus últimos libros, cómo han cambiado sus propios puntos de vista:

En una ocasión yo creí firmemente que la fuerza motriz de un planeta residía en un alma. Sin embargo, cuando reflexioné que esta causa de movimiento disminuía en proporción a la distancia, del mismo modo que la luz del Sol disminuye en proporción a la distancia a este astro, llegué a la conclusión de que esa fuerza debe ser sustancial.

Años más tarde, Galileo insiste, en su *Diálogo sobre los dos sistemas máximos del mundo*, en la superioridad del sistema heliocéntrico, que se repite a escala en el caso de Júpiter y los satélites mediceos, que él había descubierto. Rememora también los argumentos que se oponían a la idea del movimiento de la Tierra y que le habían llevado al concepto de sistemas inerciales y de la relatividad de los movimientos para poder explicarlos. Por un lado, Kepler se ha deshecho de los dogmas de circularidad y del artilugio de las esferas celestes que arrastran a los planetas, poniendo de manifiesto la armonía del sistema. Por otro, Galileo ha sido capaz de imponer la visión de una Tierra en movimiento, diurno y anual, desmontando los viejos argumentos que pretendían apoyar la inmovilidad de la Tierra. Finalmente, las estrellas nuevas, las manchas solares y los detalles de la Luna, entre otros argumentos y datos, destruyen el dogma de la inmutabilidad del empíreo.

Es el último cierre a las viejas ideas y la puesta en marcha definitiva de la nueva filosofía natural, basada en nuevos conceptos y principios, como el de inercia, en un nuevo lenguaje y con nuevos métodos, basados en la experimentación y en la constatación empírica. Está naciendo la nueva física y, con ella, la ciencia, de la mano de esos grandes pensadores.[36] Libres de antiguas ataduras metafísicas y derruido el viejo edificio, los datos imponen su ley y se buscan explicaciones, las leyes que rigen la naturaleza. Aunque aún habrá que esperar cincuenta años, la teoría de la gravitación universal está llamando a la puerta del conocimiento humano.

La formulación de la ley de gravitación universal

La formulación definitiva y precisa, matemática, de la ley de la gravedad la presenta Newton en su obra *Philosophia Naturalis Principia Mathematica*, editada en 1687. Desde hacía tiempo flotaba en el ambiente científico la idea de que la atracción entre dos cuerpos tenía que ver con sus masas y con la distancia que los separa y, de hecho, como ya hemos indicado, ese es el contenido encerrado, aunque nadie se había percatado, en la tercera ley de Kepler. Newton pudo demostrar que una fuerza central, proporcional a las masas de los cuerpos involucrados e inversamente proporcional al cuadrado de la distancia que los separa, es capaz de producir órbitas elípticas, y viceversa. Es la fuerza de la gravedad, que contiene y explica las tres leyes de Kepler. Más aún, Newton plantea y muestra que la gravitación es una fuerza universal, que afecta tanto a los objetos que caen sobre la superficie terrestre como a los planetas en su movimiento alrededor del Sol o a los satélites alrededor de sus correspondientes planetas. Queda definitivamente confirmado que la separación entre los mundos sub y supralunares no existe, y que las mismas leyes rigen en todas partes.

Los cielos también son de este mundo, y la ciencia, legítimamente, a partir de ese momento, puede aspirar a ir desentrañando su contenido y su modo de funcionamiento, a través del descubrimiento de nuevos sistemas y de la aplicación de las leyes físicas que el estudio de la naturaleza va mostrando. La ley de Newton es universal porque afecta a todos los cuerpos y en todo lugar. El universo, etéreo y empíreo para Aristóteles y, por tanto, inaccesible, queda definitivamente abierto a la física y al conocimiento.

Como ya recordamos, Newton también formuló las leyes de la dinámica, la ciencia que relaciona los movimientos con sus causas, las fuerzas. En contraposición a Aristóteles, la primera de esas leyes nos dice que, si no se aplican fuerzas, el movimiento es uniforme. Es la ley de la inercia, que formula un cambio sustancial y definitivo sobre la forma de entender el mundo.[34]

La segunda ley establece el papel esencial de la aceleración para entender los movimientos: una fuerza produce, sobre un cuerpo, una aceleración inversamente proporcional a su masa. Sin fuerza no hay aceleración y el estado de movimiento del cuerpo se mantiene, como dice la primera ley. Al aplicar esta ley a los movimientos surge la cuestión ya mencionada de la existencia, en principio, de dos tipos de masa. Por un lado, la constante de proporcionalidad entre fuerza y aceleración, llamada *masa inerte* por referirse a los cambios en los movimientos de los cuerpos. Por otro lado, la fuerza de la gravedad es proporcional a la masa grave, es decir, la que se manifiesta en el contexto de la gravedad, del cuerpo que la siente y la produce, algo así como la *carga gravitatoria*, en analogía con el caso eléctrico.[35] Dos entidades cuya relación no está determinada.

Si bien no se puede probar formalmente, la experiencia sobre caída de graves o movimientos planetarios fuertemente sugiere que son idénticas. Lo que es asumido, sin más explicaciones, por Newton.

Esa igualdad ha sido puesta a prueba en múltiples experimentos, de los que los más famosos fueron los llevados a cabo, en el siglo XIX, por Eötvos, probando que esa igualdad se verifica con un altísimo grado de precisión (una parte en 100 millones). Los experimentos realizados en el siglo XX han confirmado esa igualdad con un mayor grado de precisión, que alcanza una parte en un billón. Los datos son contundentes, pero habrá que esperar a la formulación de Einstein para tener una explicación conceptual.

En resumen, la ley de Newton explica la caída de graves, incluyendo en ese concepto los movimientos planetarios; es universal en el doble sentido de no depender de la naturaleza del objeto situado bajo influencia de otro y de manifestarse en todo lugar y momento, sin excepción. También manifiesta el carácter puramente atractivo de la gravedad y el que siempre acumula sus efectos, sin que nada pueda apantallarla o suprimirla. Newton no presentó una demostración de su ley, pero demostró su capacidad para producir los movimientos planetarios y explicar las leyes de Kepler, para determinar y predecir el comportamiento de cualquier móvil sujeto a la fuerza de la gravedad, incluidos los planetas y satélites.

La, aparentemente, simple fórmula de Newton resulta endiablada en cuanto hay más de una masa que contribuye, que es el caso más general dada la universalidad de la ley. Salvo el caso simplificado de una masa grave que actúa sobre partículas de prueba,[36] la búsqueda de resultados numéricos obligó a desarrollar extraordinarios métodos de aproximaciones y cálculo para poder tener en cuenta las perturbaciones producidas por los planetas, los más masivos en particular. Todos esos desarrollos dieron sus frutos, y el éxito de la teoría formulada por Newton fue espectacular. Tanto los experimentos y medidas en la Tierra como, muy particularmente, las observaciones astronómicas, confirmaron una y otra vez, hasta el detalle, la teoría de Newton.

El aumento de la capacidad de cálculo permitió determinar las perturbaciones de los demás planetas sobre uno dado, que las observaciones confirmarían de forma espectacular, con el descubrimiento de nuevos miembros del sistema solar, no visibles a simple vista: Urano (W. Herschel, 1781), Neptuno (1846, Le Verrier, Adams, Galle), los planetas enanos, a comenzar con Ceres (1801, Piazzi) y Plutón (1930, Tombaugh). Halley, coetáneo de Newton, había desvelado el misterio de los cometas, que se mueven en órbitas muy excéntricas, siguiendo también las leyes de Kepler, y pudo predecir la reaparición del que hoy lleva su nombre. Más adelante, en 1802, William Herschel pudo demostrar que las estrellas componentes de sistemas binarios también orbitan según lo previsto por la ley de atracción universal. Realmente el carácter universal de la gravedad, y de la ley que la describe, quedaban establecidas de manera esplendorosa.

La ley de la gravedad de Newton supone una de las cimas del progreso del conocimiento, dejando definitivamente establecido que se trata de una fuerza puramente atractiva y universal. Allí donde hay masas hay, inevitablemente, gravedad, y viceversa. Su capacidad explicativa es inacabable, pero, a pesar de todo ello, seguían inquietando a algunos pensadores y científicos las dificultades de la teoría en el plano conceptual, muy particularmente, además de la postulada igualdad entre las masas inerte y grave, la naturaleza de la gravedad y, sobre todo, su velocidad de propagación.

La causa y velocidad de propagación de la gravedad

No había transcurrido mucho tiempo desde su formulación cuando, en medio del estruendo de los éxitos, comenzaron a ponerse de manifiesto pequeñas, mínimas, grietas en el edificio newtoniano, que, si bien no se tomaban como suficientemente significativas para ponerlo en duda, sí activaban alguna alerta. La más significativa y contrastada de esas pequeñas deficiencias es el avance del perihelio de Mercurio, superior a las previsiones en 43 segundos de arco por siglo, fenómeno ya conocido por Le Verrier. Pero también Marte (8" por siglo) y Venus (10" por siglo, para la línea de nodos) presentan anomalías que se resisten a encajar dentro de ese marco. Esas anomalías persistirán como tales, pero sin poner seriamente en entredicho la teoría gravitatoria. A falta de disponer de teorías alternativas, se buscarán explicaciones *ad hoc* que, sin embargo, no dieron frutos en ningún caso.

Ahora bien, que la gravedad sea una acción a distancia, es decir, una fuerza que se propaga instantáneamente sin que nada medie, fue críticamente señalado por diferentes pensadores y físicos desde el primer momento. Cierto es que, por mucho tiempo, esos problemas conceptuales se mantuvieron en estado latente o arrinconados, como disquisiciones filosóficas que no debieran hacer invertir tiempo o energía en su discernimiento. Hasta que se revelaron esenciales para que la teoría de la gravedad basculara de Newton a Einstein.

La cuestión de la instantaneidad (acción a distancia) crea un insuperable problema, al no respetar el principio de causalidad, lo que da un aire de irracionalidad a la teoría. La instantaneidad de la acción implica que la causa y el efecto son simultáneos. Ahora bien, la causa debería anteceder siempre al efecto, y este seguir a la causa. Lo que implica que el efecto se produce después de la causa, de modo que las interacciones se propagan a velocidad finita. Esta idea, que forma parte esencial de nuestra concepción del mundo, pero que la gravedad de Newton no respeta, atraviesa los siglos desde los primeros filósofos.

Queremos dar aquí, por su claridad, la referencia a Roger Bacon que hace David Park: «Respecto a la luz, Roger argumenta que la velocidad de la luz es finita, pues cualquier especie considerada como un agente causal debe estar aquí ahora y más allá luego, pues de lo contrario estará en ambos lugares al mismo tiempo, y causa y efecto serían indistinguibles».[37] Argumento obviamente válido para cualquier interacción o «comunicación» entre dos cuerpos, incluida la gravitatoria.

En cuanto a la causa de la gravedad, Newton siempre esquivó dar una respuesta, tratando incluso, a veces, de alejarla del mundo de la física. Según expresa en su segunda carta a Bentley, «A vuestra segunda cuestión respondo que los movimientos que los planetas tienen ahora no pueden provenir de una causa natural solamente, sino que fueron impresos por un agente inteligente». Por su parte, Bentley, en su carta a Newton de 18 de febrero de 1693, constata esta posición del científico: «Por supuesto, nada determinó con respecto a la causa y origen de su gravedad». Para Newton, la naturaleza de la fuerza de la gravedad no puede derivarse de los hechos empíricos y, en consecuencia, no entra en consideración dentro de la filosofía natural.

Esta situación es inaceptable desde el punto de vista cartesiano y de pensadores como Leibniz, que no pueden incluir en sus sistemas una acción a distancia, instantánea, sin nada que la medie. Como principio general, los cartesianos plantean que un cuerpo solo puede actuar sobre otro por contigüidad: la influencia se va propagando de un punto a otro próximo, hasta que llega al cuerpo en cuestión. De ahí que trataran de elaborar nuevas formulaciones de la teoría de la gravedad, en las que, de acuerdo con esos principios, esa transmisión se llevaría a cabo, por ejemplo, mediante torbellinos, como el propuesto por Bernoulli en el siglo XVIII. Más adelante se intentarán modelos hidrodinámicos, modelos atómicos y moleculares, con algún éxito parcial en cada caso, pero nunca completo y a fuerza de muy complicadas hipótesis y construcciones. La teoría de Newton seguía sin alternativa.

El último intento por penetrar su misterio y resolver el enigma de la propagación de la gravedad vendrá propiciado por el desarrollo de las teorías de campo, a comenzar por el electromagnetismo. De hecho, entre los fines confesados de Maxwell está el de reducir el problema de la gravedad tratándola como un campo de fuerzas, en concordancia con las ideas cartesianas. Pero sin éxito. Al fin y a la postre, la teoría de la electricidad y el magnetismo se establece sobre bases diferentes a las de la mecánica de Galileo y Newton y, como Einstein mostrará algo más tarde, el restablecimiento de la coherencia entre ambas disciplinas se hará a costa de las ideas de Newton, produciendo una crisis definitiva en su teoría de la gravitación.

El avance científico es acumulativo, pero rara vez es lineal. Cuarenta años después de la publicación de la teoría de la gravedad, en 1725, Bradley hizo un descubrimiento sobre la propagación de la luz que iba a tener cierto impacto, por analogía, sobre las discusiones acerca de la gravedad. Lo que Bradley descubrió fue la aberración de la luz que se produce cuando hay un movimiento relativo entre el emisor y el receptor, de modo que, mientras la luz va de uno a otro, sus posiciones relativas han cambiado. El observador ve al emisor en la posición que tenía cuando la luz salió de él, no en la que tenga en el momento de recibirla. Obviamente, este fenómeno no se produciría si la luz se propagase a velocidad infinita.

Algunas décadas más tarde, Laplace se propuso calcular los efectos que podría tener una velocidad finita de la gravedad. En paralelo con el análisis de la aberración de la luz, Laplace argumenta que, si la gravedad se propaga a velocidad finita, también habrá aberración de la gravedad. Es decir, cuando la acción gravitatoria de un cuerpo llega a otro el primero ya ha cambiado su posición. Aplicando este razonamiento al sistema Sol-Tierra, se tendría que la fuerza de atracción sobre la Tierra corresponde a la posición en la que estaba el Sol cuando la señal gravitatoria fue emitida. Admitamos, para ilustrar, que esa velocidad de la gravedad es igual a c. En ese caso, la fuerza de atracción que siente la Tierra en un momento dado está dirigida hacia la posición que ocupaba el Sol 500 segundos antes. Pero, como Laplace mismo mostró, si ese fuese el caso, la consecuencia sería nada menos que la inestabilidad catastrófica de la órbita de la Tierra y de todo el sistema solar. En términos cuantitativos, para que el efecto sea despreciable y no se produzca esa catástrofe, lo que evidentemente no ocurre, Laplace estableció un primer límite para la velocidad de la gravedad, que resultó ser varios órdenes de magnitud superior a c.

Un verdadero problema que pone en jaque las ideas sobre propagación de interacciones y causalidad, y que no se resolverá hasta que aparezca la teoría de Einstein, en la que la velocidad de la gravedad es finita, pero el efecto de aberración queda compensado por otros.

Dificultades de una cosmología newtoniana

La ley de la gravedad de Newton establece una acción-reacción entre cualesquiera dos masas, y, por ende, entre todas ellas. Todas las masas del universo están involucradas como agentes y, a la vez, afectadas por la gravedad. No es, pues, de extrañar que se plantease, en algún momento, cómo sería un universo regido por dicha ley, cuáles serían su extensión y duración. Intento que resultaría, sin embargo, de muy corto alcance por las limitaciones de la teoría de base.

En su primera carta a Bentley, Newton argumenta que, si la materia estuviera distribuida homogéneamente, en un subespacio finito de un universo infinito, entonces acabaría toda concentrada en un solo cuerpo central. Para tratar de evitarlo, Newton propone que la materia está distribuida en un universo infinito, en cuyo caso, argumenta, al no haber un centro definido, la materia colapsaría en varios cuerpos, que Newton identifica con los planetas y las estrellas.[38] Ahora bien, ese planteamiento es insostenible, puesto que da lugar a paradojas y divergencias matemáticas, como son la catástrofe gravitatoria y la paradoja de Olbers.

El problema de la imparable tendencia al colapso de un sistema de cuerpos sometidos a la ley de la gravitación, conocido por Newton, es fácilmente deducible de su ley. Un sencillo cálculo nos dice que el tiempo que tarda un sistema en colapsar es independiente de su tamaño inicial y depende tan solo de la densidad inicial: todo sistema material, cualquiera que sea su tamaño inicial, colapsa en un tiempo finito. Obviamente, ese tiempo puede ser tan largo como se quiera, si la densidad inicial es tan pequeña como sea necesario. Por ejemplo, para un sistema con la densidad material de nuestra galaxia, ese tiempo alcanza los 47 millones de años, mientras que, para un sistema con la densidad presumida del universo el tiempo de colapso sería de unos 15.000 millones de años. Estos cálculos muestran cómo podría conciliarse un universo observable con la idea de un colapso, siempre irremediable, pero en un futuro más o menos lejano según la densidad inicial del mismo.

Hay que tener en cuenta que el rango de las fuerzas gravitatorias es infinito y, por otro, que la masa encerrada en un cierto volumen, en un sistema homogéneo, aumenta más deprisa (con el cubo del radio) de lo que disminuye la fuerza atractiva (con el cuadrado de ese radio). De modo que, cuando pretendemos extender ese sistema hasta el infinito (el universo entero), la fuerza gravitatoria total diverge, se hace infinita, produciendo la llamada catástrofe gravitatoria.

Este problema ya había sido identificado por Newcomb, en el siglo XIX, quien había anticipado una modificación de la ley de Newton (cambiando su dependencia con la distancia) como remedio. Algunos años más tarde Neumann y Seeliger, ya a finales del siglo XIX, propusieron una modificación que atenuaba el efecto de la fuerza newtoniana a muy grandes distancias, introduciendo un término que la amortiguaba, como si, a grandes distancias, hubiera una componente opuesta, repulsiva, que la contrarrestara. Una consecuencia importante es que, de esa forma, para una densidad dada, el tiempo de colapso puede hacerse tan largo como se quiera. Basta ajustar el valor del factor de atenuación para retrasar el colapso tanto como se precise. Naturalmente, esa constante debe ser irrelevante a las escalas del sistema solar o de las estrellas binarias, en las que los sistemas responden perfectamente a la ley de Newton.

Aunque se trata de una hipótesis atrevida y ciertamente *ad hoc* para resolver problemas conceptuales, constituye un antecedente directo (es verdad, en un contexto diferente y con significado diferente) de la llamada constante cosmológica. Para decirlo de manera intuitiva, lo que se desprende de todo lo anterior es que, puesto que las fuerzas gravitatorias son puramente atractivas y, además, se acumulan y no pueden ser evitadas, la tendencia natural de la materia es a agregarse, y cuanta más materia consideramos mayor es esa tendencia. Para conseguir el equilibrio hay que oponerle otra fuerza (lo que, como veremos, también se aplica en el caso de la relatividad general) o hay que deshacerse de la homogeneidad, proponiendo una distribución muy especial, jerarquizada, para la materia.

La discusión sobre la infinitud del universo tiene otra vertiente, anticipada por Kepler como hemos señalado. La cuestión parece simple: si el universo es infinito, y contiene un infinito número de estrellas, cualquiera que sea la dirección en la que se mire, acabaremos por toparnos con toda la bóveda celeste ocupada por estrellas.[39] Por lo tanto, el cielo debería ser brillante tanto por la noche como durante el día, en contra de las observaciones cotidianas.

Manteniendo el contexto físico en el que se planteó, no hay muchos modos de evitar la paradoja: o bien el universo es finito o lo es el número de estrellas que hay en él. Para hacer posibles otras opciones, hay que cambiar las condiciones o el propio marco en el que se ha formulado. Así, si el universo homogéneo se sustituye por un jerarquizado en el que, al ir aumentando la escala, la densidad tiende a cero de una manera determinada, se puede mantener la idea de un universo infinito, sin que incurra ni en la paradoja del cielo oscuro ni en ninguna catástrofe gravitatoria, puesto que la masa total sigue siendo finita. Esta propuesta fue presentada por el escritor e inventor Fournier d'Alba y desarrollada más adelante por Carl Charlier. La idea, sobre la que volveremos, ha sido reconsiderada en los últimos cincuenta años y reformulada en términos de fractales.

Saliendo del marco newtoniano, una vez que se constata que la velocidad de propagación de la luz es finita y que las estrellas no brillan eternamente, la paradoja se resuelve, como veremos luego.

Mecánica newtoniana *versus* electromagnetismo. La relatividad restringida

La física formulada sobre las ideas de Galileo y de Newton implica que dos observadores con velocidad relativa constante constituyen dos sistemas de referencia inerciales que permiten describir la realidad exactamente de la misma forma. Las leyes físicas se formulan idénticamente en ambos, por lo que se dice de estas que son invariantes cuando se cambia de uno a otro. Como consecuencia, en particular, la velocidad de un móvil medida en un sistema que se mueve con respecto a otro es igual a la suma (vectorial) de la velocidad en el primer referencial y de la velocidad relativa entre los dos sistemas inerciales. El valor de esa suma no tiene ningún límite.

La invariancia de las leyes fundamentales vistas desde cualquier sistema inercial implica que ninguno es especial, que todos ellos forman un sistema de referenciales en movimiento relativo uniforme los unos respecto de los otros, equivalentes en el sentido en que en todos ellos las leyes de la naturaleza (de la mecánica, en este caso) se expresan de igual forma. De modo que tampoco hay una velocidad preferida a la hora de escoger un referencial. Esta es la esencia del principio de relatividad de Galileo que le sirve para explicar por qué no se sienten los efectos del movimiento de la Tierra.

Dentro de ese marco, el tiempo es el mismo en los dos sistemas de referencia, cualquiera que sea su velocidad relativa. Fluye de manera absoluta y uniforme, igual para todos los referenciales, sin que se vea influido por los eventos que puedan ocurrir. De la misma forma, el espacio se concibe como un receptáculo en el que se desarrollan los fenómenos, y tiene también un carácter absoluto, puesto que no se ve afectado por esos fenómenos. Como consecuencia, no hay ninguna relación entre el espacio y el tiempo, que son identidades independientes. Este es el marco galileano, en el que se formula la teoría de la gravitación de Newton.

Veamos ahora el caso del electromagnetismo. En este marco la luz, que media las interacciones, es una onda electromagnética que se propaga a una velocidad determinada, finita e independiente del sistema de referencia inercial que se utilice (resultados experimentales de Michelson y Morley, ver más abajo). En consecuencia, las reglas de paso de un referencial a otro (ambos en movimiento relativo uniforme) no pueden ser las mismas que las de la mecánica y, de hecho, son incompatibles entre ellas, puesto que, ahora, aquella suma de velocidades no puede sobrepasar, en ningún caso, el valor c.

Nos encontramos, pues, ante una dicotomía difícil de aceptar entre dos disciplinas de amplísima capacidad explicativa, la mecánica newtoniana y el electromagnetismo, que se va a ir agrandando hasta constituir una magnifica crisis en la física de finales del siglo XIX y principios del XX. Insistimos en que el problema hunde sus raíces en el hecho de que los fenómenos electromagnéticos se propagan a velocidad finita mientras que la gravedad descrita por la ley de Newton y su dinámica lo hace instantáneamente, a velocidad infinita.

La manifestación más inmediata de esa dicotomía está en las diferentes leyes de combinación de velocidades. En el caso galileano, como acabamos de señalar, el resultado es la simple suma vectorial. Pero, en el caso maxwelliano, las leyes que dejan invariantes las ecuaciones y que, por tanto, sirven para relacionar observadores en diferentes sistemas de referencia inerciales, la adición es más compleja y el resultado es que nunca se puede sobrepasar el valor de la velocidad de la luz. En otras palabras, el valor que se mide para la velocidad de la luz desde cualesquiera dos sistemas inerciales, cualquiera que sea su velocidad relativa, es siempre el mismo. Lo cual es contrario a las leyes de Galileo y Newton.

Esta invariancia de c es lo que se puso a prueba en una serie de experimentos llevados a cabo por Michelson y Morley a partir de 1887, que trataban de medir la velocidad de la luz

128

respecto al éter propuesto por Maxwell. Compararon, usando un interferómetro, la velocidad de la luz cuando se emite en la dirección del movimiento de la Tierra (las velocidades deberían sumarse) o en la contraria (las velocidades deberían restarse). El resultado que se encontró era estrictamente el mismo, la misma velocidad.

Este resultado exige una explicación que no es inmediata. ¿Cómo deberían combinarse las velocidades para que nunca se sobrepase ese límite?[40] Justo antes de la formulación de la relatividad restringida por Einstein, Lorentz aportó una teoría explicativa, de carácter fenomenológico, basada en la hipótesis de la existencia de un medio de propiedades muy especiales, otra vez el éter, en el que se producen algunos fenómenos extraordinarios: las longitudes se contraen y los intervalos de tiempo se dilatan. Esas variaciones de espacio y de tiempo son tales que la velocidad de la luz, que no es sino espacio dividido por tiempo, es siempre la misma. De esta forma Lorentz estableció en 1904 las relaciones entre dos sistemas inerciales que presentan exactamente la misma descripción de los fenómenos electromagnéticos.

Estas relaciones, llamadas desde entonces con su nombre, proporcionan la regla de adición de velocidades, que ya no corresponde a la simple suma vectorial como en el caso galileano, sino que hay términos correctores que, aunque son insignificantes para velocidades pequeñas con respecto a la de la luz, permiten explicar por qué la suma de cualesquiera dos velocidades nunca sobrepasa el valor de la velocidad de la luz en el vacío. Las diferencias con el caso galileano ilustran la dicotomía inasumible entre el dominio de la mecánica y el del electromagnetismo.

Hay que decir que esa explicación formal carecía de base física, pues la existencia de ese éter venía negada por el propio experimento de Michelson-Morley. En efecto, ese resultado experimental lleva a la conclusión de que es imposible detectar el éter, pues no hay manera de medir la velocidad de un referencial con respecto a él. La explicación física se hacía esperar, si bien esas relaciones encontradas por Lorentz ya ponían de manifiesto notables propiedades.

Para empezar, que el transcurso del tiempo es medido de forma distinta por dos observadores en movimiento relativo, dependiendo de su velocidad relativa, en contra de lo que ocurre en el marco galileano. Más aún, algo similar ocurre con el espacio, que también deja de ser un absoluto y cambia de un observador inercial a otro, según sea su velocidad relativa.

Esa es la situación a principios del siglo XX, vivida como una profunda crisis en cuanto quedó formulada. Como era de esperar, la solución a este dilema iba a traer profundos cambios en conceptos físicos fundamentales que incluso alcanzan más allá del campo de la ciencia.

En efecto, la solución, debida esencialmente a Einstein, implica una profunda revisión de los conceptos de espacio y tiempo. La balanza se inclina a favor del electromagnetismo al concluir Einstein que, también en mecánica, los sistemas de referencia deben relacionarse siguiendo las relaciones encontradas por Lorentz. No por la existencia de un hipotético éter, sino por la propia naturaleza del espacio y del tiempo. Es un cambio conceptual extraordinario que exige la reformulación completa de la mecánica.

En este nuevo marco, de acuerdo con lo que indican las relaciones de Lorentz, la longitud de un objeto que se mide en un referencial en el que está en reposo (llamada longitud propia), es siempre mayor que la que mide un observador que se mueve con cierta velocidad (constante) con respecto a ese objeto. Un observador en movimiento ve esa longitud contraída, tanto más cuanto mayor sea la velocidad relativa entre esos dos referenciales. Es la llamada contracción de longitudes. De manera análoga, un intervalo de tiempo medido en un sistema de referencia en el que está en reposo (llamado tiempo propio) es siempre menor al que se mide desde un referencial en movimiento relativo. Es decir, el observador en movimiento ve como esos intervalos se dilatan, tanto más cuanto mayor sea la velocidad relativa. Es la llamada dilatación del tiempo. Ambos fenómenos traducen la dependencia de las medidas de espacio y tiempo de la velocidad relativa entre dos sistemas.

La finitud y constancia de la velocidad de la luz constituye la base del razonamiento de Einstein para transformar la mecánica newtoniana. La existencia de ese límite hace replantear, entre otras, la cuestión de la medida del tiempo y el concepto de simultaneidad. En efecto, si la propagación de la información se hiciera a velocidad infinita, toda la información que llega a un observador en un momento dado, independientemente de la localización de las fuentes, sería simultánea. Pero no puede serlo si esa velocidad es finita. Pensemos, para ilustrar, en una imagen fotográfica de una zona del cielo, que muestra astros a diferentes distancias, observados todos en el mismo momento, pero que emitieron esa señal en momentos diferentes. La recepción es simultánea pero la emisión de la información, de la luz, no lo fue. La simultaneidad es relativa.

Einstein comienza con la idea de medir el tiempo por dos observadores diferentes. Para ello es necesario que pongan de acuerdo sus relojes, que los sincronicen. ¿Y cómo lo hacen? Pues enviando señales, cuanto más rápidas mejor, o sea, luminosas. Siguiendo las populares experiencias mentales propuestas por Einstein, pensemos en un sistema que se mueve con una determinada velocidad (un tren en el caso de Einstein). Supongamos ahora que, dentro de un vagón, se ha dispuesto una fuente de luz en un extremo, un espejo en el techo en la parte central y un detector en el otro extremo. El emisor manda una señal hacia el espejo y este la refleja hacia el detector. Ambos están en el mismo sistema de referencia, el tren, en reposo relativo. El tiempo que tarda la señal en ir del emisor al receptor es el tiempo propio. Consideremos ahora un observador exterior al tren. Dado que el tren se mueve, aunque el sistema experimental se mantiene igual, ese observador ve cómo, mientras la luz recorre el camino entre ambos, el espejo y el detector se desplazan con respecto al punto en que se produjo la emisión. Ese desplazamiento será, en general, extraordinariamente pequeño, puesto que depende de la velocidad del tren, muy inferior a la de la luz.

Asumiendo, como lo prueban los experimentos de Michelson-Morley, que la velocidad de la luz no cambia de uno a otro referencial, se puede calcular el tiempo que medirá ese observador exterior que, puesto que la distancia recorrida es superior, va a ser mayor que el que se mide desde dentro del vagón. Lo que antes hemos llamado dilatación del tiempo. Esa diferencia es extraordinariamente pequeña para situaciones usuales, aunque puede ser muy apreciable cuando la velocidad relativa (la de nuestro tren) se aproxima a la de la luz. El mismo tipo de razonamiento lleva a constatar la contracción de longitudes.

A partir de ese tipo de consideraciones Einstein concluye que esas son propiedades intrínsecas, el modo de ser del espacio y del tiempo, por lo que todos los movimientos, que involucran espacio y tiempo y sus variaciones, deben satisfacer las transformaciones de Lorentz.

La necesaria reformulación, que constituye la *relatividad restringida* (en adelante RR), la lleva a cabo Einstein sobre dos principios: el principio de relatividad de Galileo, es decir, la equivalencia de todos los referenciales en movimiento relativo uniforme (inerciales) y el de la constancia de la velocidad máxima de cualquier sistema, igual a *c*, que es el mismo en todos los referenciales inerciales.

Los fenómenos de contracción de longitudes y dilatación del tiempo quedan integrados en el mundo de la mecánica, como propiedades del espacio y del tiempo y de la forma en que se conectan diferentes sistemas de referencia inerciales. Como consecuencia de esas características, se verifica que la composición de velocidades es tal que nunca puede sobrepasarse la de la luz.

Hay que insistir en que las correcciones que aporta frente a los resultados de la mecánica newtoniana son, en la mayoría de las situaciones, muy pequeñas, y solo son apreciables para velocidades relativas muy próximas a *c*. De tal forma que la física de Galileo y de Newton, aunque inconsistentes desde el punto de visto conceptual, sigue siendo aplicable a la mayor parte de situaciones y fenómenos de la vida cotidiana.

La formulación matemática precisa de la RR la llevó a cabo Minkowsky, quien sustituye los conceptos separados de *espacio* (3-dimensional) y *tiempo* (1-dimensional), por el *espacio-tiempo* (4-dimensional). En este marco geométrico el tiempo es una coordenada más, en pie de igualdad con las tres coordenadas espaciales, conectadas, como señalamos, por la constante de la naturaleza *c*, que mide su equivalencia. Algo que resulta muy familiar en el lenguaje de la astrofísica, que utiliza *tiempo-luz* para las distancias.

Los conceptos de *velocidad*, *aceleración* y *fuerza* se redefinen, comprobando que las definiciones galileanas y newtonianas constituyen muy buenas aproximaciones, y se reformula la cinemática y la dinámica relativistas, que sustituye a las anteriores. Aunque las diferencias solo son apreciables en casos extremos, los cambios conceptuales son radicales, y, cuando las velocidades se aproximan a la de la luz, esos cambios conceptuales se traducen en implicaciones extraordinarias sobre el tiempo, el espacio o la masa, que los experimentos han demostrado ser aspectos reales de la naturaleza.

La formulación 4-dimensional de la RR pone de manifiesto la imbricación entre conceptos como *impulso* (producto de la masa por la velocidad) y *energía*, englobados ahora en una sola entidad 4-dimensional, llamada *impulso-energía*. La RR pone también de manifiesto que la masa de un sistema ya no es una constante, sino que depende del referencial en el que se mida. En efecto, la masa de un cuerpo medida desde un sistema en movimiento es siempre mayor que la masa propia, medida en el referencial en el que está en reposo, por un factor llamado de Lorentz, que depende exclusivamente de la velocidad relativa entre ambos referenciales.

Por otro lado, cuando se analizan las componentes del vector materia-energía, se encuentra que la energía está directamente relacionada con la masa: la energía propia de un sistema viene dada por el producto de su masa (propia) por la velocidad de la luz al cuadrado. Una sencilla fórmula que desvela una característica esencial de la naturaleza: masa y energía son, en última instancia, equivalentes.

En cuanto a la relatividad del tiempo, quizás el experimento más impactante es el de los muones, llevado a cabo por primera vez en 1941 por Rossi y Hall. Los muones son partículas similares a los electrones, aunque su masa es unas 207 veces superior. Son inestables, de muy corta vida, con un tiempo de vida medio de tan solo 2,2 microsegundos. Los impactos de rayos cósmicos sobre las moléculas de las capas superiores de la atmósfera, a unos 10 km de altura, producen muones con velocidades muy próximas a la de la luz. Dado su tiempo de vida, la distancia que podrían recorrer según la física galileana, antes de que se agoten los 2,2 microsegundos y se desintegren, es de unos 660 metros. Sin embargo, muchos de ellos recorren distancias muy superiores y son capaces de llegar al nivel del mar.

Manteniendo una mentalidad no relativista, esto sería imposible. Pero la RR tiene una sencilla y adecuada explicación: basta considerar que el tiempo propio de vida del muón, 2,2 microsegundos, es mayor para un observador que se mueve respecto a él, nuestro investigador en este caso. Concretamente, para velocidades de 0,995c, el tiempo medido por el experimentador es diez veces superior, 22 microsegundos, de modo que, desde su referencial, esos muones ultrarrelativistas pueden recorrer, en promedio, unos 6.660 metros. Teniendo en cuenta el carácter estadístico del fenómeno de la desintegración, muchos de esos muones son capaces de alcanzar el detector situado a nivel del mar, como en realidad se observa.

Finalmente, la cuestión a considerar es si la relatividad einsteiniana, con sus principios y la nueva mecánica, constituye un marco apropiado para abordar una nueva teoría de la gravedad. No hay duda sobre la capacidad de la RR para explicar los fenómenos localmente, pero eso podría no ser suficiente para una teoría de la gravedad, que desborda ese entorno local, pues todo lo que existe gravita. Por otro lado, están por explicar la identidad entre masa inercial y grave y, también, dada su equivalencia con la masa, la capacidad gravitatoria de la energía. Los fantasmas de la teoría de Newton, siempre dejados para mejor ocasión, resurgen y se convierten en protagonistas de la revolución de la física.

Los intentos que se hicieron para formular una teoría de la gravedad en el marco de la RR, utilizando su lenguaje formal 4-dimensional, no dieron resultados satisfactorios ni aceptables, poniendo de manifiesto que el marco de la RR es demasiado estrecho para acomodar la teoría de la gravedad.

La relatividad general, la nueva teoría de la gravitación

La ruptura con el marco de Galileo y Newton se corresponde con la formulación por Einstein de la teoría de la RR. Tiempo y espacio dependen, en el marco de esa teoría, del sistema de referencia en que se midan, pero siguen siendo magnitudes diferentes, aunque se ha puesto de manifiesto una profunda conexión entre ellas. Al fin y al cabo, la existencia de una constante universal, c, conlleva una equivalencia fija entre espacio y tiempo: 1 segundo equivale a 299.792,458 km, que suele redondearse, cuando no se exige total precisión, a 300.000 km.

Cierto es que en RR ya se habla de espacio-tiempo como una entidad, pero solo como una entidad matemática introducida por Minkowsky para formular de manera más concisa (y elegante) la teoría. En tanto que elemento físico-geométrico, el espaciotiempo[41] cobrará entidad propia cuando Einstein, en su nueva teoría presentada en 1916, lo relacione directamente con la gravedad.

La RR condena la teoría gravitatoria de Newton, si bien no da una alternativa. Más allá de la persistencia de algunas *anomalías* empíricas, es decir, datos que no encajan, la conciliación de la mecánica y el electromagnetismo que establece la RR hace insostenibles las inconsistencias conceptuales de la teoría de Newton, planteando una crisis en toda su magnitud. Ya no es posible mantener una teoría de la gravedad que se propaga de manera instantánea, por lo que se hace necesario una nueva formulación de la gravedad. Eso es lo que Einstein llevará a cabo, tras recorrer el camino desde la RR hacia la relatividad general (en adelante, RG).

Conceptos y geometría. Las ecuaciones de Einstein

El paso de la RR a la RG pasa por reconsiderar la geometría subyacente. En efecto, como pronto iba a ponerse de manifiesto, la geometría euclídea de la primera no puede satisfacer los requerimientos para una nueva teoría de la gravedad, lo que conlleva la entrada de la geometría del espaciotiempo en escena. No se trata ahora de un recurso de la formulación, sino de su consideración como una nueva entidad dinámica, dando un nuevo y más profundo sentido a la vieja sentencia kepleriana.

La RR admite la equivalencia de referenciales inerciales, en movimiento relativo uniforme, es decir, sin aceleración. Pero la gravedad produce aceleración y, por lo tanto, una teoría de la gravedad tiene que plantearse cómo integrar los sistemas acelerados, con aceleración constante, en una formulación más general, en la que las leyes dinámicas sean invariantes también para ellos. Para formular una relatividad generalizada es necesario considerar y dar carta de naturaleza a los referenciales acelerados.

El punto de partida de Einstein, para poder transitar de la RR a la RG, es el análisis de la cuestión de la igualdad de las masas grave e inerte. Retrospectivamente, parece claro para todos que esa igualdad, repetidamente comprobada con gran precisión por diferentes experimentos, pero dejada en el limbo conceptual desde el mismo Newton, está señalando a una profunda relación entre fuerzas inerciales y gravitatorias, entre inercia y gravedad. Es, precisamente, la idea de equivalencia conceptual, básica, entre fuerzas de inercia y fuerza gravitatoria lo que sugiere a Einstein la identidad radical de esas masas. En efecto, parece lógico que, si ambas fuerzas son equivalentes, también deberían serlo las masas correspondientes. Y, a la inversa, si se acepta la equivalencia de esas masas, también los tipos de fuerzas, inerciales y gravitatorias serán equivalentes. Es el llamado principio de equivalencia, que viene a establecer que la inercia y la gravedad son equivalentes, solo su apreciación cambia con el sistema de referencia en el que se sitúe el observador.

Consideremos como ilustración una persona encerrada en un ascensor en caída libre,[42] que el mismo Einstein plantea en otro de sus famosos experimentos mentales. Dicha persona, que participa de la caída libre del ascensor, no siente fuerzas (ni aceleraciones, por tanto) y su posición relativa al ascensor se mantiene mientras dure la caída libre. De hecho, si saca una moneda del bolsillo y la deja libre, la moneda no se desplazará con respecto a él. Como el perro de *Alrededor de la Luna* de Julio Verne: cuando muere, los tripulantes tienen que sacarlo del cohete y observan por la escotilla que el perro permanece a su lado, sigue su trayectoria y «sube con él» hacia la Luna. Obviamente, desde un referencial externo, se verá que el ascensor en su caso o el cohete en el otro, se mueven de manera acelerada por efecto de la gravedad.

En otras palabras, para el referencial ligado al ascensor la trayectoria es libre en un campo de gravedad, mientras que en el referencial externo se trata de un movimiento con aceleración constante. Pero, en el marco que Einstein quiere establecer, ambas descripciones deben ser equivalentes, con las mismas leyes físicas para describir el fenómeno en ambos referenciales.[43] Esto es precisamente lo que constituye el núcleo del principio de equivalencia, que establece que las aceleraciones dinámicas y los campos gravitatorios pueden ser asimilados, lo cual exige la identidad de las masas inercial y grave. Con la limitación de que, como Einstein señaló desde el primer momento, esa equivalencia no puede extenderse más allá del entorno local del fenómeno en estudio. Es una equivalencia local.

Recordemos que, en el caso de la RR, una partícula libre, con velocidad constante, se mueve en una línea recta. El cambio radical que Einstein está proponiendo es que, en su nueva teoría, las partículas libres son las que se mueven con aceleración constante (debida a un campo gravitatorio). Por lo que sus trayectorias no pueden ser líneas rectas. ¿Qué hay que cambiar para que las trayectorias de las partículas aceleradas sean el equivalente de las trayectorias rectilíneas en el caso galileano? *Simplemente*, la geometría. De la euclídea, plana, como es el caso en RR, en la que se da la correspondencia trayectoria de partícula libre-línea recta, a una curva, es decir, en la que la estructura espaciotemporal tenga curvatura. Un cambio sustancial en el marco matemático, y por consiguiente físico, del desarrollo de la nueva teoría.

Cuando la geometría es curva, las llamadas *geodésicas* (en el caso de una esfera, por ejemplo, son los círculos máximos) son el equivalente geométrico a las líneas rectas en geometría plana. Lo que le sugiere a Einstein que las trayectorias de las partículas libres en un campo de gravedad (es decir, con aceleración constante) serán las geodésicas del espaciotiempo.

Curvatura, geodésicas, gravedad... En efecto, en la teoría de Einstein, la gravedad se expresa como curvatura del espaciotiempo, que obliga a las partículas (en ausencia de otras influencias) a moverse libremente, siguiendo las geodésicas del espaciotiempo curvo. Se trata de una gran conclusión: la geometría de la gravedad, la de su estructura espaciotemporal, no es plana. Su descripción necesita introducir una geometría curva.

Naturalmente, las ecuaciones de transformación de un sistema de referencia a otro tendrán que ser más generales que las de Lorentz, que se han definido para sistemas en movimiento relativo uniforme. En todo caso, tienen que englobarlas, en la medida en que la RG debe englobar (localmente) a la RR.

Dado que todos los sistemas de referencia con aceleración constante son equivalentes y la descripción de un sistema en movimiento es la misma en todos los referenciales, las coordenadas pasan a ser meras etiquetas, un simple intermediario de cálculo sin mayor sentido físico. Esas condiciones, equivalencia de todos los sistemas de referencia con aceleración relativa constante y la arbitrariedad de las coordenadas, implican que, desde el punto de vista matemático, la teoría debe ser formulada sin utilizar ningún sistema de referencia o de coordenadas, de manera intrínseca según el lenguaje de la geometría. En otras palabras, en formalismo tensorial, según lo habían desarrollado autores como Christoffel, Ricci o Levi-Cività, entre otros, con el nombre de cálculo diferencial absoluto (o sea, sin uso de coordenadas). En realidad, y por fortuna para el desarrollo de la nueva teoría, la geometría de superficies curvas había sido introducida y estudiada anteriormente, en el siglo XIX, por figuras como Gauss, Lovachevsky, Bolyai y, muy particularmente, Riemann.

Las ideas básicas están establecidas, pero queda aún por formular la nueva teoría de la gravedad, lo que logrará Einstein, tras un intenso esfuerzo de varios años, con su trabajo publicado en 1916. Para su nueva teoría, Einstein escoge el tipo más sencillo de superficie curva 4-dimensional, caracterizada tan solo por su curvatura (sin torsión, en términos geométricos) y que se denomina riemanniana, por corresponder a la que había sido completamente caracterizada por el matemático alemán Riemann. La gravedad vendrá dada en función de la curvatura de esa estructura matemática, y para fijarla Einstein tiene en cuenta que, en el entorno local de un evento espaciotemporal, deben cumplirse las ecuaciones de la RR, que, de esta manera, está contenida en la versión generalizada. Y, dado que la RR contiene como aproximación la mecánica de Galileo-Newton, la nueva teoría también contendrá a esta como aproximación. Finalmente, según las ideas básicas de Einstein, la curvatura del espaciotiempo, que describe la gravedad, es producida y se relaciona con la presencia de materia y energía, cuyas componentes deben seguir, en ausencia de otras fuerzas, las geodésicas del espaciotiempo.

Ese es, en resumen, el problema que Einstein pretende resolver y formular matemáticamente: caracterizar la gravedad en términos de la curvatura del espaciotiempo, de modo que contenga, localmente, la RR y la ley de Newton como aproximación. La solución quedó reflejada, como acabamos de indicar, en su trabajo de 1916,[44] en el que se da la formulación definitiva de la RG, mostrando que satisface todas las condiciones al asimilar la gravedad con espaciotiempo curvo. Las ecuaciones, ya prefiguradas en los trabajos anteriores de Einstein, presentan dos términos: a un lado, la *geometría*, que traduce la existencia de gravedad, y al otro, la *materia-energía*, que crea esa gravedad y que, a la vez, la siente y se mueve por su causa. Ambas componentes, geométrica y material, deberán tener las mismas propiedades de simetría y de conservación.

Hablar de ecuaciones cuando nos hemos propuesto no usar (casi) ninguna fórmula matemática suena a contradictorio, pero trataremos de hacerlo de manera simbólica. El primer término es un tensor geométrico, construido a partir de los elementos de la métrica que definen el espaciotiempo, es decir, la gravedad, mientras que el segundo describe el contenido energético-material. Con una constante de proporcionalidad, directamente relacionada con la constante de la gravitación universal de Newton. Simbólicamente:

Estructura del espaciotiempo = Contenido energético-material

Recordemos que, en el punto de partida de la construcción de la teoría, estaba también el que las trayectorias de las partículas libres, es decir, sometidas tan solo a la gravedad, deben corresponder a las geodésicas de la estructura 4-dimensional, que vienen totalmente determinadas por la métrica. En un principio se pensaba que esta condición había que postularla, pero, en realidad, como pronto se demostró, esta condición está ya incluida en las propias ecuaciones de Einstein, sin necesidad de postulados o restricciones adicionales. Otro gran mérito de dicha formulación.

Recapitulando, las ecuaciones de Einstein establecen que la estructura del espaciotiempo, la geometría del sistema en consideración, es decir, la gravedad, determina y, a su vez, es determinada por la distribución de materia-energía. Como tan gráficamente expresó John Wheeler, «el espaciotiempo le dice a la materia cómo moverse; esta le dice al espaciotiempo cómo curvarse». Las ecuaciones de Einstein, de aspecto sencillo cuando se usa la escritura tensorial, son en realidad un conjunto de 16 ecuaciones en derivadas (primera y segunda) parciales, de imposible solución analítica en el caso general. Apresurémonos a decir que, por razones de simetría de la geometría, se reducen a 10.

Además, puesto que las coordenadas son arbitrarias (es decir, carecen de sentido físico) y es posible escogerlas según convenga (dicho sea de paso, una buena elección de las coordenadas para abordar un determinado problema es una de las claves para avanzar en su solución), tan solo 6 ecuaciones son, finalmente, independientes. A pesar de esa reducción, el problema sigue siendo, en el caso general, analíticamente inabordable.

Señalemos que, en esta formulación, la gravedad ya no es, como en el caso newtoniano, un único potencial, origen de esa fuerza, sino que es un campo con varias componentes. El propio concepto de *fuerza* desaparece, lo que viene a indicar el grado de abstracción que supone esta nueva teoría.

Incidentalmente, hagamos notar la inmediata conexión de esas ecuaciones con las observaciones que la astrofísica puede proveer, y que es crucial a la hora de plantear proyectos observacionales relacionados con la cosmología. Caracterizar la geometría, es decir, la métrica del espaciotiempo, puede hacerse a través de las medidas de posiciones, ángulos y distancias, superficies o volúmenes, que son objeto primario de las observaciones del universo.

Pues bien, esas medidas básicas, de acuerdo con las ecuaciones de Einstein, proporcionan toda la información sobre su contenido energético y material. Se comprende por qué las propuestas de grandes cartografiados son fundamentales en el dominio de la cosmología.[45]

Una constante nueva. La constante cosmológica

Las ecuaciones de Einstein contienen una nueva constante, llamada *cosmológica*, y denotada con la letra griega lambda mayúscula, Λ. Se trata de una constante de integración, sin correlato en la aproximación newtoniana. Einstein, inicialmente, no la tuvo en cuenta, dándole, de hecho, el valor cero, aunque luego la retomaría para hacer posible su modelo de universo. Es, sin embargo, un ingrediente inevitable, y anularla no es una decisión impuesta por la teoría. Autores como Eddington o Tolman, entre otros, siempre manifestaron su posición a favor de mantener el término, ya fuera por razones teóricas o porque, aunque fuera extraordinariamente pequeña, podría tener efectos mensurables a muy grandes escalas. En tanto que nos atengamos a la RG, solo las observaciones pueden, en última instancia, determinar cuál es su valor.

La constante cosmológica supone una modificación de la ley de la gravedad al añadirle una componente que (en el caso en que esa constante es positiva, como vamos a aceptar de ahora en adelante) es repulsiva, en lugar de atractiva. La consecuencia es que, a grandes distancias (según el valor de dicha constante), la atracción va disminuyendo proporcionalmente a la distancia, como si hubiese una fuerza repulsiva que aumenta con esa misma distancia. Aunque sus efectos son extraordinariamente pequeños a escalas no muy grandes, pueden llegar a ser dominantes a escalas cosmológicas. Esta constante no tiene antecedentes, salvo en los intentos, puramente heurísticos, que se hicieron a finales del siglo XIX para salvar la catástrofe gravitatoria.

Hay muchas *historias* acerca de esta constante. Empecemos por decir que Einstein, en su trabajo fundacional de 1916, cuando define el tensor geométrico, en una nota al pie dice que la forma más general sería con un término que contiene la métrica multiplicada por una constante, la cual nombra con lambda minúscula, λ.[46] Constante que, como reconoce, puede igualarse a cero y deja de considerarla en lo que sigue. Poco después, en su elaboración del primer modelo cosmológico, tras argumentar sobre la imposibilidad de soluciones estáticas en el caso de Newton, salvo si se consideran modificaciones *ad hoc* de su ley, reconsidera el papel de dicha constante y elabora las propiedades del modelo estático. También hay que señalar que es imprescindible para el modelo de De Sitter, y que Friedman, en su trabajo de 1922, mantiene la constante cosmológica, aduciendo que su valor no está determinado, y por lo tanto puede tomar cualquier valor, a determinar a partir de los datos. Y, no lo olvidemos, siguen siendo las ecuaciones del modelo estándar que hoy se acepta.

Bien es verdad que, durante décadas, a partir sobre todo de la aceptación general de los modelos evolutivos sin constante cosmológica, no solo se despreció su papel (haciéndola igual a cero), sino que se elaboraron argumentos para denostar su origen. Conocidas son las referencias de Gamow (corroboradas, al parecer, por J. A. Wheeler) sobre el reconocimiento del propio Einstein de su error al introducir esa constante. Nada, por otro lado, contrastado inequívocamente. El propio Einstein en 1933, junto con De Sitter, rememora la introducción de la constante λ, aunque en su modelo con curvatura espacial nula, llamado modelo de Einstein-De Sitter en la literatura, no interviene.

Algo más tarde, y desde un punto de vista puramente formal, el matemático francés Élie Cartan demostró que el término de la constante cosmológica aparece de manera natural al plantear las ecuaciones de la RG. Las observaciones son las que tienen que decir cuál es su valor. Insistimos, desde este punto de vista, anular esa constante es tomar una decisión arbitraria, particularizar un caso determinado.

Los datos de que se dispone permiten acotar el valor máximo de esa constante, pues sus efectos deben ser despreciables a escalas tales como la del sistema solar, por ejemplo. Así, si se considera el caso del avance del perihelio de Mercurio, los cálculos dan una cota máxima para esa constante. Ahora bien, esa cota es muchos órdenes de magnitud mayor que la que puede ponerse desde el lado mismo de la cosmología. En otras palabras, esa constante puede ser de gran relevancia para la cosmología sin tener ningún efecto detectable a escalas del sistema solar y superiores.[47]

Desde la física teórica, se ha vinculado Λ con la densidad de energía del vacío. El argumento es sencillo. Si se anula el segundo término de las ecuaciones de Einstein, es decir, se considera el caso en el que no hay contenido energético-material, el primer término, el tensor geométrico, debe igualarse a cero. Si no se considera la constante cosmológica, las ecuaciones se reducen a una restricción adicional sobre el tensor de curvatura, que ahora admite soluciones planas, de la RR, como es de esperar, puesto que no hay gravedad. Si, en cambio, se mantiene esa constante, por pequeña que pueda ser, la situación cambia cualitativamente. En efecto, el término que contiene Λ puede ser considerado como fuente de gravedad y, como tal, produce curvatura espaciotemporal, que ya no será nula a pesar de la total ausencia de materia-energía. Esa es la base de muchas interpretaciones del modelo llamado de De Sitter (que pronto comentaremos), en el que Λ puede interpretarse como responsable de la densidad de energía del vacío.

Puntualicemos que, en una teoría clásica, como es la RG, el vacío tiene energía nula, no interviene. Resulta además inconsistente, desde el punto de vista de los principios, considerar contribuciones cuánticas al tensor materia-energía, pues la RG y la teoría cuántica de campos son dos disciplinas diferentes, cuya integración no ha sido posible hasta ahora. Por último, cuando se hace esa asimilación entre Λ y la densidad de energía del vacío cuántico, el resultado es extraordinario: el valor estimado en ese caso para la constante supera los límites observacionales por más de 120 órdenes de magnitud, una formidable discrepancia para la que no se ha encontrado explicación.

En todo caso, aquí mantenemos la idea de Λ como parte integrante de la nueva ley de la gravedad.

En el devenir de la cosmología a lo largo de varias décadas, la constante cosmológica fue algo así como un comodín al que se recurrió una y otra vez, sin gran convencimiento, para resolver la inconsistencia entre la edad del universo, derivada de los valores que se daban para la constante de Hubble, y la que ya se conocía experimentalmente para la propia Tierra o para el sistema solar, o para las estrellas más viejas. En parte, las disputas sobre el valor de la constante de Hubble o sobre la densidad de materia (que determinan el modelo y la edad que este le atribuye) tenían como fondo ese problema de edades.

A principios de la década de los años 1990 se volvió a considerar el papel de la constante y, entre otros aspectos, la familia de modelos que, al incluirla, ampliaban su capacidad para encajar datos diferentes.[48] Los primeros indicios sobre la posible expansión acelerada del universo, un efecto similar al de una constante cosmológica positiva sobre la evolución del universo y su edad, acabaron por decantar la situación general a favor de Λ, ya no como un recurso sino de manera más fundamental. Así, lo que parecía una extravagancia de la teoría de Einstein se ha convertido hoy en una componente dominante del universo.

La aproximación newtoniana.
Los tests clásicos de la relatividad general

La idea motriz de Einstein es que toda distribución de materia-energía produce una curvatura del espaciotiempo, que traduce su acción gravitatoria. Para poder aplicar esa teoría a casos comunes es necesario analizar qué ocurre cuando los campos gravitatorios son débiles y las velocidades muy inferiores a c, lo que se conoce como aproximación newtoniana. En esas condiciones, se constata que el tensor métrico, que describe la gravedad, colapsa en una sola cantidad escalar, anulándose todas las demás componentes. Esa componente única que sobrevive es precisamente el potencial gravitatorio newtoniano y la geometría se hace plana, separándose el espaciotiempo en espacio y tiempo. De modo que se recupera la teoría de Newton y toda su capacidad explicativa, como una particularización de la gravedad einsteiniana para gravedad débil y velocidades pequeñas.

El paso siguiente es tratar de calcular las diferencias que pueda haber entre ambas teorías, la de Newton y la de Einstein, aun cuando no se trate de campos gravitatorios muy intensos. Como el mismo Einstein reconocía, los efectos específicos de la RG que, cuando se formuló la teoría, se podían detectar son muy pequeños, y por lo tanto difíciles de medir. Cierto es, por otra parte, que, la nueva teoría, establecida sobre una base conceptual tan diferente, podría revelar nuevos fenómenos que no tienen cabida en el marco previo. Así que la tarea de medir esos pequeños efectos fue abordada de inmediato, en particular la desviación de rayos luminosos por

148

una masa, que estaba en el corazón del razonamiento que condujo a Einstein a sus ecuaciones.

Muy pronto se dispuso de una solución apropiada de las ecuaciones, que corresponde al caso una sola masa, con simetría esférica, como fuente del campo gravitatorio, la bien conocida solución de Schwarzschild. Si todos los demás cuerpos se consideran como de prueba, capaces de sentir, pero no de producir gravedad, se puede aplicar la solución a múltiples situaciones, en particular al sistema solar. A partir de ahí, se pueden formular los conocidos tres tests clásicos de la RG, que ponen a prueba los nuevos efectos que predice la teoría, más allá de las predicciones de la de Newton.

Se conocía, como hemos apuntado, que la posición del perihelio de Mercurio cambia paulatinamente, desplazándose en el sentido del movimiento orbital. Ese avance, medido desde la Tierra, es de 5.601 segundos de arco por siglo. De ese valor, 5.026 segundos de arco tienen que ver con el movimiento del sistema de referencia (nuestro planeta), de modo que los restantes 575 tienen que deberse a la influencia de los otros planetas sobre Mercurio. Ahora bien, los cálculos de perturbaciones, realizados con la teoría de Newton, permiten explicar tan solo 532 segundos de arco, de modo que queda un resto de 43 segundos de arco por siglo sin explicar.

En la solución de Schwarzschild, aplicada a la descripción del movimiento de un cuerpo de prueba en el sistema solar, aparece un nuevo término, ausente en la descripción newtoniana, que modifica el avance del perihelio de los planetas, tanto mayor cuanto mayor es la velocidad tangencial (períodos más cortos). Mercurio es, por tanto y según la RG, el más afectado en este sentido. El cálculo muestra que ese término explica cabalmente los 43 segundos de arco por siglo que faltaban en el caso newtoniano.[49]

Vayamos al segundo test. Recordemos que, en el caso de Newton, solo las masas gravitan, de modo que la luz, considerada sin masa, no siente la gravedad en ese marco teórico. Ahora bien, se puede hablar de un efecto sobre la luz aún en el caso de Newton usando un artificio. En efecto, puesto que la aceleración que produce la gravedad es independiente de la masa que la sufre, si se considera que la luz está compuesta de corpúsculos, se puede calcular el efecto gravitatorio sobre la luz, independientemente del valor de su masa, y calcular su trayectoria en presencia de una masa gravitante. El cálculo del efecto del Sol sobre la luz que pasa cerca de su superficie lo realizó J. von Soldner, a principio del siglo XIX, encontrando un valor de 0,87 segundos de arco, la mitad de lo que más tarde predecirá la RG.

En la teoría de Einstein la influencia sobre la luz es directa, puesto que todo, hasta la energía pura, gravita. Dado que la gravedad se traduce en una curvatura del espaciotiempo, las trayectorias de los fotones se verán modificadas, algo que ya Einstein había estimado en una carta a un colega, aún antes de formular la RG y que consideraba como una condición *sine qua non* para validar su teoría. Digamos, sin embargo, que en su primer cálculo (publicado en 1911) no tuvo en cuenta adecuadamente la curvatura espacial, encontrando un valor que coincide exactamente con la predicción newtoniana.

Señalemos que la posibilidad de que la gravedad pudiera desviar los rayos luminosos suscitó un gran interés y se trató de medir el efecto, aprovechando un eclipse de Sol, desde ese mismo año. Desgraciadamente, la meteorología o, unos años después, el comienzo de la guerra, impidieron que se llevaran a cabo.

Ya en 1916, Einstein recalculó el efecto en su publicación de la teoría en 1916, corrigiendo el error anterior (que se debía a no haber considerado la curvatura del espaciotiempo). El valor encontrado, 1,77 segundos de arco, era el doble del anterior. De modo que, aspecto clave, los datos podrían ahora discernir entre la teoría de Newton y la de Einstein.

La existencia de tal efecto y su cuantía se presentan hoy, de manera más directa y formalizada, usando la solución de Schwarzschild, aplicada al caso del movimiento de los fotones (con velocidad c). La expresión que representa ese efecto muestra que hay una desviación de esos rayos luminosos. El ángulo que mide la separación entre la trayectoria no afectada y la afectada por la presencia de un cuerpo es directamente proporcional a su masa e inversamente proporcional a la distancia transversal entre la trayectoria antes de ser afectada y el cuerpo que la causa. Aplicado al Sol, la predicción para la desviación de un rayo luminoso (cualquiera que sea su frecuencia), que pasa tangente a la superficie solar, es de 1,77 segundos de arco.

Como hemos apuntado, la medida del efecto se planteó ya en 1911. La idea, simple de formular, es medir las posiciones relativas de las estrellas que podemos ver en los alrededores del Sol. Evidentemente, mientras se observa en el dominio visible de la luz, esas observaciones solo pueden hacerse aprovechando un eclipse de Sol. Medidas las posiciones de las estrellas durante un eclipse, se repetirán seis meses después, cuando se localizan lejos ya del Sol y son visibles por la noche. La comparación entre ambos conjuntos de medidas debería poner de manifiesto diferencias entre posiciones entre las que parecen más próximas al Sol (en distancia proyectada), que corresponden a su efecto sobre las trayectorias de la luz que llega de esas estrellas.

La primera vez que pudo abordarse la medida del efecto fue en 1919. Se organizaron, con el impulso de A. Eddington, dos expediciones inglesas a dos localizaciones, una en isla Príncipe, frente a la costa atlántica de África (próxima a la isla de Santo Tomé) y otra en Sobral (Brasil). Los resultados de las diferentes medidas (tomadas con tres telescopios) eran de poca calidad debido a las malas condiciones meteorológicas, pero Eddington, tras un laboriosísimo trabajo de medida y análisis de los datos, concluyó, en primera instancia, que la desviación estaba entre 0,9 y 1,8 segundos de arco. El resultado era insatisfactorio y frustrante puesto que, como ya hemos dicho, la RG predice 1,77 segundos de arco exactamente, mientras que los cálculos newtonianos dan 0,87 segundos de arco. Las medidas eran imprecisas, entre otras cosas, porque al apuntar hacia el Sol los espejos y lentes de los telescopios se deforman y producen imágenes borrosas (valores grandes del *seeing* y aberraciones). Finalmente, tras un nuevo y muy detallado análisis de los datos, Eddington dio la cifra de 1,61 segundos de arco, próximo al valor predicho, aunque con un enorme grado de incertidumbre. En todo caso la noticia fue recibida como una confirmación de la nueva física propuesta por Einstein en los medios científicos y también en los medios generales de comunicación.[50]

La situación, dadas las incertidumbres, no estaba cerrada y se repitieron medidas con ocasión de diferentes eclipses hasta 1973. Los resultados descartaban las predicciones newtonianas con un alto grado de verosimilitud, pero la precisión nunca superó el 10 %. Afortunadamente, la aparición de la radioastronomía abrió otra posibilidad, al no tener que esperar a nuevos eclipses ni estar sujetas las observaciones a los avatares que conlleva disponer tan solo de una corta ventana de observación. Para ello se seleccionó un par de radiofuentes y se midieron sus posiciones relativas a lo largo del año, en función de la distancia transversal, proyectada sobre

FIGURA III.1. Cuásar doble, Q0957+561, en el centro de la imagen. Los dos cuásares (en realidad, dos imágenes de un mismo cuásar), se ven como si fueran estrellas, sin resolver y con el patrón de difracción característico, de color azulado. Superpuesta a la fuente inferior se aprecia una galaxia, mucho más próxima, situada entre el cuásar y el observador. Es la que actúa de lente gravitatoria, causante del desdoblamiento. La diferencia de camino óptico de ambas imágenes se traduce en un retraso entre ambas señales, que ha sido medido a partir del análisis de la curva de variación de luminosidad de ambas imágenes.

---

la bóveda celeste, al Sol. Los resultados confirmaron la predicción de la RG con precisiones que alcanzan el 1 %.

La concepción de Einstein del efecto de la gravedad sobre las trayectorias de los fotones tuvo una nueva y espléndida comprobación cuando se descubrió el primer cuásar doble, catalogado como Q0957+561 (llamado «the twin quasar», el cuásar gemelo, ver figura III.1). Se trata de dos imágenes puntuales (como si fueran estrellas) muy próximas en el cielo, a tan solo 6 segundos de arco de distancia, con espectros y propiedades idénticas, que ponen de relieve que se trata de una imagen doble de un único astro. Ese desdoblamiento está causado por una galaxia que se interpone en el camino hacia el observador y que produce un efecto que es de la misma naturaleza física que el analizado en el caso del Sol.

El estudio de este caso[51] demostró que las dos fuentes muestran, exactamente, el mismo comportamiento y variación de luminosidad con el tiempo, con un desfase de unos 420 días. Este desfase corresponde al retraso de una señal sobre la otra debido a la diferencia entre los caminos ópticos de ambas. Una confirmación de su carácter de fuente desdoblada, que solo la RG puede explicar.

La desviación de los haces luminosos predicho por Einstein puede producir efectos diferentes, dependiendo de la disposición geométrica de la configuración del sistema fuente-deflector-observador, como el desdoblamiento citado o una multiplicidad de imágenes, de diferente intensidad cada una o un anillo difuso. Es el llamado efecto lente gravitatoria que ha sido observado a escalas extragalácticas, debido al efecto deflector de una galaxia o, incluso, de un cúmulo de galaxias. De hecho, se ha convertido en un preciso método para medir masas, puesto que, como dijimos en el caso del Sol, la desviación que se mide es directamente proporcional a la masa del sistema deflector.

Vayamos ahora al tercer test clásico. Dada la diferencia en la métrica entre dos regiones con valores diferentes de la gravedad, una señal luminosa que viaja de una a otra verá su longitud de onda modificada correspondientemente, produciendo un desplazamiento espectral de las líneas. El desplazamiento espectral gravitatorio fue medido en varias ocasiones usando estrellas enanas blancas, de mayor potencial gravitatorio que las de secuencia principal. El primer intento fue llevado a cabo por W. S. Adams en 1925 usando Sirius B. Sin embargo, sus resultados no fueron concluyentes. Los primeros que fueron aceptados son el medido por Popper en 1954 en 40 Eridani B, con un efecto que alcanza (usando velocidades para expresarlo, como en el caso del efecto Doppler) 21 km/s y luego por Greenstein en Sirius B, que encontró un valor de 89 km/s con 20 % de error.

Pero la gran confirmación iba a venir de un extraordinario experimento de laboratorio llevado a cabo en 1959 por Pound y Rebka, usando el llamado efecto Mössbauer para producir la emisión de líneas espectrales extremadamente finas (es decir, con una muy bien definida frecuencia) producidas por átomos ionizados de ^{57}Fe, en el dominio de rayos gamma. La emisión se producía en lo alto de una torre de 22,5 m de altura y el receptor estaba al nivel del suelo. Lo que se trataba de medir, por consiguiente, es el efecto que produce la mínima diferencia de gravedad terrestre, debida a la altura de la torre, sobre la frecuencia de la línea emitida. El efecto esperado, extraordinariamente pequeño, fue confirmado, con un error de medida inferior al 1 %. Más recientes experimentos utilizando fuentes de emisión astronómicas, como máseres de hidrógeno, han permitido precisiones aún superiores.

La teoría de la RG quedaba avalada, desde relativamente pronto, como una nueva concepción del espaciotiempo y de la gravedad, capaz de explicar e incluir todos los datos conocidos y de hacer predicciones también corroboradas por diferentes experimentos. Por citar la última, la reciente detección de ondas gravitatorias, que confirma la propagación de la gravedad a velocidad finita y la existencia de fenómenos ondulatorios, que involucran al propio espaciotiempo, es una confirmación espléndida de las ideas y conceptos propuestos por Einstein.

Sin embargo, a pesar del temprano reconocimiento, el camino de la RG entre los científicos no fue uno de rosas. Sin entrar en las ya mencionadas polémicas deleznables de los años veinte, recordemos que el Premio Nobel le fue concedido a Einstein por la explicación del efecto fotoeléctrico (que está en la base de la mecánica cuántica) y que nunca recibió un reconocimiento de calibre similar ni por la RR ni por la RG. Como ha puesto de manifiesto el físico e historiador Jean Eisenstaedt,[52] la RG se había establecido como una ciencia bien fundamentada en los ambientes puramente académicos, sobre todo en el ámbito de las matemáticas aplicadas (buscando soluciones a las ecuaciones), pero no había penetrado realmente en el mundo de la física y la astronomía, dado que las previsiones de la RG susceptibles de verificación suponían mínimas diferencias con respecto a las predicciones newtonianas. Baste mencionar, para ilustrarlo, que el primer congreso internacional sobre RG tuvo lugar dos meses después de la muerte de Einstein y versaba, fundamentalmente, sobre la búsqueda de soluciones a sus ecuaciones.

Pero la astrofísica y la cosmología iban a abrir la posibilidad de poner a prueba la RG en situaciones muy alejadas de la aproximación newtoniana, en las que la sustancia de la teoría se manifiesta plenamente. Sin olvidar la explicación puramente geométrica que, desde los años veinte, se había dado al fenómeno del desplazamiento hacia el rojo en el dominio extragaláctico, solo posible en el marco de la RG (sobre lo que insistiremos más adelante), los descubrimientos que se hicieron en la década de los sesenta hicieron imprescindible la RG. En primer lugar, la extraña radiación de fondo descubierta accidentalmente en 1965 fue inmediatamente identificada con la que había vaticinado la cosmología evolutiva iniciada por Friedman y Lemaître, dando carta de naturaleza física a los diferentes intentos cosmológicos elaborados a partir de la RG. Junto con la confirmación de la ley de Hubble-Lemaître y el avance instrumental que empezaba, permitió abordar el estudio de galaxias y astros muy lejanos y darle naturaleza de ciencia física a la cosmología.

Además, el descubrimiento de los cuásares, astros extraordinariamente luminosos y de pequeñas dimensiones, traerán a un primer plano a los agujeros negros para poder explicar sus propiedades más salientes. Ítem más, la detección del efecto lente gravitatoria, en todos los dominios, ha puesto de manifiesto nuevas componentes que no son luminosas y solo se manifiestan a través de su acción gravitatoria. Más recientemente, la detección de las primeras ondas gravitatorias supone una nueva y central prueba de las ideas de Einstein sobre la gravitación. En suma, los grandes descubrimientos en el dominio de la astrofísica-cosmología en los últimos sesenta años están relacionados con situaciones que ponen en juego toda la capacidad de la RG y la confirman plenamente.

Ondas gravitatorias y agujeros negros

Entre los aspectos específicos de la RG, destaca la posibilidad de construir una cosmología evolutiva, anclada en la curvatura del espaciotiempo, cuya expansión permite explicar el fenómeno del desplazamiento hacia el rojo y predecir la existencia de una radiación térmica de fondo. También hemos ya considerado la constante cosmológica, cuyo papel parece, hoy, decisivo.

Dado que la cosmología es el tema de los próximos capítulos, antes de abordarla vamos a referirnos en lo que sigue a otros dos aspectos específicos de la RG, también imposibles en el marco newtoniano: las ondas gravitatorias y los agujeros negros.

Antes de que fuese formulada la RG, haciendo uso solamente de los conceptos de la RR, Poincaré publicó un trabajo en 1905 que la extendía de manera extremadamente interesante, aunque sin identificar claramente los principios. Propone que la ley de Newton debería modificarse para satisfacer las transformaciones de Lorentz, con una velocidad finita de propagación, y menciona unas ondas gravitatorias, que serían responsables de esa propagación.

Einstein, poco después de formular su RG, abordó la cuestión de las ondas gravitatorias de manera sistemática, como parte sustancial de su teoría. La acción a distancia se ha abandonado y nada puede propagarse más deprisa que la luz, incluida la gravedad. En un trabajo de 1918 titulado, precisamente, «Sobre las ondas gravitatorias»,[53] Einstein, retomando un trabajo anterior, describe las soluciones que caracterizan las ondas gravitatorias que propagan las pequeñas deformaciones que pueda tener el espaciotiempo, con la velocidad de la luz. En la última parte del trabajo, describe cómo pueden ser producidas por sistemas mecánicos. Llega a calcular la energía radiada por tales sistemas en forma de ondas gravitatorias, mostrando que los sistemas esféricos, mientras sigan siéndolo, no pueden emitirlas. Para terminar, considera los efectos que pueden tener esas ondas sobre los sistemas mecánicos que las reciben. Todo un programa para entenderlas y para concebir su detección.

Notemos que lo que se propaga son las pequeñas irregularidades del campo gravitatorio, es decir, según la RG, las propias ondulaciones del espaciotiempo. Esas ondas no son la vibración de algo que se propaga en el espaciotiempo, sino fluctuaciones del propio espaciotiempo, que se propagan. Si recordamos que la geometría es la que marca cómo debemos medir ángulos, distancias, áreas o volúmenes, el paso de una onda gravitatoria se manifestará como un cambio en esas magnitudes geométricas debido al cambio de geometría que induce. Así que, desde el punto de vista de la detección de las ondas gravitatorias, la idea básica es disponer de un elemento de medida precisa y controlada, la longitud de una barra, por ejemplo, y esperar a que pase una onda de intensidad suficiente para que podamos detectarla por las variaciones de longitud que induce en nuestro sistema de detección.

Puede suponerse, sin pérdida de generalidad, que una onda gravitatoria es mucho menos energética que la fuente gravitatoria y, en consecuencia, pueden tratarse, para capturar sus propiedades principales, como pequeñas perturbaciones del campo gravitatorio producido por un sistema dado. Esa es la aproximación usada por el propio Einstein, que llamó a esas ondas de muy baja intensidad ondas planas, por analogía con el caso electromagnético. En esta aproximación, la onda se propaga de manera análoga a la de una onda electromagnética, a velocidad c, aunque con alguna diferencia. En particular, dado que no existe el equivalente a una carga eléctrica negativa (todas las masas son de igual signo y la gravedad es puramente atractiva), las ondas gravitatorias no tienen términos monopolares o dipolares.

Las ondas se producen por cualquier variación del campo gravitatorio de un sistema, ya sea por cambios de distribución de masa o de otro tipo. Una estrella que explota, o dos estrellas que colisionan, por ejemplo, cambian casi instantáneamente y de manera radical su distribución de masas y, por lo tanto, el campo gravitatorio. Sin duda, en ambos casos se perturba el espaciotiempo, y, por lo tanto, son fuente de ondas gravitatorias. De manera intuitiva, confirmada por los cálculos, podemos pensar que la intensidad de esas ondas será proporcional a la masa del sistema que las produce.

Los cálculos muestran que esas ondas tienen amplitudes extremadamente pequeñas, lo que hace muy difícil su detección. Consideremos, a modo de ilustración, que nuestro detector es la distancia entre dos sistemas, y queremos detectar el paso de una onda midiendo los cambios que induce en esa distancia. Los cálculos indican que la colisión de dos estrellas de neutrones, a 100 Mpc de distancia de la Tierra, producen ondas gravitatorias que, al llegar a nuestro sistema de detección, producen una variación relativa de su longitud de una parte en 1.000 trillones. Para un detector de 1.000 km de longitud, el cambio producido por el paso de la onda gravitatoria, que hay que medir, sería de una diezmilbillonésima (10^{-16}) de metro. La dificultad es manifiesta y casi paralizante, por lo que no cabe sino el asombro ante la capacidad de detección mostrada a partir de 2015 por el sistema LIGO (cuya sensibilidad equivale a una diezmilésima del tamaño de un núcleo atómico). Todo un hito extraordinario en el desarrollo del conocimiento y la tecnología, que ha sido reconocido con el Premio Nobel. Esos resultados confirman de forma fehaciente la existencia de esas ondas gravitatorias, un siglo después de que la teoría de Einstein las hiciera inevitables.

Hay que señalar que ya existían muy serios indicios, pruebas indirectas, de la existencia real de las ondas gravitatorias a partir de los datos de un púlsar binario. Los estudios y análisis de Taylor y Hulse en los años 1970 habían demostrado que el período orbital de ese sistema doble iba alargándose con el tiempo. Esa disminución de la velocidad de rotación pone de manifiesto una pérdida de energía, que bien podría ser debida, dados los intensos campos gravitatorios en un sistema de ese tipo, a la radiación de ondas gravitatorias. En efecto, los cálculos, basados en la RG, concordaban con los datos de observación, y sus autores recibieron el Premio Nobel por su hallazgo. Aunque no habían detectado las ondas de manera directa (no era el propósito ni había los medios), mostraron su efecto sobre el período de revolución de un sistema tan particular como un púlsar doble.

Antes de finalizar, volvamos por un momento a considerar la cuestión desde el punto de vista conceptual. La existencia de las ondas gravitatorias confirma lo que la RG impone por principio, a saber, que la velocidad de propagación de la gravedad es finita. Ahora bien, ya habíamos dicho que, si la gravedad no es instantánea, el fenómeno de la aberración es inevitable y, como consecuencia, las órbitas planetarias no serían estables y el sistema solar no podría existir como lo conocemos. Recordamos que Laplace ya concluyó en ese sentido demostrando que la propagación de la gravedad debía hacerse a una velocidad muy superior a la de la luz, al menos veinte millones de veces, para que pudiera ser evitada la inestabilidad del sistema. Pero, por otro lado, las teorías RR y RG están probadas experimentalmente y el sistema solar existe, y es, a muy grandes escalas temporales, estable. Toda una aparente contradicción, que necesita del aparato conceptual de la RG al completo, con elaborados cálculos, para resolverla.

La explicación de por qué la aberración de la gravedad (la no simultaneidad de causa y efecto) no implica inestabilidad, no es simple y requirió algún tiempo elaborarla. Al final, se trata de una explicación muy técnica que incluye, además de la aberración gravitatoria, otros efectos conocidos tales como la dilatación del tiempo y el cambio de masa debido al movimiento relativo. Los cálculos demuestran que el retardo de la gravedad y los efectos dependientes del tiempo y la masa se cancelan mutuamente, casi por completo.[54]

De modo que, efectivamente, las masas son atraídas como si la gravedad se propagase a velocidad infinita. Aunque no lo hace, como las ondas gravitatorias lo testimonian. Extraordinario cierre del problema, puesto que, aunque la aberración gravitatoria existe necesariamente, sus efectos no son perceptibles.

Consideremos ahora los agujeros negros. La solución de Schwarzschild, que describe el campo gravitatorio alrededor de una masa estática, sin rotación, comporta un nuevo parámetro, llamado radio de Schwarzschild, denotado R_S, directamente proporcional a la masa gravitante. Lo que J. A. Wheeler bautizó como agujero negro en 1967 corresponde a un cuerpo con toda su masa dentro de ese radio.

Para que la Tierra o el Sol, dadas sus masas, lo fuesen, sus tamaños tendrían que ser inferiores a 8,9 mm y unos 3 km, respectivamente. En ese caso, la fuerza gravitatoria sobre una partícula en la superficie terrestre sería medio trillón de veces más intensa que en el caso actual y la velocidad de escape superior a la de la luz. Este es precisamente el razonamiento por el que Laplace llegó a la idea (en 1793) de que puede haber cuerpos con un campo gravitatorio tan intenso que, ni siquiera la luz, podría escaparse. Naturalmente, el agujero negro solo es concebible en el marco de la RG, pero el argumento (newtoniano) de Laplace puede servir adecuadamente para ilustrar la cuestión.[55] Pero ¿qué ocurre dentro de ese volumen delimitado por R_S?

Esclarecer el significado de la superficie esférica definida por $r = R_S$, que parece separar dos mundos diferentes, llevó su tiempo. Finalmente, a partir de 1960, se identificó esa superficie como un horizonte de sucesos, es decir, una superficie que solo puede atravesarse en un sentido, hacia el centro del sistema. Las soluciones para valores superiores al radio de Schwarzschild son de validez general y describen el mundo exterior a cualquier cuerpo, la Tierra, el Sol o una estrella. Pero la solución interior, para $r < R_S$, describe una región espaciotemporal diferente, desconectada de la exterior.

De modo que un agujero negro se refiere a un sistema que contiene una singularidad en el centro y una superficie llamada horizonte de sucesos, que nada, ni la luz, puede atravesar hacia el exterior.[56] Es un sistema que ha llegado al colapso gravitatorio definitivo y nada puede escaparse de él.[57]

La característica que define completamente el agujero negro de Schwarzschild es su masa. Más adelante se elaboraron también soluciones en las que esa masa está en rotación uniforme (modelo de Kerr), en cuyo caso los parámetros que lo definen son la masa y el momento angular. Por su lado, Reissner y Nordstrøm encontraron la solución para el caso sin rotación y con masa y carga eléctrica, mientras que la solución general, con masa, carga y rotación, fue dada por Kerr y Newman.

Además del indudable interés teórico, los agujeros negros entraron realmente en escena cuando la astrofísica los invocó, por un lado, para tratar de explicar etapas evolutivas de ciertas estrellas y, por otro, cuando se descubrieron los cuásares y sus extraordinarias luminosidades. En el mundo de la evolución estelar, ya en los años treinta del siglo XX, Chandrasekhar demostró que los modelos llevaban a situaciones en las que la gravedad de las estrellas, dependiendo de su masa e historia, ya no puede ser contrarrestada por nada, y el astro, necesariamente, colapsa. Es decir, situaciones similares a las descritas por la solución de Schwarzschild son posibles dentro del mundo de las estrellas.

En un dominio totalmente diferente, los cuásares fueron descubiertos en los años 1960, y pronto llamó la atención su extraordinaria luminosidad junto con sus tamaños extraordinariamente compactos,[58] lo que implica enormes densidades de energía. Dado que los mecanismos termonucleares que son responsables de la luminosidad de las estrellas tienen eficiencias relativamente bajas, por debajo del 1 %, había que pensar en mecanismos mucho más eficientes para explicar las observaciones. Por otro lado, los peculiares espectros emitidos por el gas circundante ponían de manifiesto que el flujo ionizante no tiene un espectro térmico, como el que pueden proporcionar las estrellas.

Ante esa situación, el astrofísico D. Lynden Bell propuso, por primera vez, que los cuásares contienen un agujero negro muy masivo (mucho más que el producto final de las estrellas masivas, alcanzando incluso los mil millones de masas solares en algunos casos), en cuyo campo gravitatorio la materia se acelera hasta velocidades próximas a la de la luz, radiando la luminosidad que observamos y la que es capaz de ionizar el gas circundante. Ideas y cálculos que han sido verificados por las observaciones y constituyen hoy la base sobre la que se trata de explicar las propiedades de los núcleos activos, de los cuásares (figura III.2).

Recientemente, usando datos de varios telescopios, se ha podido reconstruir la imagen de la zona circundante de dos agujeros negros, en el centro de nuestra Vía Láctea y, anteriormente, en el centro de la galaxia dominante de Virgo, catalogada como M87 (presentada en la figura III.3).

Tenemos que señalar que el análisis del movimiento de las estrellas en la zona central de nuestra galaxia, muy próximas a su centro, puso ya de manifiesto la existencia de un cuerpo muy masivo y compacto, un agujero negro con toda proba-

FIGURA III.2. Galaxia NGC 4151, prototípica de galaxias con un núcleo activo, que se considera que alberga un agujero negro masivo. Se trata de una galaxia próxima, a unos 62 millones de años-luz, por lo que puede apreciarse toda la galaxia. En el centro se aprecia una fuerte concentración luminosa, el núcleo, que incluye un agujero negro central. En el caso de cuásares, astros mucho más masivos y luminosos en general, pero a distancias mucho mayores, la galaxia circundante es apenas o nada distinguible. En todo caso, forman parte de una misma familia, la de galaxias con núcleos activos.

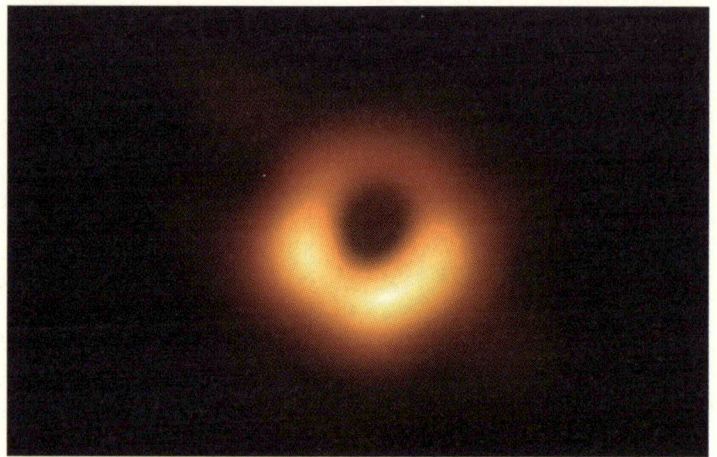

FIGURA III.3. Imagen reconstruida de la zona central, alrededor del agujero negro en la galaxia M87. Es sede de los fenómenos que producen el filamento de radiación mostrado en la figura II.1, a escalas inmensamente mayores. Se aprecia, alrededor de la zona central, oscura, un anillo de gas luminoso, de apenas unos centenares de unidades astronómicas de diámetro, que está cayendo hacia el agujero negro, de una masa de unos 2.000 millones de masas solares. Esa materia circundante emite radiación, por las aceleraciones que sufre en ese entorno, que es lo que se ha detectado.

bilidad. Las órbitas, determinadas tras años de delicadas y precisas medidas, indican que la masa responsable de esos movimientos es muy compacta y elevada, varios millones de masas solares. Ese trabajo fue reconocido con el Premio Nobel de Física de 2020 para R. Grenzel y A. Ghez (cuarta mujer en obtenerlo en toda la historia de los premios), junto con el teórico R. Penrose.

IV
Descubriendo el universo

... Frente a ese universo tan rico, del que nada nos anuncia el límite, ¿cómo es posible que no nos sintamos aplastados? En primer lugar, se debe, sin duda, al hecho de habernos liberado de la opresión que hacíamos pesar sobre nosotros mismos, en el nombre de fantasmas heredados de nuestra propia ignorancia. Aceptamos de mejor grado un mundo que nos ignora que una tiranía que nos ahoga. Pero también se debe, con toda seguridad, a que, al contemplar este mundo, experimentamos una de las mayores alegrías que podamos sentir, la de comprender cada vez más cosas y de sentir como se expande nuestro espíritu a medida que mide y domina cada vez más amplios dominios.

Jean Perrin
Citado por P. Couderc, *op. cit.* (traducción del autor)

El universo que pretendemos estudiar se agranda y se enriquece a medida que la astrofísica y la ciencia progresan. La perspectiva se va creando a medida que los conocimientos se acumulan y se van organizando, por lo que parece obligado, antes de abordar el universo «en su conjunto», presentar y examinar lo que contiene, aquello que, en su sobrevuelo, nuestro pájaro puede constatar y sobre lo que la cosmología se construye.

La contemplación del cielo estrellado es una experiencia inmediata, y el conocimiento progresivo del mismo se fue convirtiendo en uno de los elementos clave para posibilitar grandes avances de la humanidad que requieren la determinación de las principales efemérides astronómicas, hasta el

Renacimiento, que redefine nuestra concepción del mundo y de nosotros mismos.

Siguiendo esa misma inspiración, tras un trayecto de milenios, la búsqueda dentro de nuestro sistema solar y el descubrimiento de planetas alrededor de otras estrellas van asentando las posibilidades de encontrar vida fuera de nuestra Tierra, lo que significaría un nuevo y extraordinario cambio de perspectiva, con enormes consecuencias filosóficas y sociales para la humanidad.

La revolución que alimentan los actuales conocimientos sobre la estructura y el contenido del universo, sin que nada nos anuncie su límite, como decía Jean Perrin, sitúan a la humanidad, una vez más, en el umbral de nuevos logros y ante una nueva apreciación de lo que significa nuestra presencia y condiciones sobre uno de esos innumerables planetas, la Tierra. Los grandes cambios en la historia de la civilización están ligados a, y condicionan, los avances y cambios en nuestro modo de ver el universo.

Estrellas. Movimientos y evolución en el universo

A simple vista, desde la Tierra pueden verse unas seis mil estrellas. Eso es todo lo que la humanidad podía apreciar hasta que Galileo, con su telescopio apuntando hacia la Vía Láctea, percibe por primera vez la inmensidad de ese mundo de estrellas. Una inmensidad que, con los medios entonces disponibles, solo podía atisbar, pero que abrían un nuevo mundo y con el que ya nos hemos familiarizado (figura IV.1).

El Renacimiento abrió el camino de acceso a las estrellas, pero hasta el siglo XIX no se dispuso de vías de aproximación para tratar de entender su naturaleza y su evolución. La aplicación de las técnicas espectroscópicas a la astronomía per-

FIGURA IV.1. Campo estelar de gran densidad, observado por el telescopio espacial Hubble en la Nube de Estrellas de Sagitario, una pequeña región hacia el centro de la Vía Láctea, de baja absorción. Aunque el telescopio de Galileo no era, obviamente, capaz de detectar tantas estrellas, podemos imaginar lo que sintió cuando, por primera vez, lo apuntó hacia la Vía Láctea.

---

mitió poner de relieve dos aspectos esenciales. Por un lado, reveló que las estrellas son cuerpos gaseosos calientes, hechos de los mismos elementos que encontramos en nuestro planeta, aunque en proporciones y condiciones diferentes. Por otro lado, puso de manifiesto que las estrellas se mueven a increíbles velocidades. Frente al firmamento inamovible e incorruptible del mundo prerrenacentista, todo en el universo evoluciona y se mueve.

El efecto Doppler, estudiado y puesto de manifiesto en los laboratorios, describe cómo cambia la longitud de onda de la luz en función de la velocidad relativa entre el emisor y el receptor, disminuyendo cuando se aproximan y aumentando cuando se alejan. Cuando se analiza el espectro de un astro, la comparación de las longitudes de onda de las líneas espectrales observadas, con las que contienen las tablas confeccionadas a partir de datos de laboratorio permite, en primer lugar, identificarlas, es decir, reconocer los átomos o moléculas que las producen. Luego, al comparar las longitudes de onda, se puede determinar su desplazamiento, que, en el caso de las estrellas, se interpreta como debido al movimiento del astro con respecto al observador terrestre. Por convenio, se asigna el signo menos cuando es de aproximación (hacia el azul) y el signo más cuando es de alejamiento (hacia el rojo).

De esta forma pueden medirse los movimientos estelares a lo largo de la línea de mira, es decir, la componente radial de la velocidad. En valor absoluto, pueden llegar hasta los 400 km/s, si bien son raras las estrellas con velocidades superiores a 100 km/s, con la mayoría por debajo de 40 km/s.

Hay que señalar que antes de la aplicación de la espectroscopía ya había constancia del movimiento de algunas estrellas, esta vez sobre la bóveda celeste. Halley comparó las posiciones de algunas estrellas brillantes en su época (medidas recopiladas por Flamsteed) con las catalogadas por Tolomeo unos 1.800 años antes. Los resultados para las estrellas Arturo, Sirio y Aldebarán mostraban que se habían desplazado más de medio grado en ese gran lapso, lo que corresponde a movimientos propios de 1-2 segundos de arco por año. Hoy, esos movimientos propios se han medido para miles de estrellas. El mayor valor registrado corresponde a la estrella de Barnard, en la constelación de Ofiuco (no es visible a simple vista), superior a 10 segundos de arco por año, lo que supone alrededor de un grado cada 350 años.

Las estrellas se mueven, si bien, a pesar de sus enormes velocidades, esos movimientos propios solo pueden ponerse de manifiesto con técnicas sofisticadas y tan solo para algunas de ellas. La razón está en las enormes distancias a las que se encuentran. Distancias que son difíciles de establecer, como luego tendremos ocasión de recordar.

Salvo el caso del Sol, que, por su proximidad, permite determinarla por varios métodos. Una vez obtenida su distancia, fue posible conocer su diámetro, su masa y su luminosidad. Además, a partir del siglo XIX se pudo medir las paralajes de algunas estrellas próximas y, por tanto, sus distancias. La conclusión inmediata es que tienen propiedades similares a las del Sol, aunque con diferencias cuantitativas. De esas primeras constataciones emerge la idea de que las estrellas, entre ellas el Sol, son cuerpos muy masivos, con extraordinarias luminosidades que tan solo sus enormes distancias pueden atenuar a los ojos del observador.

A medida que pudo estudiarse el espectro emitido, se constató que la aproximación de cuerpo negro está justificada para la mayoría de ellas, lo que permite condensar la información en un solo parámetro, la temperatura, para traducir la potencia emitida (luminosidad) y la frecuencia a la que se produce el máximo de la emisión (color).

La información básica sobre las estrellas está condensada en el diagrama HR, que tiene por ejes la luminosidad y un índice de color, elaborado independientemente por Hertzsprung y Russell, a principios del siglo XX. La adecuación de la aproximación de cuerpo negro permitió una estrategia observacional muy eficiente, basada en la fotometría en dos bandas espectrales. La diferencia de luminosidad (de magnitud, en términos astronómicos) entre ambas, que se denomina índice de color, da una buena aproximación de la temperatura.

Usando estrellas con distancias conocidas o, sobre todo, que pertenecen a un mismo cúmulo estelar (lo que evita la necesidad de conocer las distancias, ya que puede suponerse la misma para todas ellas), se pudo poblar esos diagramas HR en poco tiempo. El resultado encontrado fue inesperado, pues los datos no se distribuyen aleatoriamente, sino que se acumulan en zonas bien determinadas, delineando bandas o secuencias. Como es bien conocido, se distingue la secuencia principal, la más poblada de todas, así como la zona ocupada por las gigantes rojas, la de las enanas blancas, la rama horizontal o la secuencia de las estrellas supergigantes, cubriendo un enorme rango de luminosidades y de índices de color o temperaturas. El diagrama HR constituye la huella observacional de los caminos evolutivos de las estrellas, y su comprensión, a través de la naciente teoría de la evolución estelar, acabaría por producir una de las cimas del conocimiento humano.

Producción de energía en las estrellas

Dadas sus enormes masas, es inmediato suponer que la gravedad debe jugar un papel esencial en el funcionamiento y la evolución de las estrellas. Para comenzar, la contracción que produce provoca un aumento de la temperatura, con el consiguiente aumento de la energía radiada. Helmholtz, a mediados del siglo XIX, propuso ese mecanismo para explicar la luminosidad de las estrellas. Argumento que fue luego retomado y refinado por Thompson (lord Kelvin), por lo que se conoce como mecanismo de Kelvin-Helmholtz. Parecía posible generar la cantidad de energía que emiten las estrellas, pero ¿por cuánto tiempo?

Kelvin, tomando en cuenta la presión que ejerce la radiación producida, que se contrapone al colapso, estimó la duración del proceso, para una estrella como el Sol, en unos treinta millones de años. Los resultados que pronto producirían las dataciones basadas en la radiactividad natural daban para la vida de la Tierra valores mucho más altos, lo que descartaba la propuesta de Kelvin-Helmholtz. En cualquier caso, aun siendo insuficiente, ese mecanismo debía estar presente y formar parte, como veremos que así es, de la explicación del funcionamiento de las estrellas.

La solución apropiada la iba a aportar la nueva física, nacida casi con el siglo XX, aunque no sin sobresaltos. Los experimentos estaban desvelando varios aspectos fundamentales de la materia: los átomos se componen de un minúsculo núcleo, formado por protones y neutrones, rodeado por electrones que orbitan a su alrededor; por otro lado, todas las partículas tienen una naturaleza dual onda-corpúsculo y existen las antipartículas. Y, sobre todo, materia y energía son equivalentes. De modo que la masa no solo actúa como creadora de gravedad, capaz de contraer los cuerpos y calentarlos como en el mecanismo de Kelvin-Helmholtz, sino también como una nueva y extraordinaria fuente de energía, pues 1 gramo de materia equivale a casi 25 millones de kilovatios hora.

Un simple cálculo permite darse cuenta de que, para producir la luminosidad del Sol, bastaría con convertir una pequeñísima fracción de materia en energía cada segundo. Dada su masa, es sencillo mostrar que el Sol podría brillar por miles de millones de años. De esa forma quedaba identificado el elemento clave para llegar a comprender cómo funcionan las estrellas, más allá de la contracción gravitatoria: la conversión de materia en energía. Quedaba por establecer cómo eso era posible y cuáles son los procesos específicos que se dan en las estrellas.

Científicos como J. Perrin o A. Eddington propusieron en 1919, de forma independiente, que la fusión de núcleos podría ser ese mecanismo, convirtiendo en energía la diferencia de masa entre los sistemas inicial y final. Mecanismo que, además, permitiría explicar la síntesis de los diferentes elementos y la riqueza química del universo. Una simple operación aritmética permite establecer la viabilidad del proceso propuesto. En el caso de la fusión de núcleos de hidrógeno para formar helio, la diferencia de masa entre los estados inicial (4 núcleos de hidrógeno) y el final (1 núcleo de helio) equivale al 0,7 % de la masa inicial, que se convierte (por cada fusión) en una energía de $4,3 \times 10^{-5}$ ergios.

La fusión exige aproximar núcleos (protones en el caso del hidrógeno), en contra de la repulsión eléctrica que se ejerce entre dos cargas del mismo signo. La ley de Coulomb nos dice que esa repulsión crece muy rápidamente cuando se trata de aproximarlas. Es como si hubiese, finalmente, una barrera, denominada de Coulomb, que pone límite a la aproximación entre dos núcleos. Ahora bien, a pesar de esa barrera, los protones son capaces de agruparse en el núcleo atómico, en un volumen pequeñísimo. Lo que solo puede explicarse si existe una fuerza atractiva que, a esa escala de los núcleos, se sobrepone a la repulsión coulombiana. Esa nueva fuerza, llamada *nuclear* o *interacción fuerte*, responsable de la estabilidad de los núcleos atómicos, actúa solo a distancias muy cortas y se desvanece a escalas mayores que la de los núcleos. De modo que para poder fusionar dos núcleos será necesario aproximarlos hasta que las fuerzas nucleares entren en juego y se superpongan a la repulsión electromagnética.

Para llegar a esa situación, Eddington propuso que, dadas las altas temperaturas que hay en las zonas centrales de las estrellas, por efecto de la contracción gravitatoria, la energía cinética de los núcleos también es muy alta y las velocidades correspondientes podrían bastar para que puedan producir la aproximación deseada entre núcleos. Sin embargo, los cálculos muestran que las velocidades típicas son muy inferiores a las necesarias, y ni las más extremas le permiten traspasar aquella barrera. Había que seguir buscando.

La respuesta iba a proporcionarla la nueva teoría de la constitución última de la materia, la mecánica cuántica. La clave es el llamado *efecto túnel*. La dualidad onda-corpúsculo implica, entre otras cosas, que la probabilidad de que una partícula esté en una posición determinada tiene un valor entre 0 y 1, pero nunca exactamente 0 (no está) o 1 (está). De modo que, en el caso que nos ocupa, hay una opción de que uno de los núcleos, aún sin tener la energía suficiente para traspasarla, se encuentre, sin embargo, al otro lado de la barrera de Coulomb, donde dominan las fuerzas nucleares. Lo que, obviamente, está estrictamente prohibido por las leyes de la mecánica clásica, pero que es posible, aunque con muy baja probabilidad, en mecánica cuántica. A pesar de ello, dado el extraordinario número de protones presentes en las zonas centrales de las estrellas, las fusiones son posibles, y la estrella empieza a generar la energía suficiente para detener la contracción gravitatoria. Una vez comenzado el proceso nuclear, se mantiene y se propaga. Esto es lo que propuso Gamow, y que los físicos Atkinson y Houtermans, en 1929, demostraron, mediante cálculos, que podía ocurrir en el interior de las estrellas.

Señalemos que es condición previa y necesaria, para que la fusión pueda darse, que la temperatura central de la estrella alcance un cierto valor, para que el efecto túnel pueda empezar a ser eficiente. El mecanismo no funciona «en frío» y, si el cuerpo en contracción no tiene la masa suficiente para que se alcance la temperatura mínima necesaria, no comenzarán las reacciones termonucleares y la estrella no nacerá. De modo que las llamadas enanas marrones (que no son capaces de fusionar el hidrógeno, si bien pueden llegan a fusionar elementos como deuterio o litio) o los planetas, son, en ese sentido, estrellas frustradas. El límite de masa que separa las estrellas de las que no lograron serlo, es 0,08 masas solares o unas setenta veces la masa de Júpiter.

Establecida la posibilidad, pronto se encontraron los mecanismos específicos de fusión del hidrógeno. El primero, propuesto por Hans Bethe y Carl von Weizsäcker en 1938, el ciclo CNO, necesita la presencia de carbono, nitrógeno y oxígeno, a su vez productos de la evolución estelar, como catalizadores, por lo que no puede darse en estrellas de primera generación (hechas solo de H y He). Además, dado que intervienen núcleos más complejos que el hidrógeno, con mayores cargas eléctricas, la barrera coulombiana es mayor, y se necesitan temperaturas centrales superiores para que pueda ser superada, por lo que, como hoy sabemos, solo es operativo en estrellas con masas superiores a 1,5 veces la del Sol. En cambio, la cadena protón-protón, propuesta años más tarde por el mismo Bethe y colaboradores, no necesita de catalizadores, por lo que puede operar en la primera generación de estrellas y, dado que solo involucra núcleos de hidrógeno, puede darse en estrellas con masas inferiores a 1,5 masas solares.

Se va confirmando que la masa de una estrella juega un papel determinante en su evolución. Proceso, por otra parte, muy complejo, que pasa por diferentes etapas, que corresponden, cada una, a delicados equilibrios dinámicos. En cada una de ellas, la atracción gravitatoria es, temporalmente, contrarrestada por la presión producida por la energía y radiación generadas a través de reacciones termonucleares.

Tras el proceso de formación a partir de una nube interestelar difusa en rotación y tras un breve trayecto evolutivo inicial, el nuevo astro se localiza en la secuencia principal, en el lugar que corresponde a su luminosidad y temperatura (es decir, básicamente, su masa). En ella va a permanecer la mayor parte de su existencia, que corresponde a la combustión nuclear del hidrógeno. En el caso del Sol, el tiempo en la secuencia principal será de unos 9.000 millones de años, de los que lleva consumidos alrededor de la mitad.

A medida que empieza a escasear el hidrógeno, la energía producida ya no es suficiente para detener la contracción gravitatoria, que vuelve a imponerse, con el consiguiente calentamiento de las zonas centrales. En principio cabría esperar que la temperatura aumente hasta el valor que hace posible la fusión del helio, y así sucesivamente. Pero, como muestran los datos, eso solo ocurre si la masa es suficientemente grande. ¿Cómo es esto posible, si el cese de una de las fases de los procesos termonucleares conlleva la contracción de la estrella, que debería aumentar la temperatura hasta que la siguiente fase se inicie? ¿Por qué el proceso termonuclear se detiene, cuando la masa es inferior a cierto límite, sin haber recorrido todas las etapas? La respuesta la proporciona otro fenómeno de naturaleza cuántica, llamado *degeneración fermiónica*, que afecta a todas las partículas de espín ½ o fermiones, en particular electrones, protones y neutrones.

El principio de exclusión de Pauli establece que dos fermiones no pueden ocupar el mismo estado cuántico (energía, posición, espín), de modo que, una vez ocupado, los otros electrones se ven forzados a «emigrar» a otros estados que estén sin ocupar. Dado que los niveles de menor energía son los primeros en ocuparse, los demás electrones tendrán que ir a niveles más elevados, lo que significa mayor energía y, por tanto, mayor velocidad, que se traduce en una mayor presión. Esta presión, llamada de degeneración, es la que puede llegar a ser dominante y detener la contracción de una estrella por largos períodos de tiempo, evitando que la temperatura llegue a alcanzar el valor suficiente para pasar a la siguiente fase termonuclear.

La efectividad del mecanismo está limitada por el hecho de que ninguna partícula puede superar la velocidad de la luz, lo que pone una cota máxima a la presión de degeneración. Lo que se traduce, a su vez, en un límite a la masa estelar cuya contracción puede ser detenida. En el caso de que se trate de electrones, ese límite, llamado de Chandrasekhar, es de 1,44 masas solares. Cuando se trata de neutrones, ese límite es de algo más de 2 masas solares, y se conoce como límite de Tolman-Oppenheimer-Volkoff. Por encima de esos valores, la contracción no puede ser detenida.

En resumen, esquematizando las principales enseñanzas de la teoría de la evolución estelar, estas son las trayectorias evolutivas de las estrellas según su masa:

- **Las estrellas de baja masa,** hasta 0,5 solar, consumen lentamente el hidrógeno, produciendo helio. Dado que su masa está por debajo del límite de Chandrasekhar, la presión de degeneración electrónica detiene la contracción cuando se va agotando el hidrógeno. El resultado es una enana blanca de helio que se va enfriando muy lentamente. Son las estrellas más longevas, aún con la mayor parte de sus vidas por delante.

- **Las estrellas de masa intermedia**, entre 0,5 y 8 veces la solar, al acabar su etapa de secuencia principal, tienen un parte central de helio, producto de la fusión del hidrógeno, que está rodeada por una delgada capa de hidrógeno residual que sigue fusionando. Esa doble combustión, del helio en la parte central y del hidrógeno restante en el anillo circundante, produce inestabilidades o pulsos que provocan la expansión de las capas exteriores. La estrella empieza a abandonar la secuencia principal y evoluciona rápidamente hacia la zona de las gigantes, hasta que una gran parte de la masa es expulsada y se forma una nebulosa planetaria. El núcleo, de masa muy inferior a la de la estrella inicialmente, en el que se produce la combustión del helio, se contrae hasta que la presión de degeneración electrónica domina y acaba como una enana blanca de color muy azul, compuesta básicamente de carbono y oxígeno, productos de la fusión del helio.

- **Las estrellas de gran masa**, por encima de 8-10 masas solares, consumen muy rápidamente el hidrógeno. Dado que, por su masa, la presión de degeneración electrónica no es capaz de detener la contracción, la temperatura aumenta hasta que, al alcanzar 100 millones de grados, comienza la fusión del helio, lo que supone una etapa de estabilidad, mientras haya helio. El mismo esquema se repite, empezando la fusión del carbono cuando se alcanzan 600 millones de grados, sintetizándose neón, silicio y magnesio. Luego, el neón será el combustible a partir de 1.200 millones de grados, con producción de oxígeno, magnesio y diferentes isótopos; por encima de los 1.500 millones de grados, el oxígeno fusiona y se produce silicio, fósforo y azufre. Siguiendo en esa progresión de temperaturas, puede llegar a fusionar el silicio, con producción de hierro y núcleos de su entorno en la tabla periódica. Este es el final de la cadena de fases termonucleares posibles, puesto que los núcleos de hierro están fuertemente ligados y el proceso ya no puede seguir. Toda una vorágine de fases cada vez más cortas y energéticas (las últimas, de apenas unas horas), que van a acabar con la muerte de la estrella.

En última instancia, se produce la fotodesintegración del hierro, un proceso que requiere aporte de energía (fotones de muy alta frecuencia), lo que hace que la contracción se desboque, colapsando toda la masa, en tan solo un segundo, hasta densidades nucleares. Si la masa de ese núcleo colapsado no supera el límite de Tolman-Oppenheimer-Volkoff, se forma una estrella de neutrones o púlsar (contracción de *pulsating star*), con alrededor de dos masas solares en una esfera de unos kilómetros de diámetro. El resto de la estrella es expulsada, por efecto rebote, al medio interestelar, produciendo una enorme y súbita liberación de energía y, por tanto, un aumento extraordinario de la luminosidad. Se trata de una supernova. Pero, si la masa central supera ese límite, la presión de degeneración de los neutrones no es capaz de detener la implosión, formándose un agujero negro. Se estima que todas las estrellas con masa (antes de explotar) superior a unas veinte masas solares, acaban con un agujero negro como residuo ligado.

En el caso de que una estrella tenga una compañera muy próxima, la evolución puede verse alterada por el posible intercambio de masa. Las novas son ilustraciones de estos fenómenos, aunque el caso más extremo es el que da lugar a las supernovas de tipo Ia, en las que la progenitora es una estrella binaria, con una enana blanca (de carbono-oxígeno, es decir, con un progenitor de masa intermedia), capaz de capturar masa de su compañera, acercándose al límite de Chandrasekhar. En estas condiciones, se produce la combustión nuclear que se propaga rápidamente por toda la estrella, como una deflagración que involucra a todo el astro y que provoca una extraordinaria explosión. Su alta luminosidad intrínseca permite usarlas como calibradores hasta enormes distancias, por lo que se han constituido en uno de los pilares observacionales de la astrofísica extragaláctica y la cosmología.

La teoría de la evolución estelar nos enseña que las estrellas están en la base de la diversidad química en el universo. Las abundancias relativas de los diferentes elementos, hasta el hierro, quedan establecidas por su evolución y sus recorridos termonucleares. Más allá del hierro, son las supernovas las que nos muestran cómo esos elementos más pesados se sintetizan. Aunque, al final, su importancia relativa en el balance del contenido del universo sea minoritaria, el universo debe su riqueza y variedad a las estrellas.

Medidas de distancias en astronomía

Medir distancias es una de las tareas básicas en astronomía, pues permite situar los astros en el espacio tridimensional y, además, fija los tamaños relativos de los astros extensos y los sistemas, al permitir pasar de distancias angulares, proyectadas sobre la bóveda celeste, que pueden ser medidas con relativa facilidad, a tamaños físicos.

La determinación de distancias es una tarea fundamental tanto para la astrofísica como para la cosmología. Recordemos que, en el marco de la RG, están radicalmente asociadas a la geometría, en tanto que consecuencia directa de la métrica de un determinado espaciotiempo. A través de ellas, la teoría de la gravedad permite hacerlas corresponder con el contenido energético-material del universo, y por tanto conduce a la cosmología. La determinación de distancias, su mejora y progreso, sigue siendo tema capital en nuestra disciplina.

A lo largo de los años, se han propuesto diferentes métodos, con distintos rangos de aplicación. En general, reposan sobre comparaciones y calibraciones, sujetas a incertidumbres y, peor aún, a sesgos generados por la necesidad de corregir espurios o por el desconocimiento de algunos de los fenómenos que configuran cada indicador. Los errores de medida pueden disminuir el grado de certidumbre, pero los sesgos vician las conclusiones y conducen a errores no recuperables. Los primeros alcanzan precisiones de algunos por ciento, mientras que los segundos son muy difíciles de controlar.

Se trata, en efecto, de uno de los capítulos más difíciles. P. Hodge escribía, en su revisión de 1981 sobre la escala de distancias, «La determinación de las distancias extragalácticas, como muchos de los problemas que ocupan a los astrónomos, es, esencialmente, una tarea imposible».[59] Queremos entender esas palabras más como un elogio a los astrónomos, por los esfuerzos que son necesarios para obtener datos básicos y fundamentales, que como una constatación que significaría la parálisis de la astronomía. Bien es verdad que, a la vista de las incertidumbres y, sobre todo, de los sesgos que están presentes, a pesar de los innegables avances, es muy difícil establecer distancias con el alto grado de certeza que se pretende.

La luminosidad es un ingrediente básico en los indicadores de distancia. Pero su determinación está sujeta a incertidumbres, relacionadas, en particular, con los procesos de absorción que sufre la luz a lo largo de su trayectoria hasta el observador. En puridad, sería necesario una corrección específica para cada astro, lo que necesita un conocimiento muy detallado del sistema de origen y de nuestra galaxia. Conocimiento del que no se dispone con el grado de detalle y precisión necesario. El problema puede minimizarse usando datos en las bandas rojas o infrarrojas, en las que esa absorción es menos importante, pero las incertidumbres permanecen y pueden ser determinantes cuando se pretende obtener datos muy precisos.

También hay sesgos en su determinación, que son fuente de errores sistemáticos. Nos referimos al ubicuo e inevitable sesgo de Malmquist, definido por su autor en 1920, relacionado con la existencia de un límite de detección. Es evidente que la luminosidad de un cierto tipo de astro deja de ser detectable a partir de cierta distancia. Si se trata de una familia de astros, de diferentes luminosidades, al aumentar la distancia será menor el número de miembros de esa familia que son detectados, tan solo los más brillantes de la misma, produciendo la impresión de que la familia se hace menos numerosa y más brillante con la distancia. Así, por ejemplo, para un límite de detección dado, a la distancia de 20 Mpc se obtienen datos para objetos que son 3,5 magnitudes más débiles que los que se detectan a 100 Mpc, lo que hace muy difícil una correcta comparación de las distribuciones de luminosidad a diferentes distancias. Los sesgos que pueden ser introducidos por esta vía están bien ilustrados en la literatura astronómica.

Las revisiones de distancias y escalas a lo largo del desarrollo de la astrofísica en los últimos sesenta años, por no ir más lejos, imponen un cierto grado de prudencia. Pero, desde el lado optimista, el camino que se ha ido trazando no es errático, sino que parece de progreso y convergencia. Así, mientras no hace muchos años se discutía por un factor 2 en la escala de distancias, hoy se discute por 10 % y aún menos. La literatura profesional está llena de artículos, contribuciones y discusiones sobre los diferentes métodos y sus resultados, en la búsqueda constante no solo por reducir los errores de medida, sino, sobre todo, por identificar los posibles sesgos y tratar de controlarlos. Para lo que se requiere un conocimiento exhaustivo de los procesos que intervienen en los indicadores de distancia y que son responsables de la existencia de patrones que permiten su uso como calibradores.

En los párrafos que siguen presentamos muy brevemente los más relevantes indicadores de distancia, tratando de poner algún énfasis en las incertidumbres que conllevan. Queremos comenzar con las paralajes pues son el único método que permite medir, en el sentido estricto de la palabra, distancias. Todos los demás tan solo permiten estimarlas, tomando a fin de cuentas las paralajes como punto de anclaje y calibración.

Se llama paralaje de un objeto a la diferencia de su posición relativa con respecto a un fondo lejano (fijo), cuando se observa desde dos emplazamientos diferentes. Conocida la distancia entre esas dos localizaciones, la distancia angular entre las dos posiciones del objeto permite, por simple triangulación, medir su distancia. Para ilustrar, digamos que, tomando como referencia la distancia entre los dos ojos, unos 6,2 cm, si la posición del objeto ha cambiado en 1 segundo de arco cuando lo miramos con uno u otro, podemos concluir que se halla a unos 12 km.

Para medir las paralajes de objetos más y más lejanos se necesitarán bases cada vez mayores. Para la Luna o el Sol o algún planeta, el diámetro de la Tierra puede ser apropiado, y ese es el modo en que se determinaron sus distancias, estableciendo la escala del sistema solar. Pero para medir las distancias a las estrellas, hace falta una base mucho mayor, la mayor disponible: la distancia media Tierra-Sol, llamada Unidad Astronómica o UA. Actualmente, esa unidad se conoce con gran precisión, resultando 1 UA = 149,5978707 millones de km (que suele redondearse a 150 millones), con una precisión de 1 km (por cierto, la incertidumbre está dominada por el error en la medida de c), que corresponde a 499,00479248 segundos-luz (redondeados a 500 segundos-luz).

Para medir paralajes, se comparan observaciones separadas por unos 6 meses, cuando la Tierra ocupa dos posiciones opuestas en su órbita alrededor del Sol. La diferencia en las posiciones de una estrella es su paralaje. La distancia a la que tiene que estar una estrella para que su paralaje sea de 1 segundo de arco, es decir, para que el semieje de la órbita terrestre subtienda un ángulo de 1 segundo de arco, es de unos 103 millones de segundos-luz, es decir, 3,26 años-luz. Esa es la definición de *parsec* (abreviado pc[60]). La estrella Próxima Centauri está a 4,20 años-luz, de modo que su paralaje es de tan solo 0,78 segundos de arco. Se comprende que Hiparco, con una precisión de apenas algunos minutos de arco, no pudiese detectar o medir la paralaje de ninguna estrella y que hubiera que esperar al siglo XIX a que las primeras paralajes, de tan solo unas décimas de segundo de arco, fueran medidas y, con ellas, establecidas las primeras distancias a estrellas.

Las paralajes son el anclaje básico de la escala de distancias astronómicas y, por lo tanto, de la determinación de parámetros intrínsecos y escalas. Razón por la que cabe destacar la importancia de la estrategia de la Agencia Espacial Europea, con dos misiones dedicadas a medir, fuera de la influencia negativa de la atmósfera, paralajes cada vez más pequeñas y con mayor precisión, que han tenido enorme transcendencia en el desarrollo de toda la astrofísica. La primera, HIPPARCOS, lanzada en 1989 y que operó hasta 1993, tenía capacidad para medir paralajes hasta unos 150 pc, midiendo la distancia para 2,5 millones de estrellas. La misión GAIA, lanzada en 2013, es capaz de explorar con precisión hasta 20 kpc, que marca el límite al que pueden llegar las medidas directas de distancias. Más allá, hay que recurrir a los indicadores.

Admitidos los principios de unicidad de la materia y de las leyes físicas, es razonable admitir también que los astros cuyas propiedades observadas son similares u obedecen a un mismo patrón son intrínsecamente similares. Hipótesis que, aunque razonable, debe ser analizada y verificada. Al final, la calidad de cada indicador está relacionada con el grado de comprensión de los fenómenos por los que una familia de astros puede convertirse en indicador de distancia.

Los indicadores suelen combinar la luminosidad, que depende de la distancia, con algún otro parámetro que no varíe con ella. De modo que, cuando se comparan indicadores situados en diferentes regiones o sistemas, las diferencias observadas en sus magnitudes reflejan directamente sus diferentes distancias al observador.[61]

El indicador más usado históricamente es el que proporcionan las estrellas cefeidas, que toman su nombre de la primera de ellas en ser caracterizada, δ Cephei. Se trata de una familia de estrellas que se encuentran en una fase evolutiva de corta duración, cuando el hidrógeno se va agotando y abandonan la secuencia principal. Los reajustes internos que se están produciendo se traducen en pulsos regulares de luminosidad.[62] Es precisamente la relación establecida entre el período (P) de esos cambios y la luminosidad (L), llamada relación P-L, el patrón que las convierte en indicadores de distancia.

El rango de luminosidades de esa familia es amplio, llegando las más brillantes a ser hasta 30.000 veces más luminosas que el Sol, lo que las hace observables a considerables distancias. La relación P-L fue descubierta por Henrietta Leavitt en 1912, estudiando una muestra de 25 cefeidas descubiertas en la Nube Pequeña de Magallanes (por lo tanto, todas a aproximadamente la misma distancia), al constatar, por un lado, la regularidad de las variaciones y, por otro, que las más brillantes presentan períodos de variación más largos.

Para poder comparar distancias de sistemas diferentes es necesario determinar las luminosidades intrínsecas de una muestra de cefeidas y calibrar así esa relación, lo que exige determinar sus distancias. Afortunadamente, algunas de ellas caen dentro del rango de aplicación del método de paralajes, lo que ha permitido que, además de las pocas con medidas desde tierra, HIPPARCOS pudiera aportar distancias para 247 cefeidas, siendo millares las medidas con GAIA. La calibración de las cefeidas está, por lo tanto, muy bien asentada y tiene la solidez de una calibración primaria, constituyendo el primer escalón de la «escalera cósmica».

Acabamos de recordar que las cefeidas forman una familia con una amplia distribución de luminosidades (rango de unas 4 magnitudes) y, además, para medir los períodos, que van desde una fracción de día a decenas de días, es necesario observarlas tanto en el máximo como en el mínimo, lo que puede suponer un rango de variación de luminosidad de hasta dos magnitudes. Quiere decirse que para una correcta determinación de la distancia es necesario observar varias cefeidas en un sistema dado y, sobre todo, cubrir un amplio rango de magnitudes y amplia base temporal, para medir bien los períodos y controlar el mencionado sesgo de Malmquist.

Existen, potencialmente, otros sesgos a controlar. El análisis de los ajustes de la relación P-L a los datos que se van obteniendo ha permitido constatar que los residuos que se observan, es decir, la separación de los valores observados para cada estrella con respecto a la relación ajustada, no parecen aleatorios, sino que presentan un cierto patrón. Lo que indicaría que interviene un tercer parámetro, que se ha identificado con la metalicidad.[63] De modo que, para aumentar la precisión, se requiere conocer las diferencias en metalicidad no solo entre los sistemas que albergan las cefeidas, sino dentro de un mismo sistema, para controlar esos efectos. Este problema puede paliarse significativamente cuando se usan datos en las bandas en el rojo e infrarrojo, donde esos efectos son menos fuertes, pero, en cualquier caso, puede suponer del orden del 10 % de error cuando se traslada a la distancia.

En cuanto a su rango de aplicación, las cefeidas permiten calibrar distancias hasta alrededor de dos decenas de Mpc, apenas el paso inicial en el largo camino hacia la cosmología. Además, si recordamos que son estrellas de población I, ausentes en galaxias esferoidales, su aplicación queda reducida a las galaxias espirales o regiones de formación estelar reciente en nuestra galaxia. De ahí que fuera necesario un segundo método, de rango no muy diferente y similar precisión para estimar distancias a las galaxias elípticas, del que hablaremos enseguida.

Como ilustración del uso de las cefeidas, señalemos que, con el telescopio Hubble, ha sido posible detectar y medir 60 cefeidas en una lejana galaxia espiral, M100, resultando un valor de su distancia de 17,1 Mpc, con un 10 % de error. Un magnífico resultado, aunque ese error típico, de 1,71 Mpc, equivale a dos tercios de la distancia entre la Vía Láctea y Andrómeda, recordándonos que, aun tratándose de los mejores datos posibles, las incertidumbres son significativas. Por otro lado, posteriores reanálisis de esos mismos datos dan una distancia a M100 de 20 Mpc, casi un 17 % superior al valor anterior. La dificultad de medir distancias emerge y se manifiesta continuamente.

Un segundo método de alta fiabilidad es el que proporciona la distribución de luminosidad de las estrellas de la rama de gigantes, con un pico característico (*tip*) muy bien definido en el infrarrojo, cuya causa física es un hito preciso en la evolución de las estrellas de masa inferior a 1,8 veces la del Sol. En concreto, corresponde al inicio de la fusión del helio, lo que se conoce como *flash* de helio. Esa magnitud ha sido calibrada cuidadosamente y resulta ser similar a la de las cefeidas típicas, por lo que ambos métodos tienen rangos de aplicación similares.

Baade ya había documentado que las estrellas rojas más brillantes (gigantes) de la galaxia de Andrómeda tenían brillos similares. Sandage, en 1972, definió el «Tip of the Red

189

Giant Branch», abreviado TRGB, y lo propuso y utilizó como indicador de distancia. La calibración se hizo a partir del análisis fotométrico de cúmulos globulares, cuyas distancias fueron, a su vez, determinadas usando estrellas de tipo RR Lyrae.[64] Las ventajas que presenta este método es que la magnitud absoluta del pico no depende ni de la metalicidad ni de la edad de las estrellas. Además, al tratarse de estrellas de Población II, son aplicables tanto a galaxias elípticas como a bulbos de galaxias con disco.

También hay calibradores que no están basados en estrellas sino en ciertas características de las galaxias. Entre ellos, la relación de Tully y Fisher,[65] que relaciona la luminosidad de la galaxia con la velocidad de rotación global (que es independiente de la distancia), es decir, la que se mide cuando la curva de rotación se hace plana. La relación empírica establece una muy buena correlación entre la luminosidad, en particular la que corresponde al infrarrojo próximo (menos sensible a la absorción y más sensible a la masa total de la galaxia) y la cuarta potencia de esa velocidad máxima de rotación. Se puede utilizar hasta distancias de, al menos, 100 Mpc.

Para su calibración, es necesario conocer las distancias a varias de las galaxias. Esas galaxias calibradoras tienen las distancias determinadas a partir de cefeidas, con lo cual este indicador se ancla a ese tipo de estrellas y, a través de ellas, con la consiguiente propagación de errores, en las paralajes.

El análogo a la relación de Tully-Fisher para el caso de galaxias esferoidales, cuya dinámica no está dominada por rotación, es la Faber-Jackson, que relaciona la luminosidad con la dispersión de velocidades. Para calibrar esta relación, por las razones explicadas, se usa el indicador TRGB.

Ninguno de esos indicadores va más allá de unas decenas de Mpc, 100 Mpc a lo sumo. El único que permite superar esa barrera es el que proporcionan las SNIa. Se trata, como hemos indicado, de un tipo particular de supernovas cuyas curvas de luminosidad, una vez «normalizadas», las convierten en candelas estándar. La calibración absoluta se lleva a cabo a partir de las SNIa que se han producido en galaxias próximas cuyas distancias puedan ser calibradas por métodos clásicos, ya sea usando cefeidas o el TRGB.

Su extraordinario brillo en el máximo, que las hace detectables a grandes distancias, las convierte en el único indicador utilizable más allá de un centenar de Mpc. Son faros en el universo lejano, lo que justifica ampliamente los esfuerzos sistemáticos que se realizan, con programas dedicados para patrullar constantemente el cielo y facilitar la detección de esos eventos y su caracterización. Recordemos que, como es bien conocido, la detección de la aceleración de la expansión se hizo tras el análisis de la relación entre distancia y desplazamiento hacia el rojo para galaxias en las que se han detectado SNIa.

Galaxias. La escala del universo

Galileo, con sus primeras observaciones telescópicas, estableció la existencia de un sistema, nuestra galaxia, que comprende todas las estrellas que se podía observar. Sistema que será el universo de los científicos hasta que pueda demostrarse, 300 años más tarde, que la nuestra no es la única galaxia. La existencia de astros extensos es manifiesta (recordemos que la nebulosa de Andrómeda en el hemisferio norte, o las Nubes de Magallanes en el sur, se aprecian a simple vista), si bien la primera mención escrita conocida se debe al astrónomo persa A. Al Sufi (siglo x), que recoge algunos en su catálogo.

Con la ayuda de los primeros telescopios fue rápidamente aumentando el número de esos astros extensos conocidos, que pasaron a llamarse, de manera genérica, nebulosas o cúmulos globulares (que eran repertoriados conjuntamente). A partir del siglo XVIII se confeccionaron los primeros catálogos, desde el circunstancial de Messier (que pretendía evitar su confusión con cometas, su verdadero objetivo), hasta los de William Herschel y Carolina Herschel (cuyo nombre no figura como coautora). Trabajo que fue extendido décadas más tarde por John Herschel y completado por J. E. L. Dreyer, que lo tituló *New General Catalogue of Nebulae and Clusters of Stars* (publicado en 1888), suplementados con los *Index Catalogues* (publicados en 1895 y 1908, respectivamente). Las iniciales NGC o IC, que se anteponen al número del catálogo para dar nombre a las galaxias incluidas, hacen referencia a esos catálogos. En total, incluyen casi 13.000 entradas.

Ese era el mundo de los astros extensos, nebulosas y cúmulos estelares, hasta mediados del siglo XIX. A partir de finales del mismo siglo su estudio conoció un gran desarrollo, se conocieron sus propiedades básicas y se estableció que muchas de esas nebulosas son galaxias, los ladrillos, como entonces se decía, con los que está hecho un universo que se estaba revelando inmenso.

Bajo el nombre de *nebulosas* se encerraba un grupo variado de astros que el análisis espectroscópico, iniciado por la pareja Huygings, empezó a desvelar. Algunas presentan espectros muy débiles, con un continuo en el que se atisbaban líneas en absorción, y que se denominaban *blancas*, mientras que otras tienen espectros dominados por intensas líneas en emisión, las llamadas *verdes*, que, como luego se reveló, son en su mayoría nebulosas planetarias. Las blancas, difíciles de observar por su bajo brillo superficial, planteaban serios interrogantes que los incipientes datos aún no podían desvelar. Un aspecto revelador de esta familia de nebulosas, no siempre enfatizado adecuadamente, era su total ausencia en las zonas del cielo cubiertas por el disco de nuestra galaxia (lo que no ocurría con las demás), como si fueran astros que se sitúan más allá y no pertenecen a ella.

Empieza a despuntar la idea de que se trate de otras galaxias, como se había conjeturado desde posiciones filosóficas, lo que supondría que el universo es inmenso en todas las direcciones y la nuestra no sería sino una más de una incontable multitud de sistemas similares.

Ese era el fondo del conocido *Gran Debate*, celebrado en 1920 en el Museo de Historia Natural, Smithsonian, de Washington, y recogido en un famoso artículo de 1921[66] por los dos principales protagonistas: ¿Cuál es la escala del universo? A la apuntada distribución particular de las nebulosas blancas sobre el cielo empezaban a sumarse consideraciones derivadas de las medidas de los valores del desplazamiento espectral. Interpretados inicialmente como debidos a las velocidades propias de las nebulosas, por mor del efecto Doppler, pronto hubo que rechazar esa idea al constatar que no solo la gran mayoría de esos desplazamientos son hacia el rojo, sino que sus valores implicarían velocidades muy superiores a las que mostraban estrellas y otras nebulosas de nuestra galaxia.

La idea de una sola galaxia era sostenida por eminentes astrónomos, en base a variados argumentos. Para asentar su posición, además de los argumentos esgrimidos en el debate, propusieron nuevas medidas que podrían reforzarla. Entre estos, queremos destacar, por su significado y enseñanzas, el intento de medir directamente la rotación angular de las nebulosas espirales. En efecto, si estuviesen dentro de nuestra galaxia (es decir, a distancia no muy grande), sería admisible que sus períodos de rotación fuesen suficientemente cortos como para que fuese detectable el desplazamiento angular, sobre la bóveda celeste, de grupos de estrellas o de los mismos brazos espirales, en relativamente breves períodos de tiempo.

Con este propósito, A. van Maanen comparó imágenes fotográficas, tomadas con algunos años de diferencia, de las nebulosas M33,[67] M51, M63, M81, M94, M101 y NGC2403. Los resultados publicados relatan la detección de los esperados desplazamientos, dando períodos de rotación de decenas de miles de años, lo que situaba esas nebulosas a distancias cercanas. Lo que era frontalmente contrario a los datos y evidencias que se estaban acumulando a favor de la hipótesis extragaláctica.

Era un inquietante resultado, por lo que, incluso años después de que se determinasen las distancias a varias de ellas y se demostrase su carácter extragaláctico, el propio Hubble, en 1935, realizó nuevas observaciones y animó a que otros astrónomos también las hicieran para demostrar, de manera fiable, que no se detectaban movimientos propios y que, por lo tanto, las conclusiones de Van Maanen no eran correctas, sino producto de artefactos producidos por diferentes factores del proceso de observación y medida, que no fueron considerados adecuadamente. Podría pensarse que, a la altura de 1935, ya no era necesario preocuparse por un resultado como el de Van Maanen, pero no se podía dejar ningún aspecto por explicar y comprender, pues lo que estaba en juego, la existencia de las galaxias y la escala del universo, era central para el desarrollo de la ciencia.

La medida de las distancias a algunas nebulosas blancas es, como casi todo proceso de descubrimiento, un largo recorrido de hallazgos parciales y antecedentes, hasta que la evidencia es inapelable. El objetivo propuesto era comparar esas distancias que había que determinar con el tamaño de nuestra propia galaxia, que por entonces estaba pobremente determinada, entre los 30.000 años-luz que obtenía H. Curtis y los 300.000 años-luz de H. Shapley. En todo caso, afortunadamente, se disponía de una cota superior generosa.

El proceso comienza con el propio Curtis, en 1920, quien, usando la luminosidad media de las estrellas de tipo nova en una galaxia como indicador de distancia (asumiendo que esa media es igual en todas), pudo determinar que Andrómeda estaría a una distancia superior a 1.000.000 años-luz.[68] En la misma línea, Lundmark, en 1921, planteaba que M33 se halla muy lejos de la Vía Láctea. Y, en una nota escrita en 1922, constata la divergencia entre sus medidas y las implicaciones de los datos de Van Maanen, que pone seriamente en duda, puesto que concluye que muchas de las nebulosas espirales serían extragalácticas.[69]

Finalmente, fue el esfuerzo sistemático de Hubble el que, con el uso de estrellas de tipo cefeida detectadas y medidas con los nuevos y más potentes telescopios instalados en Mount Wilson, California, como indicadores de distancia, logró determinar las distancias a algunas nebulosas.[70] El primer caso que presenta Hubble es el de NGC 6822[71] (figura IV.2), cuya similitud con las Nubes de Magallanes, en las que se había puesto de manifiesto las propiedades de las cefeidas, la hace especialmente atractiva para ese propósito. El propio título establece el propósito de demostrar que se trata de un sistema estelar externo a nuestra galaxia. Hubble encuentra para su distancia el valor de unos 698.000 años-luz. Si bien muy inferior al valor actualmente conocido (1,6 millones de años-luz), ya no cabía ninguna duda:

FIGURA IV.2. NGC 6822, galaxia próxima, irregular, con intensa formación estelar. Su aspecto es parecido al de la Nube Grande de Magallanes. Fue la primera galaxia para la que Hubble, usando cefeidas como calibradores, estableció que se trata de un sistema extragaláctico. Su distancia, según los últimos resultados, es de 1,6 millones de años-luz. La imagen incluye datos en el visible y datos del telescopio ALMA, que trazan con máxima resolución las nubes de gas en las zonas de intensa formación estelar.

NGC 6822 es un sistema estelar remoto, exterior a nuestro sistema galáctico.

Le siguieron los resultados para M33,[72] para la que determinó una distancia 8,1 veces superior a la de la Nube Pequeña de Magallanes. Tres años más tarde, vino la confirmación definitiva, que suele citarse como la demostración de la existencia de galaxias. Su trabajo sobre Andrómeda[73] está basado en cuarenta estrellas de tipo cefeida, descubiertas por él mismo en regiones exteriores de la nebulosa. Según Hubble, su distancia era de 1,51 millones de años-luz (hoy sabemos que es de 2,54 millones de años-luz), que la situaba, definitivamente, fuera de nuestra Vía Láctea. Andrómeda fue reconocida como un sistema independiente, una galaxia en sí misma, como ya se había hecho para NGC6822 y M33.

Se estaba confirmando la existencia de una nueva categoría de astros, enormes sistemas que contienen incontables estrellas. Como consecuencia, el universo se hace inmenso. Ese era precisamente el centro de la discusión del Gran Debate, como lo anuncia el título de la referencia escrita, saber cuál es la escala del universo. Se impone, por la fuerza de los hechos, la idea de un universo que contiene centenares de miles de nebulosas (hoy sabemos que se cuentan por cientos de miles de millones). El extraordinario cambio de escala que ese hallazgo supone impuso una reconsideración básica de nuestros conceptos y percepciones sobre el universo. De ahí parte la nueva cosmología.

Desde entonces, el estudio de las galaxias, sus propiedades, formación y evolución han sido objeto de innumerables trabajos y libros.[74] La primera de sus propiedades en ser estudiada fue la morfología, por Reynolds, incluso antes de confirmarse su naturaleza extragaláctica. El primer esquema clasificatorio completo, aún vigente, es el conocido esquema en diapasón de Hubble. En síntesis, las galaxias se presentan en dos formas básicas, una esferoidal, que define la clase E, y otra de disco, que define la clase S. Las de clase E se subdividen en varios tipos, en función del grado de achatamiento, desde E0 (casi esférica), hasta E7, las más achatadas. Las espirales, definidas por la presencia de una componente plana, de disco, también presentan una componente central esferoidal o bulbo y brazos en sus discos. Se subdividen en dos grandes familias según aparezca una estructura de barra central o no. Dentro de cada familia, se han identificado tipos Sa, Sb o Sc (e intermedios), según la prominencia del bulbo y el grado de desarrollo y apertura de los brazos.

Esas clasificaciones se hicieron a partir del examen visual de las imágenes de las galaxias, y la clasificación es, por tanto, cualitativa. Más tarde, G. de Vaucouleurs llevó a cabo las medidas que permitieron una clasificación cuantitativa, en la que, por decirlo de manera muy resumida, una galaxia puede representarse por la suma de una componente esferoidal y otra de disco, ambas expresadas analíticamente. Las elípticas son completamente descritas por la componente esferoidal, mientras que las espirales necesitan ambas componentes, con una importancia relativa diferente, según se trate de espirales de tipos Sa, Sb o Sc. A lo largo de esta secuencia de las espirales, la importancia relativa del bulbo va disminuyendo hasta llegar a ser mínima al final.

Señalemos que este esquema funciona adecuadamente para la mayoría de las galaxias, quizás más del 90 %, al menos, en el universo menos alejado. En los años sesenta del pasado siglo, J. Sérsic propuso una única función que permitía describir la distribución de luz de todas las galaxias en función de un índice que refleja el grado de concentración de esa distribución. La llamada ley de Sérsic se utiliza para caracterizar de manera global la distribución de luz de las galaxias, particularmente en grandes cartografiados y grandes muestras, cuando no se requieren los detalles de la distribución de luminosidad en cada galaxia.

La morfología lleva aparejada importante información sobre el contenido estelar de las galaxias. Puesto que las estrellas más masivas son más azules y jóvenes que las más evolucionadas, la comparación de imágenes (tomadas en la misma banda espectral) de diferentes galaxias puede revelar las diferencias en población estelar. Se constató desde los primeros análisis que en los esferoides (tanto las galaxias E como los bulbos desarrollados de galaxias S), dominan las estrellas viejas, rojizas, mientras que en los discos y, sobre todo en los brazos espirales, dominan las estrellas más jóvenes (y masivas, de corta vida), azules. Lo que indica que las galaxias espirales han conocido episodios de intensa formación estelar en un pasado relativamente reciente e incluso en el momento actual, mientras que en las elípticas esos procesos acabaron en épocas remotas.[75]

Esa comparación se complica cuando se pretende hacerla para galaxias a distancias diferentes. Eso es debido a la existencia del fenómeno del desplazamiento espectral hacia el rojo (que luego vamos a ver), origen del llamado efecto K. En efecto, si bien las imágenes se obtienen en una banda espectral determinada, normalmente definida por la combinación filtro-detector que se utilice, la información que se recibe no es la misma para galaxias a diferentes distancias.

La luz que se recibe corresponde a regiones espectrales tanto más azules cuanto mayor es la distancia o su correlato, el desplazamiento hacia el rojo. Además, dado que el espectro «se estira», corresponde también a bandas espectrales más estrechas. Para ilustrar, consideremos dos galaxias si-

FIGURA IV.3. Imágenes de Andrómeda en dos bandas espectrales diferentes. **A)** Imagen en el dominio ultravioleta tomada por el telescopio espacial GALEX. La luminosidad está dominada por estrellas calientes jóvenes, que le confieren colores azules. Además de los brazos, tan solo se aprecia la parte más central del bulbo.

milares con valores del desplazamiento hacia el rojo de 0,1 y 1, respectivamente. Supongamos que las observaciones se llevan a cabo en una banda espectral centrada en 500 nm, de 50 nm de anchura. Para la de menor desplazamiento hacia el rojo (más próxima), se está recibiendo la luminosidad emitida en una banda centrada en 454,54 nm, de una anchura de 45,45 nm. Para la segunda, los datos corresponden a la emisión en una banda centrada en 250 nm y de 25 nm de ancho. Es obvio que esos datos, captados con el mismo sistema, no son comparables.

B) Imagen de Andrómeda tomada en una banda del visible, desde Tierra. En esta imagen se ve la contribución de estrellas más viejas y rojizas, que hacen resaltar las partes centrales y las regiones entre los brazos. También se aprecian las regiones más oscurecidas, con presencia dominante de polvo. Esas diferencias dan una idea no solo de la diferente información que se obtiene en cada banda, sino también de lo que el efecto K puede significar. Una galaxia similar a Andrómeda, situada a gran distancia y observada en la banda visible, presentaría un aspecto similar al que ofrece la imagen ultravioleta de Andrómeda.

Ese efecto queda ilustrado en la figura IV.3, que muestra las imágenes de la galaxia de Andrómeda detectada en el ultravioleta, por el telescopio espacial GALEX y en la banda visible, desde Tierra. Siguiendo con el ejemplo anterior, para un valor del desplazamiento hacia el rojo de 1, la imagen que obtenemos con GALEX para una galaxia próxima sería captada en la banda visible.

La corrección del efecto K, necesaria para esas comparaciones, es complicada y difícil pues, en principio, se requiere el conocimiento del espectro completo de la galaxia o, al menos, tener indicaciones fiables sobre el mismo. Lo que no suele ser el caso, por lo que las correcciones introducen incertidumbres o efectos sistemáticos que hace aún más problemática la observación y estudio de astros muy lejanos, siempre próxima a los límites de las capacidades instrumentales. Dificultades que hay que tener muy en cuenta cuando se pretende sacar conclusiones sobre el universo a esas distancias.

La morfología también está relacionada con la dinámica. Las galaxias de tipo S son sistemas en rotación, como ya se puso de manifiesto con las primeras observaciones de Andrómeda. Sin embargo, esa información (y, en general, la de los espectros en el dominio visible) cubren tan solo una pequeña parte de la extensión de la galaxia por lo que no era trivial sacar conclusiones fuertes. Afortunadamente, una nueva técnica iba a hacer su aparición y permitir explorar una gran fracción del disco de las galaxias de tipo S, revolucionando no solo este campo sino toda la astrofísica. Hablamos de la detección del hidrógeno neutro y de la eclosión de la radioastronomía.

La posibilidad de emisión del hidrógeno en el dominio de radioondas fue analizada por Van der Hulst en 1945. Pudo demostrar que, cuando los espines del electrón y el protón cambian, espontáneamente, su orientación relativa, de paralelos a antiparalelos o viceversa, se produce una línea en emisión, a una longitud de onda de unos 21 cm (1.420 MHz de frecuencia). Esta transición, llamada *hiperfina*, es de muy baja probabilidad, con un tiempo medio entre emisiones, para un átomo dado, de unos once millones de años. Parecía indetectable, pero, como argumentó Shklovski poco después, el número de átomos de hidrógeno en una galaxia es tan extraordinariamente elevado que, al final, la emisión podría ser observada, como así fue en 1951.

Las observaciones en hidrógeno neutro de diferentes galaxias de tipo S muestran que el patrón de rotación se extiende hasta grandes distancias del centro, con velocidades máximas que van, fuera de las regiones más centrales, desde algunas decenas hasta varios centenares de km/s. En concreto, la velocidad de rotación de nuestra propia galaxia, en la posición del sistema solar, es de 220 km/s.[76]

Esas observaciones mostraron algo sorprendente. Si bien la luminosidad de las galaxias desciende rápidamente desde el centro hacia las partes externas, la velocidad de rotación se mantiene aproximadamente constante, dibujando una curva de rotación plana. Eso es contrario a lo esperado, si se traduce la luminosidad en masa y se aplican las leyes de Kepler. Es como si, a pesar de la muy baja luminosidad en esas regiones, hubiera masa suficiente (o, de manera más general, más gravedad, como implica la teoría MOND, ver luego) para mantener esos valores altos de la rotación.

Los síntomas de rotación no aparecían, sin embargo, al observar las galaxias esferoidales, que no presentan líneas en emisión prominentes y tienen muy poco hidrógeno neutro. La mejora sustancial de instrumentos y la aparición de detectores electrónicos, a partir de los años setenta, hicieron posible la obtención de espectros de mayor calidad, que produjeron un cambio radical en las conclusiones, pues se confirmó que los esferoides no son sistemas en rotación o, en todo caso, esta es demasiado baja como para ser responsable de su achatamiento y de su equilibrio. La conclusión que se impone es que la dinámica de las galaxias elípticas no está dominada por la rotación, sino por la dispersión de velocidades estelares dentro del sistema, es decir, la agitación de las estrellas moviéndose en diferentes órbitas en el campo gravitatorio común creado por todas ellas. Es esa dispersión de velocidades la que proporciona el soporte dinámico e impide el colapso gravitatorio de las galaxias esferoidales.

Galaxias y cosmología. El desplazamiento hacia el rojo

Los primeros análisis de los espectros de las galaxias ya pusieron de manifiesto que sus líneas aparecen, en la casi totalidad de los casos, desplazadas hacia la parte roja del espectro. Hay que señalar que las primeras medidas requerían largas exposiciones para producir espectros de suficiente relación señal-ruido (hasta 7,5 horas exponía Scheiner en Postdam para obtener los primeros espectros, apenas perceptibles, de Andrómeda), hasta que las mejoras instrumentales y la tenacidad de V. Slipher, del Observatorio Lowell, hicieron posible un aumento importante de la calidad de los espectros, propiciando las primeras medidas fiables. Y, cómo no, la primera nebulosa para la que Slipher pudo medir con cierta precisión la posición de diferentes líneas espectrales (en absorción) fue Andrómeda, que, no sin cierto tinte irónico desde la perspectiva actual, están desplazadas hacia el azul.

Continuando con este trabajo, Slipher presentó ante la Sociedad Astronómica Americana, en 1914, las medidas para 12 nebulosas «blancas», y constató que tan solo una, precisamente Andrómeda, mostraba desplazamiento espectral hacia el azul. En 1921 ya había acumulado medidas de velocidades radiales para 41 nebulosas blancas, de las que 37 mostraban desplazamientos hacia el rojo, con el récord, en unidades de velocidad, de +1.800 km/s.[77]

Esos desplazamientos hacia el rojo o *redshift* (anglicismo que nos permitimos usar para abreviar), que se denota con z en la literatura profesional, son datos inmediatos de observación, directamente extraídos de los espectros.[78] Para valores pequeños, se asemeja a un efecto Doppler, por lo que, con cierta frecuencia, se da el valor de cz, que tiene dimensiones de velocidad y, aunque incorrectamente, en ocasiones se habla de *velocidad de recesión*. Como mencionamos antes, los primeros intentos de interpretarlos como debidos al movimiento real de las nebulosas con respecto al observador tuvieron que ser abandonados, y pronto se comenzó a considerar su posible carácter cosmológico.

Curiosamente, esos trabajos de Slipher no son muy conocidos y aún menos citados, a pesar de la importancia que iba a cobrar el campo que, pacientemente, había abierto y cultivado durante años. Es verdad que nunca aventuró una interpretación de sus resultados ni intentó relacionar las velocidades radiales que estaba midiendo con otros parámetros. Son los datos posteriores y una nueva mirada sobre ellos, propiciada por la naciente cosmología relativista, los que proporcionaron la evidencia palmaria de la universalidad del *redshift*. En todo caso, parece justo reconocer que fueron sus datos los que pusieron de manifiesto un fenómeno de alcance extraordinario, por su universalidad (salvo escasísimas y bien comprendidas excepciones, ver luego) y por su relación con la distancia, que sería pronto demostrada. Relación que va a funcionar como el mejor *proxy* para las distancias a galaxias, cuásares, cúmulos de galaxias y otros astros y sistemas extragalácticos en el camino hacia la cartografía 3D del universo, que permite caracterizar su geometría y contenido.

En adelante, al hablar del fenómeno-z, nos referimos a ese doble significado, su existencia y universalidad, por un lado, y su relación directa con la distancia, por otro. Constituye el dato primario, la clave de bóveda de todo edificio cosmológico que quiera construirse, a comenzar por el modelo estándar hoy vigente.

Distancia y desplazamiento hacia el rojo.
Ley de Hubble-Lemaître

Obtener espectros de suficiente calidad de las nebulosas es una tarea ardua, pero medir el *redshift* es un proceso relativamente sencillo y fiable, con resultados precisos. Ahora bien, extraer la componente cosmológica del valor medido, separándola de otros efectos que también contribuyen, no es inmediato. Antes es necesario ejecutar toda una serie de pasos que permitan depurar los datos, acotar finamente las incertidumbres y eliminar todos los efectos no estrictamente cosmológicos.

La componente cosmológica del valor medido de z es la que queda una vez eliminados los efectos Doppler, debidos a movimientos reales (propios) y otros efectos como el desplazamiento gravitatorio (ver capítulo III). Así, cuando se analiza el espectro de una zona determinada de una galaxia, el desplazamiento espectral medido contiene, además del cosmológico, el efecto (Doppler) debido al movimiento (real) de la región observada dentro de la galaxia, así como la contribución debida al movimiento propio (real) de la galaxia, como sistema, con respecto al observador. Esos efectos pueden incluso sobreponerse al cosmológico cuando se trata de valores pequeños de z, dando como resultado, en algunos casos de galaxias muy cercanas, que el desplazamiento medido sea hacia el azul. Tengamos en cuenta que una velocidad propia (real) de una galaxia de tan solo 300 km/s puede significar una importante contribución al valor de z que se mide incluso a distancias considerables, el 10 % a una distancia de 40 Mpc.

Análogamente, cuando se miden los desplazamientos espectrales de diferentes galaxias de un cúmulo se obtiene una distribución de valores en un rango relativamente amplio, que, en términos de cz, puede ser de algunos millares de km/s. Esos valores son, de nuevo, la suma de la componente cosmológica y las debidas a movimientos reales de las galaxias en el seno del sistema. La media de esa distribución, que todavía contiene efectos no cosmológicos como el posible movimiento propio, de conjunto, del cúmulo, es representativo del sistema, mientras que las diferencias con respecto a esa media corresponden a las velocidades de las galaxias dentro del sistema, que reflejan la dinámica interna del cúmulo.

Tan solo el valor depurado de todas esas posibles contribuciones interviene en los patrones cosmológicos, como es su relación con la distancia. La corrección de esos efectos es muy difícil y afecta, inevitablemente, a la precisión con la que puede determinarse la relación z-distancia, en particular para valores pequeños del primero. Afortunadamente, dado que tanto los movimientos internos en galaxias o los de galaxias en sistemas están acotados, aquella contaminación es tanto menos importante cuanto mayores valores de z se consideren. Pero el problema se hace presente puesto que el valor de la constante de Hubble (que da la escala de distancias) se establece a partir de galaxias no muy lejanas.

A pesar de las dificultades (mejor conocidas hoy que cuando se estaban explorando esas cuestiones por primera vez), los análisis se hicieron y pronto se apuntó la posibilidad de que exista una relación entre *redshift* y distancia que, en el pequeño rango de z entonces explorado, era lineal. Eddington, tras el examen de los datos que le proporcionó Slipher, fue el primero en apreciar su posible significación cosmológica en el contexto del modelo de De Sitter.[79] En ese mismo año, el matemático y relativista H. Weyl también refiere que pudiera haber una relación entre distancias y valores de z.[80] Por su parte, Lundmark propuso, en 1924, una relación directa entre ambas medidas, siempre en base al modelo de De Sitter. En sus propias palabras, «Si representamos las velocidades radiales frente a esas distancias relativas (figura 5), parece que pudiera haber una relación entre ambas magnitudes, aunque no una bien definida».[81]

Paralelamente, los primeros modelos evolutivos eran presentados por A. Friedman, un matemático de la entonces Unión Soviética. En los primeros años de la década de 1920 publicó sus trabajos con unas soluciones particulares de las ecuaciones de Einstein, que describen un universo en el que la métrica depende del tiempo. Sin embargo, no planteó una posible conexión entre esa métrica y el fenómeno-z.

Este será el papel, apenas unos años más tarde, del astrónomo belga G. Lemaître, quien, sin conocimiento previo del trabajo de Friedman, obtiene las mismas soluciones y, por primera vez, hace la conexión entre el fenómeno-z y la métrica del universo. Su razonamiento le lleva a hablar, también por primera vez, de la expansión del universo como idea-fuerza de importancia cosmológica. Aunque reconoce que los datos son escasos e imprecisos para sacar conclusiones definitivas, Lemaître los compara con la teoría para apreciar la posibilidad de una relación directa entre distancia y *redshift*. Incluso estima, también por primera vez, el valor de la constante de proporcionalidad (que bien podría haberse llamado L, por Lemaître) en unos 550 km/s/Mpc. En las conclusiones añade: «El alejamiento de las nebulosas extragalácticas es un efecto cósmico debido a la expansión del espacio...».[82] En un artículo posterior de carácter general, llamado «El tamaño del universo», Lemaître habla de nuevo de un modelo de universo evolutivo, de radio variable, y agradece a Einstein el haberle señalado el trabajo anterior de Friedman, similar al suyo propio, desconocido para él cuando publicó su trabajo de 1927.

Por su parte, Hubble publica en 1929[83] su trabajo sobre distancia y *redshift*, muy a menudo tomado como el primero. Los antecedentes que acabamos de señalar existen, pero Hubble no los cita ni los considera explícitamente, como tampoco incluye la referencia al origen de los datos que usa, que no es otro que el trabajo de Slipher. De manera rigurosa y sistemática, Hubble examina las determinaciones de distancia para las galaxias con medidas de z, tomando como criterio básico el proporcionado por las cefeidas, mientras que utiliza los basados en otros criterios como prueba de consistencia.

En total, dispone de 46 galaxias con z medido, pero tan solo 24 cuentan con sus distancias determinadas. Como él mismo reconoce, hay siete galaxias con distancias relativamente bien conocidas, trece con serias incertidumbres y cuatro en el cúmulo de Virgo, a las cuales asigna la misma distancia. La figura que presenta Hubble en ese trabajo presenta una tendencia entre distancia y *redshift*, con mucha dispersión (no menos grande que la relatada anteriormente por Lundmark o por Lemaître), que el propio autor reconoce como poco firme: «el material es escaso y pobremente distribuido», y añade: «Los resultados establecen una relación aproximadamente lineal entre las distancias entre nebulosas para las que las velocidades han sido previamente publicadas y la relación parece dominar la distribución de velocidades». Hubble determina el

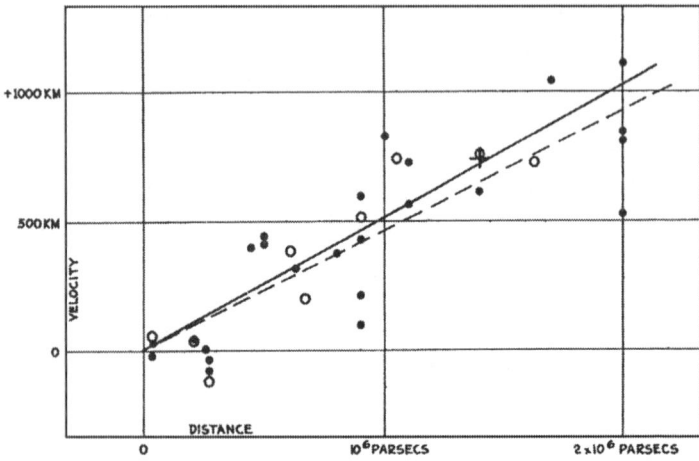

FIGURA IV.4. A) Diagrama original publicado por Hubble en 1929. Sin la «ayuda» de las líneas trazadas, la relación no pasaría de ser un atisbo de tendencia. **B)** Diagrama establecido para galaxias calibradas con SNIa. El pequeño cuadrado rojo, en la parte inferior izquierda corresponde a la región explorada en el trabajo original de Hubble. Aunque el resultado

valor de la constante de proporcionalidad (que pasará a llamarse *H*, por Hubble) en 500-550 km/s/Mpc, prácticamente el mismo que da Lemaître en su artículo de 1927.

El examen de la figura presentada por Hubble (reproducida en la figura IV.4) no permite sino apuntar, como ya ha sido hecho anteriormente, la existencia de una relación entre distancia y *redshift*. En perspectiva, dada la proximidad de todas las nebulosas que Hubble usa en ese gráfico (y que 4 de ellas pertenecen a un cúmulo, con su propia dinámica), es casi milagroso que aparezca siquiera esa débil tendencia, puesto que el valor del *z* cosmológico queda más que alterado

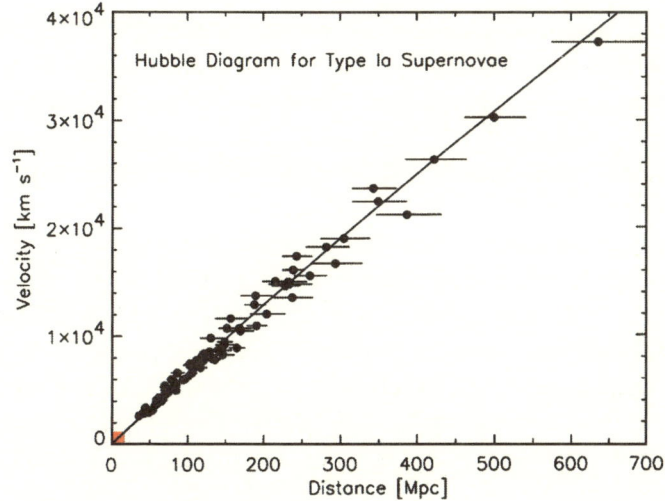

Hubble Diagram for Type Ia Supernovae

mostrado por Hubble fuese solo, en ese momento, indicativo (como los mostrados anteriormente por Lundmark o Lemaître), la acumulación de resultados ha puesto de manifiesto el fenómeno del redshift y su relación con la distancia. Sin duda, el fenómeno cosmológico de mayor relevancia.

---

por los efectos Doppler debidos a los movimientos propios de las galaxias. Sin contar, además, con las incertidumbres en las distancias y con el hecho de que 5 nebulosas tienen velocidades negativas. Como dice Weinberg, «Es difícil evitar la conclusión de que ... Hubble conocía la respuesta que quería obtener».[84] Quizás fuera el caso, pues Hubble, ciertamente consciente de la situación, para entonces ya había puesto en marcha un programa con el telescopio de 2,5 m de Mount Wilson, con la colaboración de Humason, para extender tanto el número de galaxias con distancias y medidas de z, como el rango de *redshift* muestreado. En 1931 publicaron resulta-

211

dos mucho más sólidos, con valores de *cz* hasta unos 20.000 km/s, y con un valor de la constante de proporcionalidad de algo más de 500 km/s/Mpc. Resultado que se extendió más tarde hasta el cúmulo Ursa Major II, con $cz = 42.000$ km/s. La relación lineal entre distancia y valor del desplazamiento hacia el rojo quedaba establecida. Los datos acumulados desde entonces no han hecho sino extender y confirmar esa relación, como se muestra en la figura IV.4.

En cuanto al significado de esa relación, Hubble atribuye al *redshift* un carácter plenamente cosmológico y, en consecuencia, también a la relación con las distancias que propone, pero, sorprendentemente, no pone ese resultado en relación con los modelos evolutivos, como ya había hecho Lemaître, sino que se refiere, en el último párrafo del artículo citado, al modelo de De Sitter: «El aspecto sobresaliente, sin embargo, es la posibilidad de que la relación velocidad-distancia pudiera representar el efecto De Sitter y, por lo tanto, los datos puedan ser introducidos en la discusión sobre la curvatura general del espacio». Aunque parecería lógico que citase el trabajo de Eddington, por no decir el de Lundmark de 1924 y, sobre todo, el de Lemaître de 1927, no lo hace.

Parece oportuno, en este punto, hacer una pequeña excursión para hablar de cierta polémica que se ha suscitado (y resuelto) en los últimos años, acerca de la primacía en cuanto a la autoría del hallazgo de la relación *z*-distancia. No cabe duda de que la primera formulación clara, en un contexto cosmológico, corresponde a Lemaître, quien apela abiertamente a la expansión del universo para explicarla. También es cierto que la falta de rigor de Hubble a la hora de citar trabajos previos sobre las mismas cuestiones añade argumentos a favor del «olvido» por decenios del trabajo de Slipher, Lundmark, Lemaître y otros (ver, a este respecto, Block[85]). Ni siquiera en su libro de 1936 (*The realm of nebulae*, Yale Univ. Press) cita Hubble a Lemaître o a Slipher.

El mismo Shapley afeaba a Hubble su «costumbre» de practicar la referencia selectiva, evitando acordarse de los antecedentes más directos de su propia obra y resultados. Decir que algunos publicaban en revistas locales para justificar desconocimiento previo no es argumento, pues todos lo hacían, y no era mayor obstáculo para que conociesen las obras de los demás. Si ese conocimiento se adquiría con algún retraso, siempre se podía reconocer, como hizo Lemaître con el trabajo de Friedman. Hubble no lo hizo. Además del posible afán individual de protagonismo, inevitable en muchos casos, quizás también sea uno de los primeros reflejos del dominio que estaban imponiendo los EE.UU. en el campo de la astronomía, sobre todo en el nuevo campo de las nebulosas, que exigía poderosos telescopios e instrumentos focales, como los que se habían puesto en marcha en Mt. Wilson.

En todo caso, es de rigor reconocer que Hubble, si no el primero en plantear la cuestión de la relación z-distancia y su significado para la cosmología, sí lo fue, con sus colaboradores, en establecer un programa de trabajo sistemático, en base a esos poderosos medios de que disponía, para aumentar la base de datos, mejorar la precisión y fiabilidad de las distancias, contribuir al desarrollo del conocimiento del mundo de las galaxias y, finalmente, establecer, más allá de toda duda, la realidad de la relación distancia-*redshift*. Disponía de los medios para explorar poderosamente la vía que Lemaître había abierto.

La ley se llamó de Hubble, y la constante de proporcionalidad se denominó H, constante de Hubble. Al final, más de ochenta años después de aquellos primeros trabajos, la Unión Astronómica Internacional organizó un debate y posterior votación entre sus asociados, que, por mayoría, aprobaron cambiar el nombre de la ley, que a partir de ahora se denomina ley de Hubble-Lemaître, si bien la constante sigue denotándose como H.

En todo caso, volviendo a la sustancia de lo que estaba ocurriendo, a partir de los años treinta del siglo XX quedó establecido el hecho empírico fundamental sobre el que hay que construir cualquier cosmología: el desplazamiento hacia el rojo de las líneas espectrales de las galaxias es universal y directamente relacionado con la distancia (ver figura IV.4).

Distribución de las galaxias. Agrupaciones

H. Curtis, que llevó a cabo observaciones sobre una amplia zona del cielo buscando nebulosas, notificaba en 1918, como hemos dicho antes, la ausencia de nebulosas blancas en las regiones ocultadas por la Vía Láctea, mientras que eran muy abundantes fuera de ellas. En concreto, detectó en sus imágenes fotográficas más de 700.000 en una área de unos 330 grados cuadrados, lo que corresponde a más de 2.100 galaxias por grado cuadrado. Extrapolado a todo el cielo, eso significaría un número de galaxias detectables, con los instrumentos de la época, de casi noventa millones. Un resultado que, por sí mismo, ponía a las nebulosas en un plano diferente y marcaba el camino hacia un universo extraordinariamente grande, años antes de que la cuestión de las galaxias quedase zanjada y establecida la escala del universo.

También se constató muy pronto que su distribución no es homogénea. Desde los primeros recuentos de galaxias se apreció la presencia de diversas concentraciones, en particular, en la dirección del polo norte galáctico, donde se localizan aglomeraciones en las constelaciones de Virgo y Coma

Berenices. A pesar de lo cual, Hubble, en 1926, aun reconociendo las posibles concentraciones hacia el polo norte galáctico, sostiene que la distribución de galaxias es aproximadamente uniforme. En posteriores trabajos y en su libro ya citado, *The realm of nebulae*, tras reconocer la existencia de grupos y cúmulos de galaxias, afirma que, a escalas suficientemente grandes, la distribución de galaxias vuelve a ser uniforme. Es decir, se mantiene la idea de homogeneidad, pero, para no contradecir los datos, hay que considerar escalas mayores que la de las galaxias individuales.

F. Zwicky había comenzado su gran tarea de exploración y sondeo sistemático del cielo, que continuó durante decenios, usando, sobre todo, telescopios de la clase Schmidt, que proporcionan un gran campo de visión (a costa de una menor resolución) y permiten una más rápida cobertura de grandes áreas del cielo. El análisis estadístico de la distribución de galaxias le lleva a concluir, en 1938, que la gran mayoría de ellas se agrupan en cúmulos y *nubes*, quedando muy pocas, las llamadas galaxias de campo, fuera de esas estructuras. Resultados que son confirmados por otros estudios que completan el *Palomar Observatory Sky Survey*, que culminó con el monumental *Catálogo de galaxias y de cúmulos de galaxias* liderado por el propio Zwicky.

Ya con anterioridad, en 1958, G. Abell había confeccionado, a partir de esos datos y como parte de su trabajo de tesis doctoral, un *Catálogo de cúmulos de galaxias*, con 2.712 sistemas. Posteriormente fue ampliado con datos tomados desde el hemisferio sur, resultando en un total de 4.073 cúmulos identificados. Todos ellos son relativamente próximos, con distancias inferiores a 1.000 Mpc. Los cúmulos son, en cierto modo, las aglomeraciones de galaxias más sobresalientes e identificables, ligadas por fuerzas gravitatorias, con una gran variedad en sus tamaños y propiedades. Si nos atenemos a valores característicos, puede decirse que contienen desde cientos hasta miles de galaxias y sus masas totales se sitúan en el rango 10^{13}-10^{15} masas solares, con tamaños indicativos del orden de 4 Mpc. La dispersión de velocidades de las galaxias, que mantiene esos sistemas en equilibrio frente a la gravedad, va desde unos pocos cientos de km/s hasta 1.500 km/s o incluso más.

En esa misma línea se sitúan los trabajos detallados llevados a cabo por G. de Vaucouleurs y sus colaboradores, que confirmaron la existencia, ya sospechada, de estructuras aún mayores que los cúmulos, que llamó *supercúmulos*.[86] La estructuración de la distribución de galaxias es una constante, a comenzar con el Grupo Local, una agrupación de unas treinta galaxias dominado por Andrómeda y sus satélites, por un lado, y la Vía Láctea con los suyos, por otro. La distancia entre ambas, de 760 kpc, sirve de referencia a la escala del agrupamiento si bien ambas tienen ya sus propios grupos. Esa es la tónica general que encuentra y describe de Vaucouleurs, quien concluye, de acuerdo con el anterior resultado de Zwicky, que tan solo un 10-15 % de las galaxias pueden considerarse «libres» o de campo, fuera de una estructura evidente. Como contrapartida, entre esas estructuras hay espacios de muy baja densidad, casi desprovistos de galaxias (conocidos como vacíos), que acaban de perfilar el carácter «grumoso» de la distribución de galaxias.

Hay que señalar que esos resultados que acabamos de recordar se obtienen a partir de la posición de las galaxias sobre la bóveda celeste, cuando no se disponía aún de distancias para situar a cada galaxia en el espacio tridimensional. De modo que, como a veces se argumentaba, las estructuras detectadas podrían ser superposiciones de galaxias y grupos que están a distancias muy diferentes. Todo esto dio lugar a intensos debates, si bien es verdad que la preeminencia del fenómeno de agrupamiento daba peso a los resultados, a pesar de las incertidumbres por la falta de distancias.

Asignar distancias a las galaxias, tanto más a miles de ellas como es el caso de los grandes catálogos, no es trivial, pero hay un atajo fiable, a saber, asignar las distancias a partir de la medida del *redshift*, en base a la ley (empírica y verificada) de Hubble-Lemaître. Aun así, en principio, eso requiere tomar espectros de cada galaxia, algo que era impensable para grandes muestreos, hasta que las técnicas comenzaron a posibilitar la observación espectroscópica de varias galaxias a la vez. En los años 1980, el Center for Astrophysics (CfA), de la Universidad de Harvard, elaboró el primer mapa 3D con unas 18.000 galaxias en el hemisferio norte. El resultado muestra la gran irregularidad de la distribución de galaxias, incluso a escalas de decenas de Mpc (figura IV.5). Se detectan de manera directa cúmulos próximos, y estructuras a mayor escala, en particular la llamada «Great Wall», que atraviesa la figura y cuya dimensión supera los 100 Mpc. Puede comprenderse el gran impacto que produjeron estos resultados.

Ya en los años 2000, el Sloan Digital Sky Survey (SDSS) llevó a cabo un gran sondeo de una gran parte del cielo. Sus resultados globales, para todas las galaxias medidas, confirman que la distribución de galaxias es no homogénea hasta escalas de decenas de Mpc, con una gran mayoría de ellas pertenecientes a estructuras de orden diferente (figura IV.6), tejiendo finalmente una tela de araña, una red cósmica (*cosmic web*) y dejando grandes vacíos, regiones en las que hay apenas galaxias y que presentan densidades inferiores al 10 % de la media.

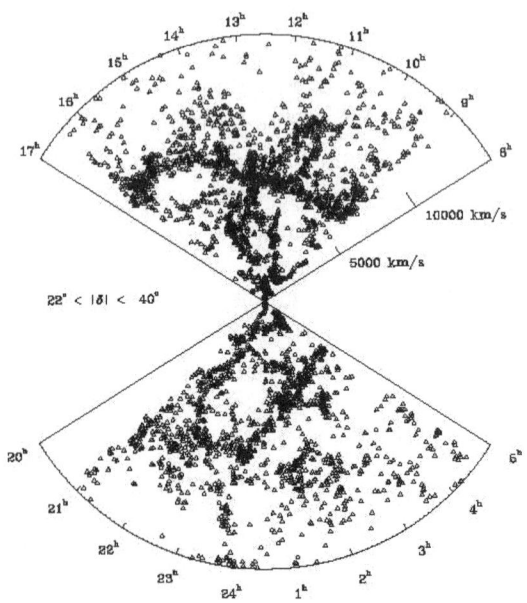

FIGURA IV.5. Distribución de galaxias brillantes (próximas). Datos conjuntos del sondeo del CfA y del SSDS-DR2. Cada punto corresponde a una galaxia. El eje radial está codificado en valor de z, como proxy de la distancia. El eje azimutal da las diferentes direcciones en función de la ascensión recta. El fuerte agrupamiento de las galaxias es evidente. Sobresale la estructura que atraviesa el diagrama, que corresponde a lo que se denominó Gran Pared.

La conclusión, que parece inevitable, es que la materia (visible) se presenta en aglomerados de diferente jerarquía hasta escalas de al menos 100 Mpc, distribuyéndose en cuerpos discretos, las galaxias, que conforman estructuras en forma de enormes filamentos y planos, siendo los puntos de intersección de esas estructuras los cúmulos de diferentes tamaños y masas, de acuerdo con lo que se había obtenido con los mapas 2D.

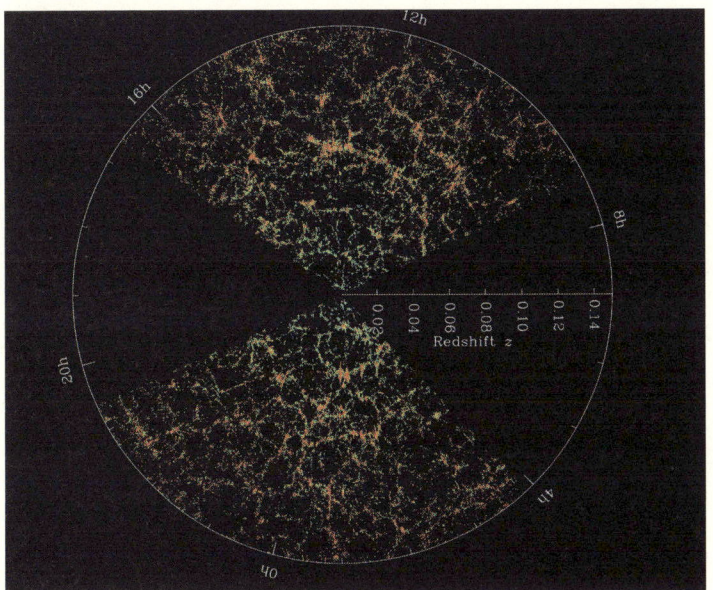

FIGURA IV.6. Distribución de galaxias según datos obtenidos por el SDSS. Se muestran todas las galaxias (no solo las más brillantes, que ya se han incluido en la figura anterior) para las que se ha medido su *redshift* espectroscópico. El mapa representa la distribución (cada punto es una galaxia) en un plano ascensión recta-distancia (dada por el *redshift*). Incluye todas las galaxias medidas en un rango de 2,5 grados en declinación, alrededor del ecuador. Las zonas negras, sin datos, corresponden a las zonas de gran absorción de la Vía Láctea. El círculo exterior corresponde a una distancia de 2.000 millones de años-luz. Las concentraciones y estructuras son fácilmente reconocibles, incluida la Gran Pared y otras similares.

La jerarquización de la distribución de galaxias en estructuras de diferente rango, incluidas las escalas de decenas de Mpc, está plenamente confirmada y forma parte del conocimiento adquirido sobre el universo. Podría pensarse, para rebajar algo esa conclusión, que hay muchas galaxias débiles que escapan a la detección y que podrían modificar esa distribución. Ahora bien, no es esperable que modifiquen significativamente los resultados; más bien al contrario, se

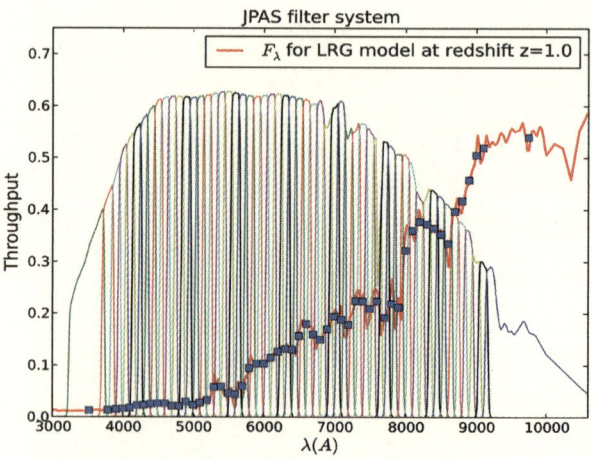

FIGURA IV.7. Sistema de filtros del proyecto J-PAS, que cubren toda la banda óptica, hasta el infrarrojo próximo. Salvo los dos extremos, de mayor anchura, son filtros interferenciales, de 14 nm de anchura, espaciados cada 10 nm. En la figura se muestra también, superpuesto, en rojo, el espectro (línea continua) de una galaxia elíptica luminosa, a z = 1.0 (distancia de unos 6.700 Mpc). Los pequeños cuadrados azules representan los datos que proporciona, para la misma galaxia, el sistema de filtros, es decir, el fotoespectro. Como puede verse, a pesar de la mucho menor resolución, se aprecian las principales características del espectro, que sirven para medir el foto-z. En este caso, la precisión que se alcanza es del 0.3%, requerida para llevar a cabo los proyectos planteados.

espera que esas galaxias más débiles, de menor masa, estén atrapadas por esas estructuras. Eso es lo que muestran los sondeos menos generales, enfocados en pequeñas regiones.

Aunque se siguen planteando y realizando grandes sondeos espectroscópicos, se ha definido otra estrategia más rápida y eficiente para abordar la confección de nuevos y más profundos mapas 3D del universo. La alternativa, inicialmente propuesta ya en los años 1960, es llevar a cabo

sondeos fotométricos con varios filtros, que son selecciona-
dos para proporcionar valores de z con la precisión que el
problema requiere. De ese modo, pueden alcanzarse límites
de detección más débiles. Además, no es necesaria la prese-
lección de astros a observar, pues se obtiene el mismo tipo
de información para todos los astros detectados en el campo
cubierto por la combinación telescopio-filtro-detector.

El resultado, para cada astro detectado, es el valor del flujo
observado en cada filtro, es decir, un espectro de baja resolución o *fotoespectro* de cada objeto. Dada la baja resolución, los
valores de z extraídos de esos fotoespectros, llamados foto-z,
son menos precisos que los obtenidos de espectros, aunque,
si la anchura y disposición de los filtros es elegida adecuadamente, la información que pueda extraerse sobre el valor
de z tendrá la precisión adecuada a los fines (ver figura IV.7).

Citamos aquí el Observatorio Astrofísico de Javalambre,
OAJ (http://oajweb.cefca.es, ver figura IV.8), con dos telescopios construidos con esos criterios para ser dedicados a realizar sondeos, de los que destaca el de 2,5 m de diámetro, con
un campo de visión próximo a los 7 grados cuadrados, con
alta calidad de imagen. El proyecto J-PAS (http://www.j-pas.
org), que utiliza los 56 filtros estrechos que se muestran en
la figura IV.7, está proporcionando valores de los foto-z con
precisión del 0,3 % o superior, lo que hace posible abordar
los problemas más candentes de la cosmología.

La radiación de fondo y sus irregularidades

La elaboración teórica de lo que se denomina *universo temprano*, esas primeras fracciones de segundo y segundos de la
historia de nuestro universo, que repasaremos en el próximo
capítulo, es extraordinaria en todos los sentidos de la palabra.

La teoría predice que ese universo temprano ha dejado trazas que pueden contrastarse empíricamente, y el haberlas detectado constituye uno de los momentos extraordinarios de la cosmología y de la ciencia del siglo xx. Las galaxias fueron descubiertas en un proceso de progreso del conocimiento empírico y de medios de observación, pero la detección de la radiación de fondo, su descubrimiento, fue totalmente casual para sus descubridores. De no haber sido por la proximidad y contacto con los científicos de Princeton, que estaban preparando instrumentos específicos para medirla, puede que ese ruido de antena que Penzias y Wilson trataban de eliminar no hubiera pasado de ser una extraña curiosidad, como ocurrió con los resultados de McKellar en los años 1940.

Seguimos hablando del universo en el proceso de su descubrimiento, por lo que en esta sección pondremos el énfasis en los aspectos empíricos y observacionales, sin poder olvidar del todo las motivaciones teóricas que propiciaron esos hallazgos, que veremos con algo más de detalle en el próximo capítulo.

Conocida es la historia del descubrimiento accidental de esa radiación por dos ingenieros que trabajaban con una antena, tratando de encontrar la causa de un ruido que no podían eliminar. Detectaron, tal y como lo anuncian en el título del artículo publicado en 1965,[87] un exceso de 3,5 (±1) K en la temperatura de antena a 4.800 Mhz (7,35 cm de longitud de onda) y remiten al artículo que sigue al suyo, cuyos autores son Dicke, Peebles, Roll y Dickinson, para su interpretación. El título de este segundo artículo es muy significativo: «Radiación cósmica de cuerpo negro».[88] Los científicos de Princeton estaban a punto de hacer sus medidas a 3 cm de longitud de onda, con el radiómetro desarrollado por los dos últimos autores, cuando Penzias y Wilson les comunicaron

FIGURA IV.8. Vista general del OAJ (Pico del Buitre, Teruel), dominada por el edificio y cúpula del telescopio T250 (a la derecha en la imagen), con la cúpula del telescopio T80 (a la izquierda en la imagen), el edificio semicilíndrico que alberga los monitores atmosféricos, que permitan la caracterización sistemática de la atmósfera y su absorción, la cúpula del monitor de *seeing* y el edificio de instalaciones generales. Ambos telescopios son de gran campo y alta calidad de imagen. El detector que se utiliza con T250, que cubre todo su campo, contiene 1.200 millones de píxeles

sus resultados. Eso era exactamente lo que trataban de detectar y medir y, aunque no fueron los primeros en hacerlo, fueron los que pusieron eses medidas en contexto y, de hecho, les atribuyeron el carácter de fenómeno cosmológico: se trataba, según esos autores, de la radiación cósmica de fondo (en adelante, RCF). Penzias y Wilson recibieron el Premio Nobel por su descubrimiento en 1978.

De hecho, aún sin percatarse de su naturaleza, esa radiación de fondo había sido medida hacía veinte años por McKellar, cuando estudiaba la naturaleza y condiciones de la materia interestelar. El medio interestelar absorbe parte

223

de la luz que lo atraviesa, pudiendo reemitir, como líneas espectrales, parte de esa energía en ciertas condiciones. El análisis de esas líneas espectrales permite estudiar sus condiciones. McKellar identificó algunas de esas líneas como producidas por la molécula de cianógeno. Al analizar sus condiciones, encontró que la temperatura de excitación del medio interestelar era similar (dentro de los errores) en todas las direcciones que observó, algo superior a 2,4 K, como si ese medio estuviera en un baño de radiación a esa temperatura. Ciertamente, McKellar puso de relieve su extrañeza, pero la situación aún no estaba madura y el problema quedó abierto.[89]

Tras el hallazgo de Penzias y Wilson, grupos de científicos trataron de medir la radiación de fondo a diferentes frecuencias y en varias direcciones, usando instrumentos a bordo de globos. Se trataba de confirmar, en primer lugar, la naturaleza de esa radiación y verificar que se trata de un cuerpo negro que baña todo el universo. Medidas muy delicadas, puesto que están seriamente contaminadas por otras radiaciones de origen no cosmológico, en particular, la de nuestra propia galaxia. Por lo que los resultados no fueron siempre concordantes, aunque prevalecía la convicción de que se trataba de la RCF, con una temperatura algo inferior a los 3 K.

La prueba definitiva la aportó, casi veinte años después, el satélite COBE, que confirmó que se trata de un cuerpo negro con altísimo grado de fiabilidad, con una temperatura de 2.725 K (figura IV.9), que baña todo el universo observado. Posteriores misiones como WMAPS y PLANCK, han confirmado ese resultado de COBE.

La temperatura de esa RCF es la misma en cualquier dirección, con un alto grado de uniformidad. Sin embargo, se espera que presente irregularidades. En efecto, en las épo-

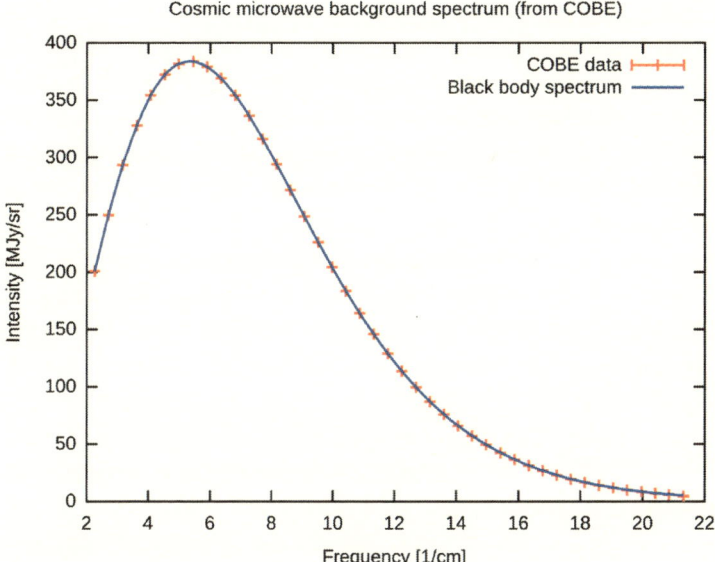

FIGURA IV.9. Datos proporcionados por COBE de la intensidad de la radiación de la RCF a diferentes frecuencias. La curva continua corresponde a un cuerpo negro a la temperatura de 2,725 K. Como puede apreciarse, el encaje con los datos es perfecto.

cas tempranas de la evolución del universo, materia y radiación están en equilibrio, por lo que ambas deben presentar el mismo tipo de fluctuaciones en sus propiedades medias. Dadas las que se aprecian en la materia en la actualidad, la radiación también debía presentarlas, con la intensidad correspondiente al momento en que se desacoplaron. Había que encontrar y medir esas irregularidades para, posteriormente, tratar de explicar la transición del universo tempranо, casi perfectamente uniforme, al universo heterogéneo y estructurado que desvelan las galaxias.

Para determinar la amplitud esperada de esas irregularidades, hay que tratar de seguir su evolución a partir del desacoplo entre materia y radiación, cuando las irregularidades en la materia comienzan su evolución independiente. El punto de partida sería, precisamente, las que puedan detectarse en la RCF, iguales en ese momento a las de la materia.

En una primera fase, denominada *lineal*, las perturbaciones mantienen todavía una amplitud pequeña, muy por debajo del valor medio de la densidad. Según los modelos, las irregularidades crecen lentamente (la expansión se opone a la gravedad), de manera simplemente proporcional al tiempo o, lo que es lo mismo, según nos dice el modelo cosmológico, a $(1+z)$. La etapa lineal consume la mayor parte del tiempo disponible hasta que las irregularidades dejan de ser pequeñas y su amplitud es comparable o superior a la densidad media. A partir de ese momento, otros fenómenos entran en juego, haciendo que ese crecimiento sea muy rápido (fase no lineal). Dado que esa fase lineal domina, en cuanto a la duración del proceso, considerando que ese desacoplo se produjo, como luego veremos, a $z \sim 1.000$, las fluctuaciones de densidad no podrían haber crecido por más de un factor mil antes de entrar en la fase no lineal. Lo que implicaría que se espera detectar irregularidades en la radiación de fondo con amplitudes iniciales típicas (en su temperatura) de, al menos, una parte en 1.000.

Las observaciones desde la Tierra pronto mostraron una señal de esa amplitud. Pero lo que se medía no era una distribución estadística de irregularidades de una milésima como valor típico, sino una distribución dipolar que, por otro lado, había sido anticipada por mor del movimiento de la Tierra con respecto a la RCF. La cuestión era si había alguna señal residual una vez eliminado el dipolo. La respuesta fue no, por lo que tan solo podía establecerse un límite superior. Las medidas reportadas por Pariiskii en 1973 resumen la situación, y sitúan esa cota superior en 4×10^{-5}, unas 100 veces inferior al nivel previsto.

Un nuevo problema en el horizonte. Parecería que el modelo que se estaba imponiendo no es capaz de explicar a la vez y de forma coherente el universo temprano y el actual. Tomados esos datos directamente, no parecía posible que la gravedad haya dispuesto de tiempo suficiente para hacer crecer aquellas mínimas irregularidades del universo temprano hasta devenir las estructuras que hoy se aprecian en la distribución de las galaxias. ¿Qué hacer para «salvar el fenómeno»?

La solución vendrá de la mano, como veremos, de la materia oscura, de naturaleza no bariónica, y por tanto que no se acopla con la radiación. La misma, en principio, que se postulaba para explicar la dinámica de las galaxias y de los cúmulos de galaxias y de la que vamos a hablar enseguida.

En cualquier caso, había que detectar y medir esas irregularidades de la RCF, para las que solo se tenía una cota superior, y eso es lo que la misión COBE aportó por primera vez. El análisis de los datos recogidos indica un nivel de fluctuaciones en la temperatura de algo más de 1 parte en 100.000, tan solo un factor 3 por debajo de las cotas superiores fijadas por Pariiskii. Dos de los principales investigadores del COBE, J. C. Mather y G. F. Smoot, recibieron el Premio Nobel de Física en 2006.[90]

La escasa resolución angular de la misión COBE (7 grados sobre la bóveda celeste) no permitió hacer extensos estudios sobre la distribución de fluctuaciones, pero sí poner las bases para posteriores misiones. Los datos confirmaban la necesidad de la existencia de materia oscura no bariónica para explicar la heterogeneidad observada en la materia bariónica y, además, la retroalimentación entre los nuevos datos y los análisis del universo temprano reforzaban la idea de un universo dominado no solo por materia oscura sino, también, por energía oscura. Comenzaba la época de la cosmología basada en el estudio de la RCF, en busca de la mayor precisión.

Siguió, en 1998, la misión BOOMERanG, que utilizó un telescopio colocado en un globo estratosférico para observar la radiación de microondas con mejor resolución y sensibilidad, pudiendo detectar lo que se denomina el primer pico acústico (ver luego), que acota el valor de la densidad material del universo. Siguió el experimento WMAP, una misión de la NASA, con la resolución angular suficiente para poder analizar las correlaciones, es decir, los patrones de la distribución de irregularidades, hasta escalas relativamente pequeñas. El último de esos esfuerzos, la misión PLANCK, de la ESA, ha proporcionado los datos de más calidad (la precisión con que se mide la temperatura en cada píxel es de 5 millonésimas de grado) y mayor resolución angular (100 veces superior a la de COBE, es decir, 0,07 grados sobre el cielo). Las medidas en varias bandas de frecuencia han permitido, además, una mejor identificación y eliminación posterior de las señales espurias que contaminan la señal cosmológica, resultando en datos más precisos.

En la figura IV.10 se reproduce el mapa proporcionado por la misión PLANCK. No hace falta insistir en el largo camino que hay desde los datos que proporcionan los detectores hasta esos mapas depurados, que pasa por la eliminación de todos los efectos instrumentales y, sobre todo, por la identificación y eliminación de todas las componentes no cosmológicas, ya sea de nuestra galaxia o de otras fuentes, antes de cualificar la señal como cosmológica.

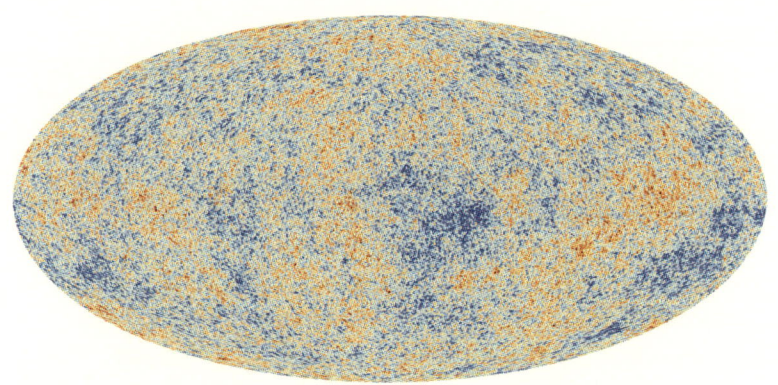

FIGURA IV.10. Mapa de la distribución de los valores de la temperatura de la radiación de fondo, proporcionado por la misión PLANCK, una vez depuradas las medidas de todas las contribuciones espurias (no cosmológicas), y sustraído el valor medio (2.725K) y el dipolo creado por el movimiento solar. El rango de las señales restantes es de ±300 millonésimas de grado. El color rojo codifica las regiones por encima de la media, mientras que las azules codifican las que están por debajo.

A cada píxel se le asigna el valor residual de la temperatura de la RCF, es decir, una vez sustraídos del valor medido el valor medio global (2,725 K) y el del dipolo causado por el movimiento de la Tierra. Cuando se hace la estadística sobre todo el cielo, se encuentra que el valor típico de las fluctuaciones es de $1,5 \times 10^{-5}$ K. Esa amplitud típica de las irregularidades está un factor 30 por encima del error de medida.

Como hemos apuntado, datos de esa naturaleza y extensión permiten la búsqueda de patrones que permiten caracterizar los fenómenos físicos que habrían tenido lugar en aquel plasma de materia bariónica y radiación que era el universo antes del desacoplo. En dicho plasma, las perturbaciones de densidad se propagaban como ondas de presión, de manera similar al sonido (de ahí el nombre de picos acústicos que se utiliza para las señales dominantes a ciertas escalas) y dejaron su huella en la RCF. Esas huellas nos informan de las propiedades esenciales de la materia, y por lo tanto del espaciotiempo en aquellos momentos, y, aplicando las leyes de Einstein, en cualquier otro de la historia del universo.

Esos patrones aparecen como picos en la distribución de las irregularidades de la RCF, como muestra la figura IV.11, que encierran la información cosmológica buscada.

Las abundancias de los elementos. La cuestión del helio

La radiación de fondo, categorizada como cósmica, es el principal testigo, según la cosmología estándar, de un pasado denso y caliente. Pero no el único.

Recordemos que las reacciones termonucleares son, además de la fuente de luminosidad de las estrellas, el proceso de síntesis de elementos a partir del hidrógeno y de la consiguiente diversidad atómica que observamos. Por lo que, aunque con diferencias de una a otra estrella, todas muestran los mismos rasgos en la distribución de abundancias químicas. Esto incluye nuestro Sol, cuya proximidad hace posible un análisis más detallado y preciso, que se toma como base para su conocimiento empírico.

Tras del hidrógeno, el elemento más abundante es el helio (uno de los más estables), que representa un 10 % de los núcleos (que corresponde a un 30 % en masa, aproximadamente). Se observa una muy pequeña abundancia relativa de litio, berilio y boro, y las abundancias, a partir del carbono, van disminuyendo paulatinamente, en zigzag, hasta llegar al hierro y a los elementos que forman su grupo, con una abundancia mayor que la de los elementos anteriores y posterio-

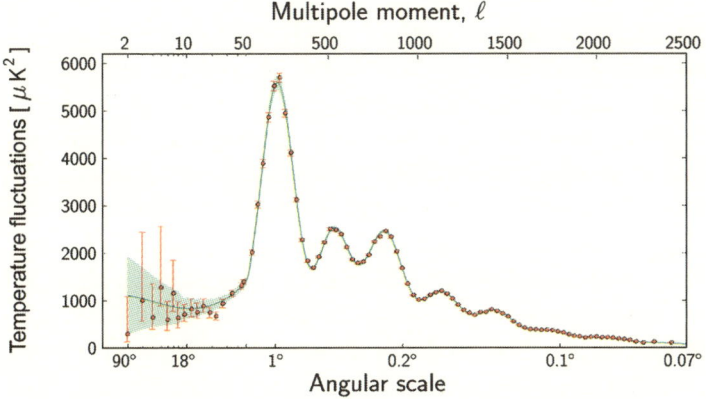

FIGURA IV.11. Patrón de irregularidades de la RCF en función de la escala angular. La escala vertical corresponde a los coeficientes de (auto)correlación cruzada del mapa de la señal, que informan sobre los patrones que puedan existir en la distribución de irregularidades. Los picos, con la escala a la que corresponden, prueban la existencia de esos patrones, que, según el modelo cosmológico estándar, están relacionados con las diferentes propiedades del plasma que reinaba en el universo antes del desacoplo. Permiten, de esa forma, determinar los valores de diferentes parámetros cosmológicos. En particular, el primer pico, el más pronunciado, está directamente relacionado con el parámetro de densidad.

res (a veces se le llama *pico del hierro*). Los detalles de esa distribución se explican adecuadamente por las propiedades de los diferentes núcleos.

El trabajo básico sobre el origen de los elementos fue elaborado por G. Burbidge, M. Burbidge, W. Fowler y F. Hoyle, y publicado en 1958. Aunque ha habido posteriores refinamientos y mejoras, en ese trabajo se explican no solo los procesos de síntesis, sino que también se cuantifican las abundancias de los diferentes elementos, incluidos los isótopos (hay más de 300 conocidos), dando buena cuenta de los detalles que se aprecian en la distribución de abundancias que se observa. Salvo, curiosamente, para el helio.

Los valores observacionales que se obtienen para la abundancia de helio, a partir de los espectros de zonas de formación estelar o de nebulosas planetarias, están comprendidos entre el 21 % y hasta algo más del 30 %.[91] Su origen, podría pensarse, está en la fusión del hidrógeno que ocurre en todas las estrellas durante su etapa de secuencia principal. Cuando se reflexiona con más detalle, constatamos, sin embargo, que en las estrellas de baja masa el He queda confinado en su interior a causa de la degeneración electrónica, atrapado por períodos de tiempo que superan ampliamente la edad que se atribuye al universo. Las de más masa, tienden a consumirlo para sintetizar elementos más pesados, dejando tan solo pequeñas ventanas (vientos estelares fuertes o expulsión de masa en la evolución hacia gigantes rojas) para poder enriquecer el medio interestelar con el helio que ha sido producido.

Hay otra forma, global, de formular este problema, que fue de hecho como lo planteó inicialmente F. Hoyle ya en los años 1950. En efecto, si se asume, por un lado, que la luminosidad de cada galaxia, es decir, básicamente de las estrellas que contiene, se debe a la conversión de hidrógeno en helio y, por otro, que esas luminosidades no han variado sustancialmente a lo largo de sus vidas, se puede estimar la energía total radiada (es decir, luminosidad × tiempo). Luminosidad integrada que puede traducirse a masa de helio sintetizada a partir del hidrógeno. El resultado, en cierto modo sorprendente, es que la energía luminosa que se mide es mucho menor que la que se hubiese producido si todo el helio que se observa hubiese sido sintetizado en las estrellas. De modo que, a menos que las vidas de las galaxias hayan sido mucho más largas o sus luminosidades hayan sido muy superiores en algún período de sus vidas, no hay forma de explicar los datos sobre la abundancia de helio observada. Este es el problema que proporciona a la cuestión del helio su carácter cosmológico, que va a encontrar una solución en el universo temprano, como veremos en el siguiente capítulo.

Las componentes oscuras del universo

La idea común de que toda la materia del universo se manifiesta a través de la luz es persistente, incluso cuando sus efectos gravitatorios son patentes sin que la emisión luminosa haya sido detectada. Podría ser, se argumenta, por razones de lejanía, del dominio espectral en el que se manifiesta o de la baja intensidad intrínseca de la emisión, pero siempre subyace el convencimiento de que, si tuviéramos los instrumentos adecuados, con la sensibilidad suficiente y en el rango espectral adecuado, sería posible detectarla.

Que los movimientos causados por la fuerza de la gravedad pueden poner de manifiesto la presencia de cuerpos que no han sido detectados todavía es una vieja experiencia, como lo atestiguan los descubrimientos de Urano y Neptuno, de los planetas enanos o de la compañera de Sirio. Ahora bien, la teoría de Newton permite predecir, como hicieron Mitchell y Laplace, la existencia de cuerpos cuya gravedad impone una velocidad de escape superior a la de la luz, en cuyo caso ese cuerpo sería invisible, aunque los efectos gravitatorios sobre la materia circundante puedan delatar su presencia. Sigue sin ponerse en tela de juicio la capacidad de emisión de luz por esa materia, siendo la imposibilidad de su propagación hasta el observador lo que impide su detección.

Pero la física ofrece más posibilidades, puesto que no todas las partículas interactúan electromagnéticamente. Tanto en la teoría de Newton como en la RG, todo tipo de materia gravita, y por lo tanto cabe la posibilidad de que haya materia intrínsecamente oscura, que no es capaz de emitir luz, que se manifiesta tan solo a través de la gravedad.

Parecido razonamiento se puede hacer en relación con la energía. La RG nos enseña que, como ya dijimos, también la energía gravita, lo que no tiene precedente en la teoría de Newton. Como en el caso de la materia, quizás pueda existir algún tipo de energía que no esté relacionada con la luminosa. Es la energía oscura, a la que la cosmología actual ha otorgado un papel fundamental en la evolución del universo, hasta el punto de haberse hecho dominante en su fase actual.[92]

En todo caso, esos efectos son discernibles (como en el caso de los agujeros negros) cuando afectan a astros y sistemas luminosos que pueden informarnos sobre esos procesos, haciendo buena la frase de Anaxágoras, «En efecto, las cosas que aparecen nos hacen vislumbrar las cosas no patentes».

Como acabamos de recordar, la exploración del mundo de las partículas ha desvelado que algunas de ellas no son sensibles a la interacción electromagnética, y por lo tanto no están involucradas en los fenómenos intermediados por los fotones. Desde el punto de vista conceptual, aceptar la presencia de materia que no emite luz (que a eso se refiere, en principio, el adjetivo *oscuro* cuando hablamos de materia o energía oscuras) pero que tiene influencia gravitatoria no tiene nada de exótico. Al fin y al cabo, cualquiera que sea su naturaleza, toda la materia, toda la energía, todo lo que existe, gravita.

La historia del encuentro con la materia oscura ha sido relatada en varias ocasiones.[93] Ciñéndonos a la situación actual y su origen inmediato, las razones para admitir su existencia han venido, en primer lugar, de consideraciones dinámicas. Estudiando la cinemática de las estrellas, H. Poincaré introdujo el término *matière obscure* para cerrar el problema dinámico. Algo más de dos décadas más tarde, Oort utilizó esas mismas ideas y métodos para argumentar sobre la existencia de esa materia oscura en el entorno solar. No obstante, los argumentos más contundentes vendrán del análisis de los cúmulos de galaxias y, posteriormente, del análisis dinámico de las galaxias con disco.

Zwicky consideró la situación dinámica del cúmulo de Coma a partir de los primeros datos disponibles. Dada la forma del cúmulo, aproximadamente esférico, asumió que se encuentra en un estado dinámico relajado y estable, y por lo tanto sería aplicable el teorema del virial. Dicho teorema relaciona la energía cinética con la potencial en ese tipo de sistemas. La primera se refiere a la contenida en los movimientos, y la segunda, esencialmente, a la masa que causa esos movimientos.

Para determinar la energía cinética midió la dispersión de velocidades del sistema con los datos disponibles para las diez galaxias ya observadas del cúmulo. Para la energía potencial, calculó la masa que corresponde a la suma de las luminosidades de esas mismas galaxias. El resultado es que la energía potencial es muy inferior a la cinética y, aunque solo disponía de datos para diez galaxias, consideró que el resultado era muy robusto: las galaxias se mueven demasiado deprisa para la fuerza gravitatoria de la que el sistema parece ser capaz.

La alternativa es que el cúmulo no estuviese en equilibrio sino, más bien, en fase de dispersión violenta, como si se estuviera deshaciendo y se tratara de un sistema transitorio y efímero. Esa posibilidad, sin embargo, fue casi unánimemente rechazada por varias razones. En primer lugar, el aspecto del sistema no indica un sistema en disrupción sino uno estable. En segundo lugar, sus galaxias son sistemas relajados, que contienen estrellas muy evolucionadas (viejas) que, por lo tanto, deberían haberse formado antes de integrar esa aglomeración tan efímera, de la que ahora parecerían escapar. Algo muy improbable.

La conclusión que extrajo Zwicky, y que ha prevalecido hasta nuestros días, es que el cúmulo de Coma es un sistema estable que contiene mucha más masa de la que es responsable de la luminosidad de las galaxias (su masa en estrellas, básicamente), a la que se referirá como «masa oculta» (*hiden mass*) o «masa que falta» (*missing mass*).

Aceptada su existencia, quedan dos opciones acerca de su naturaleza: o bien emite luz en dominios espectrales entonces aún no explorados o, simplemente, no es capaz de emitir luz, en cuyo caso se trataría de materia que no es sensible a las interacciones electromagnéticas.

Esa primera alternativa, que la emisión de esa materia se produzca en un rango espectral diferente, aún inexplorado, iba a propiciar un gran descubrimiento, aunque, digámoslo desde el principio, no aportase la solución buscada al problema de la falta de masa.

En efecto, si se admite como hipótesis de trabajo que existe una componente material difusa y extendida, en equilibrio dentro del sistema, su energía cinética tiene que ser muy grande, como corresponde al enorme potencial gravitatorio, y por tanto tiene que estar totalmente ionizada. Siendo el hidrógeno el elemento más abundante, la conclusión es que, de existir esa componente, se trata de un plasma de electrones y protones, a muy alta temperatura, en el que los protones, más pesados, frenan a los electrones, que se mueven a altas velocidades. De modo que se va a producir, como ya indicamos en el capítulo II, una radiación de frenado que, dadas las altas temperaturas cinéticas que habría en un cúmulo (millones de grados), se manifestaría en el rango espectral de los rayos X. Esta era una previsión lógica, pero su confirmación tendría que esperar a que fuese posible observar en ese dominio de frecuencias.

Desde los años sesenta, usando globos estratosféricos y, posteriormente, vuelos de cohetes, para poder liberarse de la atmósfera terrestre, opaca a esas radiaciones, se había detectado emisión de rayos X en algunos cúmulos masivos, Coma entre ellos, haciendo creíble la hipótesis de partida, a saber, la existencia de un plasma caliente intracumular. El telescopio espacial de rayos-X, UHURU, lanzado en 1972, permitió confirmar esa idea y hacer el primer censo de cúmulos en rayos-X. Luego vinieron otros satélites como ROSAT, Newton-XMM, Chandra o e-ROSITA, que han proporcionado datos mucho más detallados y que han confirmado los primeros resultados. A saber, una buena fracción de los cúmulos contienen plasma muy caliente (unos cien millones de grados), con densidades de unas 1.000 partículas por metro cúbico, que emiten por el mecanismo de radiación de frenado, en la región espectral de los rayos-X. Un gran descubrimiento.

Calculada la masa de ese plasma, que no es sino materia bariónica que emite en el dominio de los rayos X, se encontró que es muy superior a la que contienen las galaxias en forma de estrellas, polvo y gas. Es decir, la componente mayoritaria de la materia luminosa de los cúmulos (y, podemos aventurar, del universo) no está encerrada en las estrellas, sino que constituye ese plasma caliente intracumular. En principio, esa componente bariónica dominante podría explicar la dinámica de los cúmulos. Pero los datos llevaron a concluir que es insuficiente por un factor 5, de modo que la anomalía dinámica sigue presente. Es decir, sigue siendo necesaria una componente oscura, que domina la densidad material de los cúmulos y es responsable de su dinámica.

En cuanto a las galaxias espirales, los datos acumulados en el dominio radio y el trabajo, ya en 1978, de V. Rubin y sus colaboradores K. Ford y R. Thonnard, que analizaron numerosas curvas de rotación, confirmaron que la velocidad de rotación alcanza un valor máximo que se mantiene constante hasta las regiones más alejadas del centro. Comportamiento contrario al que la distribución de materia detectada permite esperar, por lo que se concluye que tiene que haber más materia de la que se manifiesta como luminosa.

La RG prevé, como ya vimos, la desviación de rayos luminosos por la gravedad. Si un rayo luminoso pasa a una cierta distancia proyectada (transversal) de una masa, sufrirá una desviación proporcional a dicha masa e inversamente proporcional a la distancia proyectada. Recordemos que fue precisamente este efecto, producido por el Sol, el que se midió en las famosas observaciones de 1919, durante el eclipse solar, y que sirvieron de confirmación a la nueva teoría de la gravedad.

Pues bien, ese mismo efecto puede observarse cuando la fuente perturbadora es una galaxia o, incluso, un cúmulo de galaxias, permitiendo la medida de la cantidad y distribución de la materia responsable del efecto que se observa.

Además de los casos citados en el capítulo anterior, traemos aquí, por su importancia en cosmología, el caso de los cúmulos de galaxias que actúan como lentes gravitatorias. El caso emblemático es el de Abell 1689, con múltiples arcos y galaxias deformadas por causa de la desviación de las imá-

FIGURA IV.12. Cúmulo de galaxias Abell 1689. La inspección detallada de la imagen permite discernir galaxias muy deformadas y arcos luminosos que no son sino imágenes distorsionadas de galaxias más lejanas, afectadas por el efecto de lente gravitatoria producido por el cúmulo. El análisis muestra que hasta el 85% de la masa del cúmulo sería materia oscura.

genes por la fuerte concentración de masas (figura IV.12). El estudio de esas imágenes afectadas por efecto lente gravitatoria ha permitido determinar la distribución de la materia oscura, que aparece más extensa que el dominio ocupado por las galaxias del cúmulo o por el gas emisor en rayos X.

Esos análisis han permitido concluir que el 80-85 % de toda la materia sería oscura y tan solo el 15-20 % restante sería luminosa, la mayor parte en forma de plasma intracumular.

Tras un largo proceso de descubrimiento, hoy se admite que los cúmulos contienen galaxias, plasma intracumular y materia oscura no bariónica. Dado que esas componentes son sensibles a diferentes interacciones, salvo la gravedad, que es común a todas, es de esperar que en ciertas condiciones se manifiesten de manera diferente.

Situación que puede observarse en el caso de colisión de dos cúmulos. En esas circunstancias, las galaxias de cada cúmulo, dada su entidad dinámica y las distancias típicas entre ellas, se cruzarán casi sin alterarse, salvo débiles fuerzas de marea y algún (rarísimo) accidente de colisión frontal. En cuanto al plasma bariónico, difuso y extendido, se va a comportar de manera muy diferente, pues está sujeto a interacciones electromagnéticas y efectos gas dinámicos relacionados con la presión o la viscosidad, que van a frenarlo y modificar sus propiedades, propiciando la mezcla de los plasmas de cada cúmulo para aglutinarse en uno solo. Por su parte, la componente oscura, puesto que solo es sensible a la gravedad, se prevé que va a ser muy poco afectada.

El primer ejemplo que se encontró de cúmulos en colisión es el llamado cúmulo «de la bala» («Bullet Cluster»). Se trata de dos cúmulos, próximos en el cielo (figura IV.13), que muestran signos de colisión cuando se examina su emisión en rayos-X, codificada en color rojo en la figura. El gas, en el proceso de colisión, se frena, se calienta y emite gran cantidad de radiación e, incluso, produce ondas de choque, como se aprecia en la parte derecha de la imagen, de colosales dimensiones. Por su parte, las galaxias no muestran signos de haber sido muy alteradas por el proceso. En cuanto a la mate-

FIGURA IV.13. Cúmulo de la bala. En rojo se ha codificado el plasma caliente, bariónico, emisor en rayos X. Destaca la estructura en forma de bala (de ahí el nombre del cúmulo), a la derecha del centro de la imagen, que corresponde a una onda de choque de proporciones cósmicas. En azul se ha codificado la materia oscura, detectada por su efecto de lente gravitatoria, en dos nubes que corresponden a los dos cúmulos que han colisionado. La localización de la materia oscura coincide con la de las galaxias de cada cúmulo, lo que significa que no se han visto alteradas significativamente por la colisión. Difiere en cambio de la materia bariónica, poniendo de manifiesto su diferente naturaleza.

---

ria oscura, medida a través del efecto lente gravitatoria y codificada en azul en la figura, se aprecia que tampoco ha sido alterada y sigue su camino, similar al de las galaxias, como si nada hubiese pasado.

Es precisamente esa diferencia de comportamiento entre la materia responsable principal del efecto lente y la que emite en rayos-X, bariónica, lo que indica la naturaleza diferente de la primera. Como conclusión, siempre dentro del marco estándar, la materia oscura es de naturaleza no bariónica, por lo que no puede estar compuesta de partículas como los neutrones, protones y electrones, ni puede tener ninguna capacidad de interacción con ellos, salvo la gravitatoria. Es, por lo tanto, intrínsecamente oscura, incapaz de emitir fotones en ningún rango espectral. En cuanto a su naturaleza concreta, sigue hoy siendo un misterio, poblado de varios candidatos sin confirmar (agrupados bajo el genérico WIMPS, «weakly interacting massive particles»), tras cuya solución se han articulado grandes esfuerzos tanto experimentales como de observación.

El argumento de Zeldóvich sobre la materia oscura

El primero en proponer una solución para la aparente inconsistencia entre el tamaño de las irregularidades medidas en la RCF y las necesarias para poder explicar la formación de galaxias y cúmulos fue formulada por Zeldóvich en 1981. En una conferencia en Estonia, concluía que «la materia oscura no bariónica es necesaria para que pueda comenzar la formación de estructuras en el momento adecuado». Aspecto clave que se añadía al modelo estándar, cuyo mérito no está en predecirlo, sino en su capacidad para acomodar esas hipótesis y «salvar el fenómeno».

Como puntualizaba Zeldóvich, esa materia oscura tenía que ser no bariónica y, además, tiene que ser la componente material dominante. La primera condición es necesaria para que no sea sensible a las interacciones electromagnéticas y, en particular, no se acople con la radiación. De esa forma, libre de la condición de equilibrio, sus irregularidades pueden crecer en todo momento sin limitaciones y sin dejar huella en esa radiación. La segunda condición asegura que la materia oscura va a desarrollar grandes aglomeraciones (los llamados halos de materia oscura) que, cuando la materia bariónica se desacople, hagan de poderosos centros de atracción, propiciando el crecimiento rápido de sus irregularidades desde el momento de su desacoplo. De esa forma, estas pueden crecer por factores muy superiores a 1.000 desde que materia bariónica y radiación se desacoplaron, lo que permite hacer compatibles, dentro de un esquema explicativo coherente, el universo temprano, uniforme, del equilibrio radiación-materia bariónica, como se refleja en la RCF, con el universo estructurado que observamos.

La idea de la existencia de materia oscura ha hecho su camino, aunque poco se ha avanzado en cuanto a su posible naturaleza. El análisis de cúmulos en colisión y la detección de grandes cantidades de materia no luminosa por su efecto de lente gravitatoria han afianzado esa idea. Sin olvidarnos del papel esencial que esa materia oscura no bariónica puede desempeñar para elaborar la explicación del crecimiento de las irregularidades en el universo temprano y la posterior formación de galaxias y sus aglomeraciones. La presencia (dominante) de materia oscura se ha convertido en una componente imprescindible para la coherencia del modelo cosmológico evolutivo.

La energía oscura y la aceleración de la expansión

La materia oscura gravita de igual manera que la luminosa, y se incorpora sin mayores problemas, cualquiera que sea su naturaleza, en la RG y las ecuaciones de Einstein. La energía oscura, de la que nos ocupamos ahora, parece, sin embargo, emerger como una enorme sorpresa, contraintuitiva en muchos aspectos, y tiene difícil inserción en el esquema einsteiniano, salvo que se identifique con la constante cosmológica. Constante de la que habitualmente se ha querido huir pero que, como hemos venido repitiendo, está como recurso disponible en caso de necesidad. Y esa necesidad se ha presentado bajo el aspecto de la aceleración de la expansión.

Como ya hemos argumentado en el capítulo III, anular la constante cosmológica es atribuirle, arbitrariamente, un valor que no viene impuesto por la teoría y que solo las observaciones pueden fijar. La constante cosmológica modifica la ley de la gravedad y le añade una componente que es repulsiva, en lugar de atractiva.[94] A partir de los años 1990 empezó a aflorar la idea de que esa constante pudiera ser un ingrediente necesario para explicar las observaciones, como ya apuntamos en el capítulo anterior. El análisis en base a argumentos teóricos y teniendo en cuenta la detectabilidad de los efectos de Λ había mostrado que el parámetro cosmológico correspondiente debería tener un valor de 0,70, aproximadamente, para que pudiesen ser detectados sus efectos. (Moles, 1991, *op. cit.*).

La concurrencia de argumentos sobre la posible aceleración de la expansión, junto con el nunca del todo desaparecido problema de la edad del universo, impulsó los proyectos para medir la presencia de la constante cosmológica. El uso de las SNIa como indicadores de distancia, una vez que se disponía de datos en cantidad suficiente, permitió analizar la relación z-distancia, es decir, la ley de Hubble-Lemaître, hasta enormes distancias, a las que los fenómenos de cambio de ritmo de expansión con el tiempo ya son apreciables. Los resultados obtenidos por ese método, por dos equipos diferentes,[95] muestran discrepancias con las predicciones del modelo estándar sin Λ, ya que consignan distancias sistemá-

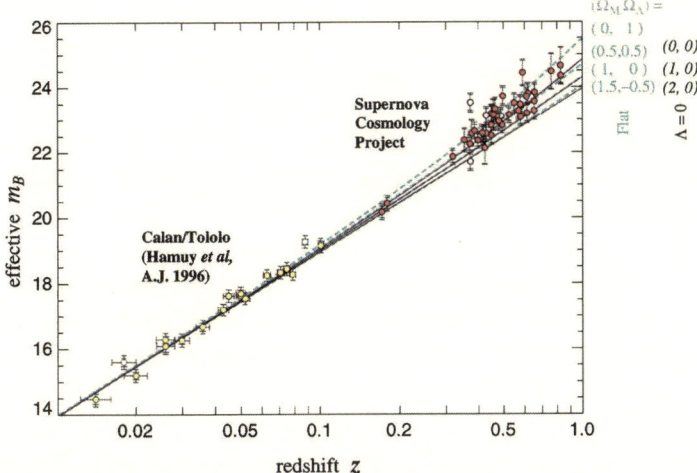

FIGURA IV.14. Relación magnitud aparente-*redshift* a partir de datos de SNIa. Tratándose de candelas estándar, la magnitud aparente está directamente relacionada con la distancia. Las diferentes curvas de ajuste corresponden a modelos con diferentes valores de los parámetros cosmológicos (entre paréntesis, a la derecha de la gráfica). Se consideran dos casos, ambos con curvatura espacial nula, los modelos planos (líneas de trazos) y los modelos sin constante cosmológica (líneas continuas). Ver texto para comentarios.

ticamente mayores de las que esos modelos prevén. De modo que, como resaltan los autores, los datos son claramente inconsistentes con $\Lambda = 0$, en particular en el caso de un universo plano, sin curvatura espacial (que es el preferido y el favorecido por los análisis de los datos de la RCF).

La relación entre z y luminosidad aparente (que da directamente la distancia para candelas estándar, es decir, que tienen la misma luminosidad intrínseca) obtenida por el *Supernova Cosmology Team* se reproduce en la figura IV.14, tomada de su trabajo. Es de notar la dispersión en la zona de alto z, que incluye predicciones de modelos con un amplio rango de valores de los parámetros cosmológicos. Optimizando el ajuste, se constata, en primer lugar, que, en el caso $\Lambda = 0$, ningún modelo proporciona un ajuste aceptable, lo que constituye la conclusión más significativa: el modelo estándar necesita la contribución de un valor $\Lambda > 0$ para poder ajustar los datos. En cuanto a los modelos planos (en azul), el mejor ajuste necesita que la contribución del término de la constante cosmológica sea, en el universo actual, al menos, tan importante como el de la materia-energía, incluso algo superior. Es la segunda conclusión de esos trabajos, menos fuerte que la primera pero importante: el contenido energético-material del universo, en la etapa actual, estaría dominado por Λ.

Los investigadores principales de esos proyectos, A. Riess, S. Perlmutter y B. Schmidt, recibieron en 2011 el Premio Nobel de Física por el descubrimiento de la aceleración de la expansión del universo.

Queremos hacer notar que, en los trabajos citados, no se presentan ajustes por modelos en los que el término de curvatura espacial no sea nulo. Bien es verdad que, además de no contar con datos que puedan indicar el valor de ese término, la idea de la inflación favorece el caso del universo espacialmente plano (ver luego). Pero, por otro lado, no está demostrado que esa sea el caso y, evidentemente, disponer de un nuevo parámetro, permite toda una nueva variedad de modelos que podrían ajustar los datos.

El papel acelerador de la expansión que juega la constante cosmológica ha sido formulado en términos más generales, considerando que no se trata exactamente de una constante, sino una nueva componente, la energía oscura. En este punto, queremos insistir en que la hipótesis de la energía oscura no conlleva, necesariamente, la anulación de la constante cosmológica, que debería seguir siendo considerada mientras no haya datos que permitan concluir que es nula.

Según los modelos y sus ajustes a los datos, la conclusión a la que se llega es que más del 95 % del contenido energético-material del universo actual es oscuro, con apenas un 5 % de materia bariónica. En cuanto al sector oscuro, la componente dominante sería la energía oscura, con alrededor del 70 % del total, quedando el restante 25 % para la materia oscura. Lo que refleja claramente que ambas componentes oscuras son imprescindibles para comprender algunos problemas astrofísicos y cosmológicos, con consecuencias para toda la física. Determinar sus propiedades, su naturaleza o la ecuación de estado de la energía oscura, en su caso, son objetivos de primera magnitud e importancia, uno de los mayores retos ya no solo de la astronomía, sino de la ciencia en general. No es, pues, de extrañar que se estén movilizando, desde hace años, grandes recursos para tratar de profundizar en sus conocimientos y poder detallar sus propiedades hasta desvelar su verdadera naturaleza.

Una vez más, la astrofísica ha mostrado su capacidad para plantear nuevas y básicas cuestiones y, por ese camino, ha revolucionado la ciencia y abierto nuevos horizontes. En este sentido, antes de terminar estas secciones sobre las componentes oscuras del universo, queremos insistir en que, así como la puesta en evidencia de la materia oscura (o la correspondiente necesidad de modificar la ley que rige la gravedad a esas escalas, como luego comentaremos) se asienta sobre bases sólidas, que no necesitan de sofisticadas elaboraciones u observaciones, la de la energía oscura se basa en difíciles y delicadas observaciones que tratan de poner de manifiesto fenómenos sutiles y que, finalmente, son comparadas con un grupo determinado de posibilidades teóricas. El carácter modelo-dependiente de la interpretación es totalmente explícito en ese caso. Quizás, por eso, sea conveniente no perder de vista el viejo adagio alquimista, «antes de intentar explicar un fenómeno, cerciórate de que existe».

V
La cosmología relativista

Sin embargo, antes de invocar una creación, que ponga punto
final a cualquier discusión, creo que deberíamos intentar cualquier otra cosa.

J. Kepler
De Stella Nova

Hemos revisado lo que el universo contiene y lo que las observaciones han sido capaces de desvelar, así como las bases
teóricas sobre las que construir una nueva cosmología. Corresponde ahora recordar la formulación específica de esa
nueva cosmología, adjetivada como *relativista* por sus fundamentos teóricos.

En consonancia con la cita de Descartes que abre este libro,
nuestra intención no es presentar un cuadro cerrado en lo
que todo encuentra su explicación, sino tratar de delinear,
al hilo de los éxitos del modelo estándar, los contornos de las
hipótesis y posibles incoherencias e imprecisiones que ese
modelo incorpora para llegar a sus fines. Que no son sino el
de explicar y hacer congruentes, de acuerdo con las leyes de
la física, el conjunto de datos que se van acumulando.

Ilustrar esos claroscuros sobre el fondo brillante del modelo estándar es lo que pretenden este y el siguiente, último,
capítulos.

Fundamentos y bases de la cosmología relativista

La cosmología relativista, como venimos repitiendo, tiene sus raíces inmediatas en dos acontecimientos científicos mayores, que se producen, casi simultáneamente, a principios del siglo xx. Uno de ellos es la formulación por Einstein de la teoría de la RG, que, como ya sabemos, implica una nueva visión de la gravedad. La segunda es el descubrimiento de las galaxias, que pone de relieve un universo inmenso. Teoría y astrofísica, que hacen posible el surgimiento de una nueva cosmología. La conexión entre esos dominios, el universo observado y la cosmología, viene determinada por las ecuaciones de Einstein, que establecen la radical equivalencia entre la estructura del espaciotiempo, la geometría, y el contenido energético-material.

Los modelos cosmológicos son soluciones particulares de las ecuaciones de Einstein, construidos sobre principios que tratan de caracterizar el universo en su conjunto, simplificando la realidad observada. La capacidad de la RG de conferir naturaleza dinámica al espaciotiempo, casi de imponerla por su propia esencia, permite establecer las pautas de un universo evolutivo, gracias a las que se pueden ligar las observaciones relativas a sus diferentes etapas evolutivas.

La hipótesis fundamental de la cosmología actual es la homogeneidad e isotropía espaciales (principio cosmológico), que implica uniformidad cosmológica en el espacio, pero no en el tiempo. Los primeros modelos evolutivos formulados sobre esa base fueron presentados por Friedman en 1922. Su gran mérito, reconocido por primera vez, poco después, por Lemaître, es asimilar el fenómeno-z con la variación temporal de la métrica. Es decir, ese fenómeno observado sería de naturaleza puramente geométrica, que es lo mismo que decir gravitatoria, solo posible en el marco de la RG. Ese principio y ese argumento derivado son los pilares del modelo cosmológico estándar.

La evolución ordenada de la métrica de los modelos, que resulta de la aplicación de esa hipótesis, conlleva la idea de un universo evolutivo, con historia, desde una singularidad inicial o *big-bang*[96] hasta el que hoy nos rodea, frío y heterogéneo. Dentro de ese paradigma, tiempo (cósmico) y edad, distancia y *redshift*, se convierten en términos sinónimos, ligados por relaciones simples, de modo que la historia del universo se hace observable: los sistemas son tanto más jóvenes cuanto más lejos se encuentran del observador, es decir, cuanto mayor es su *redshift*.

Formulación del modelo estándar. Friedman y Lemaître

El éxito inicial de los modelos de Friedman, publicados en dos trabajos de 1922 y 1924,[97] varios años antes de que Lemaître publicase su trabajo fundamental y diez años antes del análisis completo de Robertson y Walker, ha persistido. Esos modelos siguen siendo los de referencia, presentes y explicados en todos los manuales. Los datos que se han ido acumulando los han afianzado y han mostrado su capacidad para integrar hipótesis suplementarias, que son necesarias para encajarlos.

La aceptación final del papel de la constante cosmológica Λ (o la energía oscura) y de la materia oscura fría (es decir, no relativista, CDM de sus siglas en inglés), le han valido, a ese modelo estándar, el nombre de modelo «Lambda Cold Dark Matter» o ΛCDM.

En su trabajo de 1922, expresivamente titulado *Sobre la curvatura del espacio,* Friedman se propone encontrar modelos intermedios entre los dos estáticos, el de Einstein, que contiene la máxima cantidad posible de materia, y el de De Sitter, que está vacío. Con todo detalle demuestra que esos dos modelos no son sino casos particulares, los dos casos extremos, de uno general, y presenta las ecuaciones que dan la solución, desde entonces conocida como ecuaciones de Friedman. En el segundo, de 1924, titulado *Sobre la posibilidad de un mundo con una curvatura negativa constante del espacio,* se culminaba el trabajo de 1922, completando el examen de todas las soluciones posibles: curvatura espacial positiva, nula o negativa.

Las ecuaciones de Friedman describen un espaciotiempo 4-dimensional, que llamamos universo, con curvatura espacial constante y propiedades constantes en casa sección espacial que, sin embargo, cambian con el tiempo. Es decir, sus propiedades geométricas cambian de un instante cosmológico al siguiente, pero en cada momento determinado tienen el mismo valor para cualquier posición en el espacio. Como implican las ecuaciones de Einstein, lo mismo ocurre con las propiedades globales, densidad y presión entre otras, del contenido energético-material.

Friedman supone, refiriéndose al universo que se observa, que su contenido material es simplemente materia no relativista, cuyos movimientos propios son despreciables (velocidades muy inferiores a c), y por tanto la ecuación de estado se reduce a $p = 0$.[98] Bajo todas esas condiciones las ecuaciones de Einstein se reducen a dos. Dado que nos hemos propuesto utilizar el mínimo posible de fórmulas, vamos a tratar de explicar con palabras lo que esas ecuaciones contienen.

La primera de ellas pone en relación el ritmo de variación del parámetro de escala (que denotamos con la letra R), es decir, su primera derivada, con los otros parámetros del modelo: por un lado, curvatura espacial (notada como k) y constante cosmológica, que son parámetros métricos; y, por otro, densidad de materia-energía. Ese ritmo está directamente relacionado con el parámetro H. La segunda ecuación relaciona la variación de ese ritmo de expansión (es decir, la segunda derivada de R), que se codifica como parámetro de deceleración, q, con la densidad de materia.

En resumen, el modelo de Friedman describe un universo con radio de curvatura dependiente del tiempo y solo del tiempo, en función de la densidad de materia en cada momento cosmológico, así como de los valores de la constante cosmológica y de la curvatura espacial. La materia-energía determina la métrica, cuya forma general ha sido impuesta por la hipótesis de homogeneidad e isotropía espaciales. La dimensión característica de ese universo viene dada por el parámetro R y su edad está determinada por el (inverso del) ritmo de expansión, es decir, la edad del universo es la edad del proceso de expansión de la métrica.

Friedman reconoce que aún no es posible confrontar su modelo con los datos, dada su escasez, pero, a modo de ilustración, encuentra que, si no se tiene en cuenta el efecto de la constante cosmológica, un universo con 10^{21} masas solares tendría una edad de 10.000 millones de años, lo que sirve para ilustrar lo que ya por entonces (antes de que se demostrase el carácter extragaláctico de las nebulosas blancas) empezaba a pensarse del universo y su extensión. Finalmente, para completar su trabajo, añade una clasificación de los modelos en función del valor que tome la constante cosmológica.

Conocido es que Einstein escribió a la revista en que había publicado Friedman sus ecuaciones diciendo que esos resultados le parecían sospechosos y que no satisfacían a sus ecuaciones. Friedman respondió reafirmándose en sus resultados y, tras algunos avatares, Einstein reconoció su error y manifestó que las soluciones de Friedman eran correctas y, pocos años más tarde (Friedman ya había fallecido), fue él quien informó a Lemaître que Friedman le había adelantado en la publicación de las soluciones del universo evolutivo.

El siguiente paso significativo lo dio G. Lemaître en 1927, en el artículo ya citado. En realidad, redescubre de manera independiente el modelo y las ecuaciones de Friedman. Incluso una de sus motivaciones declaradas es similar a la expresada por Friedman, a saber, encontrar una solución general de la que los modelos de Einstein y De Sitter sean tan solo casos particulares. Al igual que él, encuentra que la solución es un modelo de curvatura que, siendo espacialmente constante, varía con el tiempo cósmico. Los modelos coinciden, pero, a diferencia de Friedman, desde los primeros párrafos Lemaître hace notar la importancia de las medidas de desplazamientos espectrales hacia el rojo en los espectros de las galaxias, y comenta la posible relación con las distancias, calculando incluso la constante de proporcionalidad, como ya señalamos en un capítulo anterior.

Tras admitir el carácter cosmológico del fenómeno-z, Lemaître elabora su más importante contribución: una explicación puramente geométrica del mismo, a partir de la métrica de sus modelos. Decir *geométrica*, en RG, es decir *gravitatoria*: la materia determina la métrica, y el comportamiento de esta permite explicar la universalidad y la relación con la distancia del desplazamiento hacia el rojo de las galaxias. Un paso decisivo para fundamentar la naciente cosmología relativista, que Lemaître integra en el título mismo de su trabajo (ya citado): «Un universo homogéneo de masa constante y de radio creciente que da cuenta de la velocidad radial de las nebulosas extragalácticas». Ha nacido la cosmología relativista, basada en la RG de Einstein.

Para exponer esa explicación, no hay mejor que seguir los pasos del propio Lemaître. La métrica del modelo proporciona una relación inmediata entre las coordenados espaciales y las temporales para las trayectorias de las ondas luminosas. El único parámetro que interviene es el de escala, R, o radio de curvatura en el lenguaje de Lemaître. En efecto, si se considera un intervalo de tiempo, por ejemplo, entre dos crestas de la onda, en el sistema que emite, que llamaremos $(\Delta t)_{em}$, cuando la señal llegue al observador la medida será $(\Delta t)_{ob}$. Esos valores son diferentes, puesto que la métrica con la que se miden ha variado de un momento al otro. Dado que la variación de la métrica viene dada exclusivamente, en esos modelos, por la del parámetro de escala R, la relación entre esas dos medidas de tiempo vendrá dada por su variación entre el momento de emisión y el posterior de detección. Ahora bien, una frecuencia se puede asociar a la inversa de un intervalo temporal y, recordemos, frecuencia y longitud de onda son inversamente proporcionales. Por lo cual, teniendo en cuenta la definición de z que hemos dado antes $(1 + z = \lambda_o / \lambda_e)$, se llega a la conclusión fundamental, simple y contundente, formulada como:

$$1 + z = \frac{R_{ob}}{R_{em}}$$

Fórmula simple que expresa que las líneas espectrales se desplazan porque la métrica cambia de una determinada manera con el tiempo.

Ahora bien, nada en la teoría permite predecir si ese desplazamiento es hacia el rojo (positivo) o hacia el azul (negativo) y, de hecho, ambos casos caben dentro de esos modelos (incluso $z = 0$ si R es constante, que corresponde al caso de Einstein). Son las observaciones las que demuestran que, de manera general, $z > 0$, por lo que, dentro del marco de esos modelos, se tendrá $R_{ob} > R_{em}$, es decir, puesto que la detección es posterior a la emisión, el radio de curvatura espacial del universo aumenta con el tiempo. De ahí la conclusión de Lemaître: el universo está en expansión. Una conclusión que, insistimos, no impone el modelo sino los datos.

Lemaître prosigue para demostrar que, para valores relativamente pequeños, z es proporcional a la distancia. Aunque se desprende de las propias ecuaciones y conceptos, ese parámetro que relaciona distancias y valores de z no es constante a lo largo de la historia del universo. Se llama, sin embargo, *constante* porque, para un instante (cosmológico) dado, tiene el mismo valor en todo el espacio (tridimensional).

Los trabajos de Friedman y de Lemaître parten de una hipótesis de uniformidad espacial que no justifican ni elaboran, por lo que no tienen el grado de formalización, rigor matemático y sistematización que aportarán luego Robertson y Walker. Pero los cimientos y primeras etapas del modelo cosmológico están ya puestos y han persistido hasta hoy día.

El desplazamiento hacia el rojo.
Comentarios sobre una confusión frecuente

Vista la explicación que proporcionan las ecuaciones de Friedman para el fenómeno-z, pudiera parecer innecesario insistir sobre cuál es su naturaleza y su causa. Sin embargo, es fácil constatar que sigue siendo una de las cuestiones sobre las que se ha creado confusión, al asimilarlo con mucha frecuencia a un efecto Doppler. Lo que es, apresurémonos a decirlo, totalmente incorrecto.

En RR, los desplazamientos espectrales solo pueden ser producidos por la velocidad relativa entre emisor y observador, el conocido efecto Doppler, que los describe en función de esa velocidad relativa entre ellos. En RG, hay otras causas posibles como son las variaciones del campo gravitatorio o, ya dentro del marco cosmológico, por la variación sistemática de la métrica con el tiempo, como mostró Lemaître. Existen velocidades propias (reales) de las galaxias que producen un efecto Doppler, pero, en el caso cosmológico, el aumento de las distancias entre las galaxias con el tiempo no se debe a que se muevan unas con respecto a otras, sino a que el parámetro de escala aumenta con el tiempo. El *redshift* cosmológico no tiene ninguna relación con las velocidades relativas (que, por otro lado, producen efectos mucho menores, en general), sino que es un efecto puramente métrico, es decir, gravitatorio y, como tal, exclusivo de la RG.

Resulta algo sorprendente que el mismo Lemaître, que relaciona z con el comportamiento de la métrica, titule la sección correspondiente como «Effet Doppler dû à la variation du rayon de l'univers», mezclando dos conceptos diferentes. En su favor puede decirse que, dado el minúsculo rango de valores de z entonces conocido, expresar los desplazamientos espectrales como $v = cz$ es comprensible. Pero no es riguroso, pues el efecto Doppler y el efecto de expansión son de naturaleza totalmente diferente y se describen con expresiones matemáticas totalmente diferentes, que solo coinciden (en las expresiones, no en el fondo) para valores pequeños de z. Aún resulta menos comprensible que tanto en algunos manuales como en conferencias o libros de divulgación, e incluso en artículos científicos, el z cosmológico sea presentado como debido a la «velocidad de alejamiento» de las galaxias, es decir, como un efecto Doppler genuino. Esto es así hasta el punto de que incluso Hubble y Humason, cuando ya disponían de valores de z tan altos como 0,15, usaban la fórmula relativista del efecto Doppler para calcular la «velocidad» correspondiente, lo que es totalmente erróneo y daba lugar a resultados incorrectos.

Más allá de lo que el propio trabajo de Lemaître muestra, otros autores han insistido en esa diferencia, tan aparente, entre la explicación geométrica de la ley de Hubble-Lemaître y el efecto Doppler, entre un efecto geométrico-gravitatorio, propio exclusivamente de la RG y un efecto de movimientos relativos. Queremos aquí citar a E. Schrödinger, uno de los fundadores de la mecánica cuántica, que explica esa diferencia básica de manera precisa e inequívoca en un trabajo publicado en 1956.[99] En el primer apartado de ese trabajo escribe:

> ... en la hipótesis de la recesión el cambio de frecuencia y energía no debería denominarse efecto Doppler. Ya que, estrictamente hablando, no está relacionado ni con la recesión de la fuente en la emisión (el observador se considera permanentemente en reposo) ni con la recesión del observador en la llegada (la fuente se considera permanentemente en reposo): **el cambio está determinado por la relación de los radios del espacio en estas dos épocas y tiene lugar gradualmente, a lo largo del trayecto, entre la luz que viaja y el contenido material global, suavizado hasta la uniformidad en nuestros modelos aproximados, es decir, la materia que define la métrica del universo en expansión.** De hecho, cada partícula material libre, por ejemplo, un rayo cósmico, disminuye su longitud de onda de de Broglie (o su impulso) exactamente al mismo ritmo, a saber, inversamente proporcional al radio del espacio (el énfasis es nuestro).

Es decir, para expresarlo simplemente, lo que ocurre es que el parámetro de escala crece con el tiempo y, con él, la métrica del espaciotiempo (determinada por el contenido energético-material, suavizado en los modelos, como dice Schrödinger), lo cual produce el estiramiento de las ondas luminosas (o de cualquier otro fenómeno que se desarrolle en el tiempo) en la misma proporción. Y eso es el desplazamiento hacia el rojo.

Otro de los autores que ha insistido sobre esta cuestión es E. Harrison, quien, en un trabajo de 1993,[100] muestra, insistentemente, las diferencias sustanciales entre la relación que liga la distancia con z, con la ley que relaciona velocidad con distancia, que, en ningún caso coinciden, salvo para valores pequeños de z. Pero la confusión persiste como ninguna otra en cosmología,[101] lo que fuerza a insistir en que, aunque las distancias entre las galaxias aumentan, eso no se debe a movimientos a través del espacio sino al ritmo de expansión del espacio: expansión del espacio, no movimientos en el espacio.

El *redshift* de las galaxias es un fenómeno puramente métrico-gravitatorio que no tiene parangón fuera del contexto de la RG, y que hay que interpretar y formular dentro de esta. Parafraseando a Harrison (*op. cit.*), no puede decirse que el universo se expande en el espacio, sino que ese universo es, precisamente, el espacio en expansión. Para acabar de resaltar la diferencia esencial con la idea de movimientos, señalemos, siguiendo al mismo Harrison, que esa expansión de la métrica puede hacerse a cualquier velocidad, incluso superior a c, sin contradecir la RG. Son las interacciones y cuerpos los que no pueden transmitirse o moverse a velocidades superiores a c, pero la métrica no conoce ese límite. De hecho, la idea de inflación, propuesta generalmente admitida para resolver algunas cuestiones problemáticas en cosmología, se refiere a una etapa del universo en la que la expansión de la métrica era superlumínica, es decir, a velocidad superior a c.

Cierto es que perder la referencia al efecto Doppler, a velocidades de alejamiento, invalida la imagen habitual que suele darse del fenómeno, incluida la demasiado frecuente imagen del *big-bang* como una explosión, que resulta del todo inadecuada y muy poco feliz. Esa pérdida de referencia hace extremadamente difícil imaginar algo que se expande, pero no en más espacio, por decirlo de alguna manera, sino en sí mismo.

No es posible ocultar que la RG requiere un cierto nivel de abstracción para poder comprender sus resultados, por lo que las imágenes clásicas y las analogías tienen un alcance limitado, que hay que tratar con cuidado. La idea de espacio y tiempo, por separado, como marco de referencia, es difícil de abandonar, pero la RG lo exige. El espaciotiempo tiene su propia dinámica, que está radicalmente unida a la presencia y comportamiento de la materia y energía. Y esto hace la vida muy difícil a las analogías.

En definitiva, en RG el espaciotiempo es creado por la materia, no es algo separado de ella, no es ningún sustrato. En RG espaciotiempo y materia-energía son equivalentes (recordemos las propias ecuaciones de Einstein) y, por lo tanto, no hay, como en la conocida analogía que a veces se usa para ilustrar la expansión del universo, una pelota de goma que se hincha y unas monedas adheridas que se alejan pero que no se hacen más grandes ni se despegan. En RG no hay «goma y monedas» sino materia que crea la geometría.

No es sencillo imaginarse la expansión del universo, y, de hecho, no conocemos analogías que mantengan un adecuado grado de coherencia con la RG. El propio nombre de expansión lleve quizás a la idea de movimiento, pero, a falta de una mejor expresión, tratemos de transmitir su sentido sin traicionar la letra y el espíritu de la RG. Bajo ese paradigma, las galaxias no se mueven en el espaciotiempo (salvo movimientos propios que no vienen al caso), creado por la materia; el espaciotiempo se expande, haciendo que aumenten las distancias que, recordémoslo, se miden con su métrica. La expansión es, ni más ni menos, el crecimiento con el tiempo de la métrica del espaciotiempo.

Para retomar el hilo de la exposición, podemos concluir diciendo que el modelo cosmológico estándar corresponde a un universo homogéneo e isótropo descrito por las ecuaciones propuestas hace cien años por A. Friedman. De hecho, es uno entre todos los posibles pues lo que se obtiene es una familia de modelos, definida por un conjunto de parámetros. Solo una determinada elección del valor de los parámetros, en base a resultados observacionales, permite seleccionar un modelo concreto dentro de esa familia. En base a esos datos que van acumulándose se ha llegado a un modelo estándar, ΛCDM.

Universo evolutivo: la historia del universo

A modo de recapitulación, insistamos en que Friedman y, luego, Lemaître parten de un principio de uniformidad para establecer una métrica que, junto con una distribución de materia acorde, permite resolver las ecuaciones de Einstein. La base es el principio cosmológico que impone la idea de homogeneidad e isotropía espaciales del universo en un instante dado. Esta formulación encierra aspectos nada sencillos de dilucidar y que siguen siendo objeto de agudas discusiones.

Por el momento, vamos a seguir el flujo del desarrollo del modelo que se ha convertido en estándar sin entrar en aspectos que podrían ser problemáticos. Hay magníficas exposiciones para todo lector interesado,[102] así como manuales y libros de texto que exponen, con el rigor del aparato matemático, el modelo y sus consecuencias.[103] Fieles a nuestra autoexigencia de no usar (apenas) fórmulas, vamos a intentar hacer una exposición inteligible sin ese soporte.

Aunque ya se ha indicado, insistimos una vez más en que la aplicación del principio cosmológico tiene como consecuencia que no haya términos mixtos, que mezclan espacio y tiempo en las ecuaciones. Esta característica es la que permite introducir un tiempo cósmico, que fluye de manera monótona y permite hablar de la historia del universo.

Todos los elementos de una sección espacial dada tienen la misma coordenada temporal, lo que permite definir un momento de la historia del universo. En ese momento, las propiedades de la métrica y del contenido energético-material (densidad, presión, temperatura) son las mismas en todos sus puntos. El universo cambia, pero en cada instante sus propiedades son las mismas en todas partes, lo que es una propiedad muy singular, que tan solo este tipo de modelos presenta (ver, entre otros, el libro de S. Weinberg que acabamos de citar, para una presentación detallada y rigurosa de estas cuestiones).

Distancia y edad

Como hemos leído y oído repetidas veces, observar galaxias más lejanas equivale a observar más atrás en el tiempo. Pero eso no es inmediato. Vayamos por pasos.

En realidad, sobre la base de que existe un límite superior a la propagación de la información, lo que puede afirmarse es que cuanto más lejos está una galaxia, más tiempo tarda en llegarnos la señal que ha emitido. O, desde la posición del observador, la señal que se detecta ahora salió hace tanto más tiempo, cuanto más lejana esté la galaxia.

Hasta ahí, nada nos permite, sin embargo, hablar de la edad «cosmológica» del emisor, pues en términos generales *distancia* y *edad* no están relacionadas. En otras palabras, el hecho de que la información tarde más en llegar nada nos dice sobre si esa parte del universo es más joven o vieja que la que está más cerca.

Para que esas dos nociones, *distancia* y *edad*, se puedan poner en correspondencia, es necesaria la existencia del tiempo cósmico y su ordenación monótona, que, como venimos señalando, no es una propiedad general de la RG, sino tan solo de cierto tipo de soluciones. Solo esos modelos permiten concebir la idea de un universo evolutivo, ya que permite concluir que la galaxia más distante, que emitió su luz en un instante cósmico anterior, pertenece a un universo más joven.

Diferentes distancias o, de una manera equivalente, diferentes valores del *redshift*, nos informan sobre momentos diferentes de la evolución del universo. Esa relación z-distancia, ligada por construcción a la métrica que hace posible la existencia de un tiempo cósmico, y la que hay entre z y tiempo cósmico, permiten ordenar los datos y la información en secciones espaciales y, por lo tanto, hablar de la historia o de la evolución del universo. En consecuencia, en ese marco, el universo más lejano es también más joven, aspecto clave del modelo que deber ser controlado sistemáticamente con los datos disponibles en cada momento.

Hay que recordar en este momento que se trata de cosmología, por lo que los aspectos locales tienen que ser diluidos. Son las propiedades globales de cada sección espacial, del universo en cada instante, las que cambian de manera monótona con el tiempo, no tanto las de sistemas particulares tales como galaxias, cuásares o cúmulos de galaxias que lo pueblan. Los procesos de formación y evolución de las galaxias y sus aglomerados son complejos, y podemos encontrar galaxias masivas, bien estructuradas y muy evolucionadas (sin población estelar joven, por ejemplo) a grandes distancias y, por otro lado, galaxias poco masivas y apenas evolucionadas (con mucha población estelar joven, por ejemplo) a pequeñas distancias.

Lo que el modelo dice es que el universo era más joven cuando las más lejanas emitieron la luz que observamos, que informan de condiciones globales (cósmicas) que eran significativamente diferentes de las que transmiten los astros próximos. Las estructuras a gran escala tienen que ser, según el modelo, tanto más jóvenes cuanto más lejos observamos, cuando la densidad promedio del universo es mayor. Hasta el punto de poder vaticinar que, en épocas muy remotas, el universo era muy diferente del actual, sin galaxias ni estructuras, denso y caliente, casi homogéneo y dominado por radiación. Debió existir, incluso, una etapa en la que ni siquiera los protones, electrones y neutrones existían todavía. Una historia fascinante, apoyada en principios físicos y formulada matemáticamente.

Los parámetros cosmológicos

Una vez dadas la métrica y la contribución de la materia-energía, las ecuaciones de Einstein proporcionan las relaciones entre ambas y su evolución temporal. Sabemos que la solución de Friedman comporta dos ecuaciones independientes, para tres funciones desconocidas: R(t), que aparece con sus derivadas primera y segunda, la densidad de materia-energía y, en cada caso, su presión (proporcionadas, en principio, por los datos de observación), más dos parámetros libres, a saber, la constante cosmológica y la curvatura espacial, que tendrán que ser proporcionados también por los datos de observación. Para cerrar el problema, será necesario especificar la relación entre densidad y presión, la ecuación de estado, para cada una de las componentes que conforman el universo. En base a esos parámetros, redefinidos de manera conveniente, se puede hacer la descripción del universo y sus etapas.

Así que, antes de caracterizar esas etapas evolutivas, vamos a introducir los parámetros cosmológicos, que combinan, como consecuencia de las ecuaciones de Friedman, esas incógnitas del problema y que, finalmente, codifican las diferentes soluciones posibles, permitiendo visualizar las posibilidades de medida que se ofrecen. Puesto que dependen del tiempo (aun siendo espacialmente constantes en cada momento cosmológico), cuando nos refiramos a sus valores en la época actual llevarán, como es habitual, el subíndice cero.

Los primeros parámetros que se definieron son los que describen la expansión, tanto su ritmo, dado por el parámetro de Hubble-Lemaître, H, como su variación con el tiempo, medida por el llamado parámetro de deceleración, q. Ambos aparecen explícitamente, en las ecuaciones de Friedman. La constante de Hubble-Lemaître, que relaciona directamente el *redshift* con la distancia, es función de la derivada del parámetro de escala, R. Es el equivalente, en ese modelo, a la escala de distancias que puede obtenerse, como ya hicieron Lemaître y Hubble, cuando se relacionan distancias con valores de *redshift*.

El parámetro de deceleración hace intervenir la derivada temporal (variación) del parámetro H. Se le asigna un signo negativo y se le denomina parámetro de deceleración porque, cuando se desprecia el efecto de la constante cosmológica, el ritmo de expansión solo puede ir disminuyendo progresivamente, debido a que la gravedad de la materia-energía, siempre atractiva, frena esa expansión de manera irremediable.

En el caso en que se desprecie la constante cosmológica y se fije, por algún indicio o argumento, la curvatura espacial, esos dos parámetros definen el modelo de universo completamente. Esa era la tónica hasta el inicio de los años 1990, por lo que el programa cosmológico, hasta esos años, se definía en términos de medir, con la mayor precisión y fiabilidad, el valor de esos dos parámetros, H_0 y q_0.

En esas condiciones, la inversa del valor del ritmo de expansión, H_0, está directamente relacionada con la edad del universo. Para ilustrar el rango de edades que se producen, tomando $H_0 = 73$ km/s/Mpc se obtiene una edad de 13,4 o de 8,94 miles de millones de años, según se considere un universo vacío o uno con densidad crítica (ver luego su definición). Puede apreciarse que incluso el caso límite de universo vacío da una edad inconfortablemente próxima a la de los cúmulos globulares. De modo que o bien el valor de H_0 está sobreestimado o hay que introducir un valor no nulo para la constante cosmológica o para la curvatura espacial (caso que no se contemplaba). Ese fue el dilema hasta mediados los años 1990, el problema de la edad del universo.

Otra tensión importante surgió al fracasar todos los intentos de medir el parámetro de deceleración, q_0, para el que los diferentes análisis daban valores muy diferentes, incluyendo los de signo contrario, que implicarían aceleración de la expansión. Cuestión importante, puesto que, en ese tipo de modelos con dos parámetros, su valor determina si es cerrado (la gravedad de la materia-energía logra detener la expansión y el universo vuelve a contraerse), abierto (la expansión se impone y no se detiene nunca) o crítico (la expansión se frena, pero solo se anula asintóticamente).

Al final, la idea de que esos dos parámetros eran suficientes para describir un universo que los nuevos datos mostraban se hizo insostenible. Pronto se pondría de manifiesto la posible aceleración de la expansión, obligando a replantear el problema en términos más generales y llamando a escena a la constante cosmológica, ahora como un elemento esencial para la descripción del universo.

En cuanto al contenido energético-material, Ω_m agrupa todas las contribuciones materiales (cualquiera que sea el tipo de materia, luminosa u oscura) y energéticas (radiación o partículas). Por su definición formal, refleja la proporción entre la capacidad de atracción gravitatoria de la materia-energía y el efecto de la expansión, que se opone a ella. Cuando esos dos términos se igualan se habla de densidad crítica, $\Omega_m = 1$, mientras que si es inferior a 1 se trata del modelo abierto (la densidad de materia-energía es insuficiente para parar la expansión) y si supera el valor de 1 se trata del modelo cerrado (el contenido material-energético es capaz de detener la expansión y revertirla). Como puede intuirse, en el caso simplificado sin Λ y sin k, Ω_m está directamente relacionado con q.

Por su propia definición, el parámetro de densidad, que es adimensional, es siempre positivo. Ahora bien, y este es un punto importante, que encierra una gran parte de la historia del universo, su valor cambia con el tiempo, siendo mayor cuanto más temprana es la edad del universo. Por otro lado, hay diferentes componentes, a comenzar por materia y radiación, que cambian de forma diferente con el tiempo, por lo que también la influencia relativa de cada una de ellas cambia de una época cósmica a otra. De hecho, cada fase evolutiva del universo se caracteriza, como vamos a ver, por el dominio de una de las componentes de la materia-energía.

La curvatura espacial se codifica, en una de las formas más utilizadas de la métrica de Friedman, con el parámetro k, que caracteriza el tipo de geometría de las secciones espaciales del espaciotiempo. Puede tomar uno de los tres valores, +1, 0, -1. El primer caso corresponde a una geometría espacial esférica; la segunda, a una plana o euclídea, y la tercera, a una hiperbólica. Los tres casos fueron ya considerados y analizados por Friedman. A partir de él se define el parámetro de curvatura, Ω_k, que codifica su efecto en relación con la expansión. De manera que, aunque k es una constante, el parámetro cambia con el tiempo, siendo su importancia diferente según la época que se considere.

El parámetro de curvatura nunca ha recibido demasiada atención, y no se ha incorporado realmente a la discusión cosmológica. Se le atribuye, habitualmente, el valor 0, si bien en caso de no ser nulo puede tener efectos importantes sobre el ritmo de expansión y su variación. En cuanto a las predicciones teóricas, los modelos inflacionarios (que se basan en una hipótesis añadida al modelo), en su gran mayoría, predicen valores muy pequeños de Ω_k y, por otro lado, los ajustes de los datos de la RCF también indican valores muy pequeños de $(\Omega_k)_0$, compatibles con cero. Como acabamos de decir, el que Ω_k sea muy pequeño no autoriza a tomar $k = 0$. Su efecto puede ser despreciable en algunas etapas, pero no en otras. Cierto es que, como también ocurre con la constante cosmológica, es un parámetro difícil de medir de manera directa, y todavía no se ha logrado determinar valores aceptablemente precisos, ya que los errores son, hasta ahora, dominantes.[104] En resumidas cuentas, dados todos los indicios teóricos y los derivados de los ajustes a los datos de la RCF y la ausencia de condicionamientos observacionales precisos, el modelo estándar adopta el valor $k = 0$.

Por cierto, si se nos permite el inciso, que el modelo estándar corresponda al caso euclídeo, $k = 0$, ha llevado a confusión en algunos intentos divulgativos, sorprendidos de que se hable de curvatura nula en el ámbito de la RG. Como si no se hubiese comprendido que el universo de la RG es 4-dimensional, con curvatura. El tensor de curvatura del espaciotiempo cosmológico no es nulo, puesto que contiene materia, y en consecuencia no se puede representar por la métrica del espacio-tiempo plano de la RR. El parámetro k se refiere, únicamente, a las secciones espaciales, que pueden ser esféricas, euclídeas (planas, como el modelo de Einstein-De Sitter, por ejemplo) o hiperbólicas. En otras palabras, la métrica de Friedman describe un espaciotiempo curvo, con materia gravitante, cualquiera que sea la geometría (curvatura) concreta de las secciones espaciales.

El papel que juega la constante cosmológica en la evolución de los modelos se codifica con el correspondiente parámetro, Ω_Λ, que es proporcional a dicha constante e inversamente proporcional al cuadrado de la constante de Hubble. Así, aunque obviamente Λ no cambia con el tiempo, el parámetro sí lo hace. De hecho, de manera similar al parámetro de curvatura, empieza siendo infinitesimalmente pequeño en las primeras etapas del universo, cuando la expansión es muy rápida, y va aumentando a medida que el ritmo de expansión va reduciéndose. Con lo cual, también cambia la importancia de ese término en el comportamiento del universo que describe el modelo, llegando a ser dominante a partir de cierto momento en el caso de que Λ no sea estrictamente nula.

El término Ω_Λ se considera a veces, por diferentes razones, como un término de densidad de energía (del vacío) y se agrupa con Ω_m para definir $\Omega = \Omega_m + \Omega_\Lambda$ como la densidad total de materia-energía, incluyendo la del vacío. Por nuestra parte, respetando el que la RG es una teoría clásica (no cuántica), los presentaremos por separado, tratando de analizar en cada momento el papel que juega la constante cosmológica.

Definidos los parámetros cosmológicos, se deriva de las ecuaciones de Friedman una relación simple entre ellos, que constituye una condición de consistencia, que deberá ser satisfecha por los datos en la medida en que se pretenda mantener la capacidad explicativa de esos modelos. Esa relación se escribe:

$$\Omega_m + \Omega_\Lambda + \Omega_k = 1$$

Dado que, como ya hemos dicho, solamente se consideran los casos con $\Lambda > 0$, los dos primeros términos son siempre positivos. En cuanto al tercero, puede ser positivo, negativo o nulo.

En cualquier caso y en cualquier momento de la evolución del universo esa condición debe cumplirse si los modelos considerados tienen alguna capacidad para representar los datos y conocimientos acumulados sobre el universo.

Etapas del universo evolutivo. La radiación domina

La variación del parámetro de escala, R, se traduce en la variación de las distancias, áreas y volúmenes, haciendo que, en particular, la densidad de la materia-energía cambie con el tiempo. Dado que no todas las componentes de la materia-energía cambian de igual forma, la importancia relativa y la influencia en la evolución del universo de cada componente será diferente según la época. Como hemos dicho, algo similar ocurre con los parámetros de curvatura y de constante cosmológica, que también cambian con el tiempo, pudiendo llegar a ser incluso dominantes en algún momento.

La evolución del universo pasa por diferentes etapas que, básicamente, corresponden a la dominancia de una u otra de sus componentes o de uno u otro parámetro cosmológico.

Las ecuaciones de Friedman permiten caracterizar la variación de cada una de esas componentes en función del tiempo. Todas varían, pero no todas de igual forma, ya que esa variación depende de la ecuación de estado, que relaciona la presión con la densidad para cada componente que, en general, se escribe como $p \propto w\rho$, siendo el parámetro w diferente para cada componente de materia o radiación. Para la materia ordinaria, no relativista (velocidades mucho menores que c), la ecuación de estado puede aproximarse, como ya dijimos, por $p = 0$. Cuando se trata de la radiación, sin embargo, esa ecuación ya no es válida, lo que se traduce por una variación diferente con el tiempo, o lo que es lo mismo, con el parámetro de escala. Específicamente, mientras que la densidad de materia cambia con R^3, la de la radiación lo hace con R^4.

El universo actual, como supuso Friedman, está dominado por materia no relativista, como argumentó Sandage en 1961,[105] antes de que se descubriese la RCF. Pero, a medida que se examinan épocas más remotas, la radiación va cobrando mayor importancia hasta que llega a dominar.

Veamos ahora lo que ocurre con el término correspondiente a Λ. El término Ω_Λ, al contrario que los otros términos, disminuye hacia épocas más tempranas, o, a la inversa, crece a medida que el universo se expande. De modo que, cuando nos remontamos a épocas más remotas, la influencia de la cons-

271

tante cosmológica tiende a disminuir hasta que deja de tener relevancia en el comportamiento del universo. Por cierto, el mismo razonamiento, aunque la ecuación de estado pueda ser algo diferente, se aplica a la energía oscura en general. Lo mismo ocurre, también, con el parámetro de curvatura.

Al final, lo que importa es que, en épocas suficientemente remotas, el universo estaba dominado por la radiación, en equilibrio con la materia relativista, sin que la materia no relativista ni la constante cosmológica o la curvatura espacial jueguen un papel discernible. Precisamente por la situación de equilibrio en esa fase es posible dar un valor de la temperatura del universo.

Para describir ese universo primitivo vamos a seguir su evolución en el sentido cronológico. Por cierto, cuesta mucho más tiempo describirlo, aunque sea tan someramente como lo hacemos aquí, que lo que, según los modelos, ese universo necesitó para atravesar las primeras etapas.

La primera de ellas, que corresponde al universo primordial, comienza inmediatamente después del *big-bang*, Está dominada por las interacciones entre campos y partículas y es de una más que efímera duración, si bien está llena de grandes acontecimientos, que necesitan de la física cuántica para su descripción. Como dice S. Weinberg,[106] «No puedo negar cierto sentimiento de irrealidad al escribir sobre los tres primeros minutos como si realmente supiéramos de que estamos hablando».

Como ya hemos indicado anteriormente, la descripción no es formalmente coherente, ya que combina una descripción de la contribución de la materia-energía como campos cuánticos, con una teoría gravitatoria clásica. Cuestión que no puede resolverse adecuadamente mientras no se disponga de una formulación cuántica de la gravedad. Con esa indicación *in mente*, se ha logrado elaborar una descripción física, fenomenológica, de lo que pudo haber ocurrido en esas etapas ultra tempranas.

En los primeros instantes, durante la fase llamada de Planck, todas las interacciones tienen la misma intensidad, por lo que se dice que están unificadas. Posteriormente, dada la extremadamente rápida disminución de la densidad de energía y de la temperatura con la expansión, se producen diferentes transiciones de fase y roturas de simetría, que van a producir la separación de las fuerzas, su individuación. La primera es la gravitatoria, le sigue la fuerte y, luego, la débil y la electromagnética, todo lo cual se produce mientras el universo apenas ha vivido una diezmilmillonésima de segundo. En ese tiempo ha tenido lugar también, según el modelo estándar, la llamada *etapa de inflación*, que luego consideraremos brevemente.

Al final de la etapa de inflación, el universo está compuesto por partículas elementales, los irreductibles leptones y *quarks*. Poco después, la interacción fuerte es capaz de reunir y confinar los *quarks*, que se agrupan para formar protones y neutrones y otros hadrones, con lo que se termina la etapa del universo primordial, que, en total, no ha durado más de una cienmilésima de segundo. En ese ínfimo lapso, se han separado las fuerzas, se han originado los elementos que configuran la materia, a saber, protones, neutrones, electrones y neutrinos y la radiación (fotones), que siguen en equilibrio térmico, todos a la misma temperatura.

Tras esa brevísima etapa inicial, comienza la del universo temprano, siempre dominado por radiación y materia relativista, que están en equilibrio térmico gracias a que los ritmos de creación y destrucción de pares partícula-antipartícula son iguales.

La solución de las ecuaciones de Friedman, tomando en cuenta la ecuación de estado de la radiación, nos indica que, como era de esperar, la temperatura sigue descendiendo, a medida que progresa la expansión, de manera inversamente proporcional al parámetro de escala. En ese proceso evolutivo desbocado, esa disminución de temperatura y densidad de radiación implica que se hace cada vez más difícil sostener el ritmo de creación de pares al nivel del de destrucción. En efecto, la energía disponible disminuye rápidamente y llega a resultar insuficiente para mantener el nivel necesario de creación. Cuanto más fuertes son esas interacciones, mayor es la temperatura necesaria para mantener el equilibrio y, en consecuencia, antes se desacoplan las partículas que participan de ellas. De modo que, a medida que avanza ese proceso evolutivo, las partículas más ligeras, los leptones, acaban por dominar. De ellos, los neutrinos serán los primeros en abandonar el equilibrio térmico, por lo que dejan de interaccionar con el resto de las componentes (salvo gravitatoriamente), se desacoplan y devienen un fondo cósmico que hoy sigue bañando el universo.

El descenso posterior de temperatura hace que algo similar ocurra con los pares electrón-positrón, cuya aniquilación ya no puede ser contrarrestada por su creación a partir de la radiación. En principio, si la cantidad de materia (electrones, protones) y antimateria (positrones, antiprotones) fuese exactamente la misma, el resultado final sería radiación pura sin materia. Pero no pudo ser así porque detectamos galaxias y otros astros, hechos de materia. ¿Cómo es eso posible?

Sea como sea, el universo que observamos contiene tan solo materia, lo que implica que, en algún momento y por algún mecanismo hasta ahora desconocido, se produjo esa asimetría entre materia y antimateria, dejando un residuo de materia que, según los datos disponibles, puede fijarse en apenas unos bariones por cada mil millones de fotones. Esa pequeña fracción es vital para poder explicar la existencia de galaxias, estrellas o planetas.

Apenas han transcurrido cuatro segundos de evolución del universo y la sensación de irrealidad mencionada por Weinberg resulta más que comprensible.

El universo, ahora dominado por fotones con una mínima presencia de bariones, se encamina hacia el final de la era de la radiación. Al principio de esta última fase, la temperatura es de unos 6.000 millones de grados. Al final, tras unos 370.000 años, la temperatura es de unos 3.000 K. A partir de ahí, si bien sigue siendo posible hablar de la temperatura de la radiación, que mantiene su espectro de cuerpo negro, ya no se puede hablar de la temperatura del universo, pues se ha roto el último equilibrio.

Antes de pasar a un universo dominado por materia no relativista, como el actual, repasemos algunos aspectos de esas últimas fases del universo dominado por radiación.

En primer lugar, se va a producir la llamada *nucleosíntesis primordial*, que va a alterar la composición del universo, haciendo aparecer, por primera vez, el elemento helio y (trazas de) otros elementos ligeros. Fenómeno que es discernible y observable, constituyéndose en uno de los argumentos fuertes a favor de los modelos evolutivos.

Se trata de un proceso perfectamente descrito, que parece perfectamente cronometrado para que todo resulte como se espera. Es obvio que, en su rápida evolución desde situaciones de presión y temperatura extremas, el universo, todo él, ha pasado por épocas en las que su estado es similar al de las partes centrales de las estrellas y, por lo tanto, puede producirse la fusión del hidrógeno. Esa es la situación, siempre según el modelo, cuando el universo tenía una edad de unos 200 segundos. En principio, el proceso sigue mientras las condiciones sean adecuadas, lo que no dura mucho, ya que la temperatura continúa decreciendo por efecto de la expansión que no cesa. Podríamos decir, que es el proceso inverso al que ocurre en las estrellas, en las que la gravedad las fuerza a la contracción.

Es ese enfriamiento el que va a tener el doble efecto que se necesita: por un lado, se va a detener el proceso de fusión del hidrógeno; por otro, el descenso de temperatura impide que el helio pueda fusionar, por lo que al final del proceso, el universo solo se ha enriquecido con helio y trazas de deuterio, ^{3}He y ^{7}Li.

Siempre que sea posible ajustar los parámetros de forma adecuada (en particular, la abundancia de bariones con respecto a la de fotones, así como el ritmo de expansión), se producirá helio en una determinada cantidad, evitando, gracias a la expansión, que sea usado, a su vez, como combustible nuclear. El universo se ha comportado, por un breve tiempo, como una inmensa estrella de baja masa, sintetizando helio, pero no consumiéndolo. De modo que todo él ha quedado enriquecido en una apreciable proporción del segundo elemento de la tabla periódica.

Los valores que resultaron de la nucleosíntesis primordial se denominan, claro está, *abundancias primordiales*. Las predicciones numéricas dependen de los detalles del modelo tales como la relación bariones/fotones (que fija la cantidad de protones y neutrones disponibles) y el ritmo de expansión (que fija la duración del proceso de nucleosíntesis primordial).

La evolución del universo continúa. Dada la aun relativamente alta temperatura, tanto el hidrógeno como el helio están ionizados, es decir, sus electrones están separados de los núcleos. Esos electrones constituyen un plasma que llena el universo, lo que impone que los fotones tengan recorridos medios muy cortos por sus continuas colisiones con ellos. El universo es opaco.

Mientras, a medida que va enfriándose, la densidad de la materia no relativista crece, y su importancia crece hasta igualar a la de la radiación. Es el momento llamado de la *equipartición*, que anuncia el próximo e inevitable dominio de la materia. Pero la temperatura es todavía de varios miles de grados, y el equilibrio entre ambas componentes puede aún persistir.

La densidad de energía, y con ella la energía cinética de las partículas, sigue disminuyendo a medida que la expansión continúa, hasta que los núcleos atómicos, los de hidrógeno en particular, son capaces de capturar y retener los ralentizados electrones. Se forman los átomos (neutros) y, de pronto, casi instantáneamente, el universo se hace transparente, ya que los electrones libres, que impedían la propagación de la luz, se confinan para formar átomos y dejan de obstaculizar el trayecto de los fotones. Es el momento de la recombinación, cuando el universo tiene algo más de 200.000 años y la temperatura ha descendido a unos 3.500 K. Por poco, la recombinación se ha adelantado al final del equilibrio térmico, que ya es inminente.

La temperatura sigue bajando hasta que ya no es suficiente para mantener el equilibrio entre materia y radiación que, finalmente, se desacoplan. La materia bariónica, básicamente átomos de hidrógeno y helio, y la radiación, siguen, a partir de ese momento, evoluciones separadas. La temperatura ha descendido a menos de 3.000 K y el universo tienen una edad de unos 270.000 años. A partir de ese momento, la radiación puede mantener su espectro de equilibrio, incluso tras la etapa del desacoplo, si el correspondiente proceso es suficientemente rápido para no distorsionarlo. La expansión lo diluirá sin cambiar su forma, haciendo que su temperatura vaya disminuyendo con la expansión. La radiación que observamos ahora a 2,725 K es aquella que salió del equilibrio con la materia, a unos 3.000 K.

La materia, por su parte, va a evolucionar hacia la formación de estructuras. Como mencionamos, para poder explicar el universo actual, tiene que existir materia oscura no bariónica que, sin relación con la radiación, puede desarrollar irregularidades sin dejar huella en ella, formando grandes aglomeraciones o halos sobre los que se precipitará, cuando se desacople, la materia bariónica, que acabará por formar las galaxias y las estructuras.

Aquel momento del desacoplo de la materia bariónica es el episodio más remoto sobre el que la luz puede informar, y eso gracias a que la recombinación precede, por poco, al desacoplo, permitiendo que los fotones se propaguen libremente y, al final, puedan llegar al observador. Cierto es que los neutrinos o las ondas gravitatorias son capaces de traer información sobre épocas más tempranas, pero, por el momento, su detección sistemática aún no es técnicamente posible.

Al final de esas fases del universo dominado por la radiación, quedan como testigos de todos esos procesos del universo joven la RCF, una mínima fracción de bariones, helio y pequeñas cantidades de los isótopos deuterio y ^{3}He y algo de litio, además de irregularidades, compartidas por materia y radiación, que se habrían desarrollado a partir de las que emergen de la etapa inflacionaria. La materia no bariónica, por su lado, ha seguido su curso de manera independiente, sin contacto físico (interacción) con la radiación, preparando el camino para atrapar y acumular esos bariones que emergen de la época dominada por radiación.

Durante esta etapa dominada por radiación, la variación del parámetro de escala con el tiempo viene dada por:

$$R(t) \propto \sqrt{t}$$

El universo actual: materia y constante cosmológica

A partir del momento del desacoplo, que es posterior también al momento de equipartición, la materia no relativista comienza a dominar el universo. Si bien tanto la densidad material como la de radiación disminuyen a medida que crece el parámetro de escala, la primera lo hace más despacio que la segunda, de modo que el universo, a partir de aquel momento, pasa a ser progresivamente dominado por la materia. En el caso de que la constante cosmológica (o cualquier forma equivalente de energía oscura) fuera nula, esa es la situación definitiva, la que gobernará el comportamiento global del universo. Pero si la constante cosmológica no es nula, el universo comenzará una nueva fase, de expansión acelerada, a partir del momento en que esa empiece a dominar.

Como hemos indicado antes, la contribución de la constante cosmológica crece con la expansión, mientras que la de la materia disminuye. De modo que, inevitablemente, Ω_Λ llegará a dominar la evolución, y el universo de materia dará paso a un universo dominado por la constante cosmológica (o, en su caso, la energía oscura). Según los modelos actuales, esa transición ya se produjo cuando el universo tenía una edad de unos 4.000 millones de años (que corresponde a $z = 1{,}7$, aproximadamente). Aunque sea una mera coincidencia, corresponde, aproximadamente, a la época de formación del sistema solar.

En otras palabras, según el modelo estándar y los datos de observación, el universo está actualmente en una fase en la que la constante cosmológica o, en su caso, la energía oscura, ha comenzado a dominar haciendo que la expansión se vaya acelerando, sin otra posibilidad. No podemos decir que la componente material sea ahora totalmente insignificante (es casi un tercio, aún, del total), pero el sentido de la evolución se dirige hacia una expansión desbocada, totalmente dominada por la constante cosmológica (o energía oscura), en la que su influencia será cada vez menor, aproximándose paulatinamente, asintóticamente, a un universo vacío, como el de De Sitter.

Mientras domina la materia, el parámetro de escala varía según $R(t) \propto t^{2/3}$, es decir, más deprisa que en la época dominada por radiación. Cuando domina la constante cosmológica, cambia aún más deprisa, de manera exponencial, $R(t) \propto \exp(H_0 t)$. El ritmo de expansión va tendiendo a un valor constante, $H_0 \to \sqrt{\Lambda/3}$, que, como puede adivinarse, corresponde al caso del modelo de De Sitter, con un valor asintótico que, según los datos disponibles, sería 55,70 km/s/Mpc. La expansión se desboca y nada puede ya detenerla.

Se observan y miden las galaxias, la materia bariónica, y también la materia oscura, y se determinan sus densidades, para poder explicar la síntesis primordial del helio y la formación de las galaxias. Se estudian sus propiedades, la generación de diversidad a través de la síntesis de los diferentes elementos químicos, que enriquecen generación tras generación de estrellas el medio interestelar. Se han descubierto planetas, pronto se podrá evaluar si algunos de ellos albergan alguna forma de vida.[107] Pero su importancia empieza a disminuir. En el cómputo global, según ese modelo estándar, ya apenas cuentan para la evolución posterior del universo. Cierto es, quedan vestigios de una y otra, capaces de informarnos, pero el universo, en su globalidad, ya no sería sensible a lo que un día dominó y enriqueció su evolución.

El paisaje que se ofrece a nuestro pájaro empieza a ser cada vez más anodino, empujándole a volver a escalas menores para poder seguir viendo la diversidad y el cambio. A no ser que, como vamos a argumentar en el capítulo próximo, alguno de los problemas pendientes, a veces de apariencia menor, o el tener que enfrentarnos a la oscuridad de la mayor parte del universo, cuya naturaleza está por descubrir, produzcan grandes sorpresas.

En la época de dominación de la materia, han tenido lugar los procesos que han configurado el universo tal y como lo conocemos y que, en particular, han dado lugar a heterogeneidades, galaxias y estructuras. Irregularidades que, para preservar la uniformidad a gran escala, estarían limitadas dentro de la escala cosmológica. La cuestión es, por tanto, explicar la convivencia entre el mundo que habitan las galaxias, cúmulos y grandes paredes, con el de la majestuosa homogeneidad y quietud del que se sitúa por encima de la escala cosmológica. Es necesario comprender cómo es posible ese desarrollo y crecimiento de grandes irregularidades dentro de la escala cosmológica, sin que ello se propague y perturbe la homogeneidad a mayores escalas.

Técnicamente, se trata de seguir la evolución de aquellas pequeñas fluctuaciones que, según el modelo estándar, se originaron en el período inflacionario, y que dejaron su huella en la RCF. Proceso en el que, como ya dijimos, juega un papel esencial la materia oscura no bariónica que, a partir de esas fluctuaciones iniciales, comienza a aglutinarse formando halos de diferente tamaño y características, que van a actuar como matrices atractivas para la materia bariónica en cuanto esta se desacople de la radiación.

En consecuencia, en este marco, los sistemas de materia bariónica que observamos se sitúan en realidad dentro de enormes halos de materia oscura que contienen la mayor parte de la masa total. Igualmente, todas las galaxias de una agrupación, al margen del estado de su contenido bariónico (minoritario), se han formado en el seno de un enorme halo de materia oscura, que domina la dinámica de la agrupación.

La acumulación de la materia bariónica dentro de esos halos es causada, además de por la gravedad, por diferentes procesos que hacen entrar en juego diversas fuerzas como las electromagnéticas, de presión o viscosidad, que no afectan a la materia oscura. Lo que significa que la formación de las galaxias de estrellas es un proceso que no reproduce la de los halos. La astrofísica permite identificar y datar las componentes luminosas y, en algunos casos (escasos por ahora), la distribución de la materia oscura trazada por el efecto lente gravitatoria, pero los procesos de acumulación de la materia bariónica no son los mismos que los de la materia oscura, puesto que son sensibles a otras fuerzas y fenómenos. De modo que el estado evolutivo o edad de la parte bariónica no tiene que trazar, necesariamente, la del halo en cuyo seno se ha formado.

Las simulaciones numéricas que se han llevado a cabo sobre esos procesos, con alto grado de sofisticación y gracias a los superordenadores, muestran que es posible reconstruir una distribución de materia, de toda la materia, a gran escala, que se asemeja a la que presentan las galaxias. Sin embargo, no coincide necesariamente con la de la materia bariónica, sujeta a otros procesos. Para caracterizar esa diferencia entre ambas componentes, se ha introducido el concepto de *bias*, que trata de parametrizar esas diferencias en su distribución, en base a los diferentes fenómenos físicos que intervienen en los procesos de acumulación.

Globalmente, se han presentado dos opciones para explicar la formación de galaxias de bariones en el seno de los halos de materia oscura. De una parte, la llamada *monolítica*, que propone que las galaxias, incluidas las más grandes, se forman de una vez. De otra parte, y favorecida por las simulaciones numéricas, se propone la formación en una primera etapa de pequeñas galaxias, que posteriormente pueden fusionarse en algunos casos para formar galaxias cada vez más grandes. Esta segunda opción enfrenta algunas dificultades cuando se trata de cotejarla con los datos. En primer lugar, para que se forme una galaxia masiva es necesario que fusionen un gran número de esas unidades iniciales. Fenómeno de baja eficiencia que, en cualquier caso, dejaría una importante colección de galaxias pequeñas, satélites de las grandes, contra lo que dicen las observaciones (si bien no puede excluirse, como explicación, que podría tratarse de satélites de materia oscura, solo detectables por sus efectos gravitatorios). Por otro lado, lo que se espera es que las galaxias más masivas aparezcan en etapas algo más tardías del universo y ser más jóvenes que los bloques menores que las originaron.

Lo cierto es que se han detectado galaxias masivas a enormes distancias, hasta $z = 4$, completamente evolucionadas, que ya han agotado, prácticamente, sus posibilidades de nueva formación estelar y de cambio. De hecho, en los años 1990 se propuso, sobre la base de datos de ese tipo, que las galaxias más masivas se formaron en primer lugar tras intensos y eficientes procesos de formación estelar, que acabaron en breve tiempo con el gas bariónico y, por consiguiente, con la posibilidad de seguir formando estrellas. Esta propuesta llamada *downsizing*, propone que las galaxias de poca masa pueden formarse en cualquier momento pero que las más masivas fueron las primeras en formarse.

Finalmente, queremos señalar el reciente descubrimiento de galaxias a distancias próximas a los 13.000 millones de años-luz (la primera, a unos 12.000 millones de años-luz, es una espiral de masa y características intermedias, dominada por rotación, de hecho, similar a la nuestra[108]). Además de fortalecer la idea de formación temprana de galaxias grandes, se plantean también serias cuestiones por el poco tiempo del que habría dispuesto para poder formarse desde que se inició la expansión con el *big-bang*.

Sin duda, la cuestión de la formación de galaxias, en un marco tan finamente delineado por el ajuste de los valores de los parámetros cosmológicos y por la estricta temporización de sus etapas evolutivas, constituye todo un desafío. No es de extrañar que sea uno de los campos de investigación astrofísica más activos, con importantes problemas por resolver. Por otro lado, el encaje de este mundo de las galaxias en un universo globalmente homogéneo sigue planteando, como luego seguiremos comentando, cuestiones cuyas respuestas no son simples.

El modelo estándar. La hipótesis de la inflación

El llamado *modelo estándar*, o ΛCDM, viene dado por las soluciones a las ecuaciones de Friedman adaptadas a cada una de las épocas diferentes. Es decir, recoge y enlaza las etapas que acabamos de recorrer, estableciendo la ecuación de estado que corresponde a cada componente de materia-energía y evaluando cuál o cuáles son las dominantes en cada momento.

Dado que en épocas muy tempranas los efectos de Λ y de k son despreciables, la ecuación de consistencia implica que el parámetro de densidad tiene un valor inicial prácticamente igual a 1. En otras palabras, el modelo que permite describir esas etapas tempranas es del tipo propuesto por Einstein y De Sitter. En el otro extremo, cuando la densidad material tiende a cero, el término dominante es el correspondiente a Ω_Λ, que, si se sigue considerando que $k = 0$, se aproxima a 1. El universo se encamina, por así decirlo, hacia el universo de De Sitter. Así, el modelo estándar transita desde un caso extremo al otro, haciendo realidad el carácter intermedio de los modelos evolutivos tal y como los plantearon Friedman y Lemaître en sus trabajos originales.

Mientras, dentro de esa evolución suave del universo, toda la física se ha ido desplegando. Pero, para entenderlo, hacen falta algunas hipótesis adicionales, comenzando por la idea de inflación, en la que el crecimiento del universo es superlumínico (velocidad de expansión superior a c) y permite que todas sus partes se comuniquen y las condiciones se homogeneicen. Además, se considera que en esa fase surgieron las fluctuaciones, cuánticas en su origen, que luego crecerán para dar lugar a las estructuras que se observan en el universo de hoy. Mientras, también hay que asumir que, por alguna razón no plenamente conocida, se rompe la simetría materia-antimateria, lo que permite que quede un rastro de bariones, que, finalmente, constituirán las estrellas que nos alumbran. También se admite que se ha originado la materia oscura, imprescindible para explicar el crecimiento de aquellas fluctuaciones y, en caso de que la constante cosmológica no fuese la explicación de la aceleración de la expansión, la

285

energía oscura. Con argumentos no totalmente definitivos, suele tomarse el caso plano, de curvatura espacial nula, que simplifica mucho la descripción de los modelos, por lo que no es totalmente descartable que algún día resurja, como ha ocurrido con la constante cosmológica.

Al final, se logra el encaje de lo conocido dentro del modelo, si bien a costa de enriquecerlo con hipótesis cuya única justificación, por el momento y al margen de que son compatibles con el modelo, es precisamente el ajuste a los datos.

Como llegó a explicitarse en los años 1980, el modelo estándar se enfrentaba a problemas que no habían sido suficientemente considerados anteriormente. La propuesta de una etapa de expansión a velocidades superiores a la de la luz, llamada inflacionaria, en los primeros momentos tras el *big bang*, fue presentada por A. Guth en esos años para resolver varios problemas relacionados con las condiciones iniciales. Entre ellos, el del horizonte y el de la planitud. Además, puso sobre la mesa un mecanismo para crear las fluctuaciones (de naturaleza cuántica) que luego se desarrollarán y posibilitarán la formación de galaxias y cúmulos.

Un último apunte. Como hemos dicho, las elaboraciones teóricas de esas cuestiones no pueden ser totalmente rigurosas, dado que combinan campos cuánticos con la gravedad, totalmente clásica. La falta de una teoría cuántica de la gravedad impide abordarlo de otra forma, pero es necesario ser conscientes de cómo se han desarrollado las diferentes opciones de la inflación para poder contextualizar el problema.

La RCF, que ilustra el universo joven, con fluctuaciones de muy baja amplitud, presenta una notable regularidad e isotropía, con casi exactamente la misma temperatura en cualquier dirección en la que se mida. A primera vista, eso no debería ser un problema, pero el universo evoluciona, y su escala, su tamaño, también. Dado que la información viaja a velocidad c, en un tiempo dado, t, esa información o capacidad de influencia alcanza hasta una distancia $d = ct$, el llamado *horizonte*. En ese mismo tiempo, el universo se ha expandido, pero, al menos en el que observamos ahora, con una velocidad inferior a c, por lo que crece menos deprisa que el horizonte. De tal forma que dos eventos hoy desconectados (en horizontes diferentes) estuvieron siempre desconectados en el pasado.

Los cálculos indican que el tamaño angular del horizonte, en el momento del desacoplo, corresponde a unos dos grados en el universo actual. Quiere esto decir que es esperable encontrar isotropía dentro de un área de 2 grados de diámetro, pero no entre regiones separadas por más de dos grados, Sin embargo, observamos la misma temperatura en todo el cielo. ¿Cómo es eso posible si no han estado nunca en contacto causal?

La idea de la inflación propone que todo el contenido del universo estuvo, en algún momento y por un mecanismo aún no bien determinado, en contacto causal, de modo que la temperatura de equilibrio era la misma en todas partes. Eso requiere que el universo, durante un tiempo, haya pasado por una expansión exponencial, con velocidad superior a la de la luz, de modo que creciese más deprisa que el horizonte y pudieron «comunicarse» todas sus partes entre ellas, dando lugar a la igualdad de condiciones en todo el universo. Es como si, durante esa fase, la información la llevase directamente el espaciotiempo al expandirse de esa forma.[109]

La inflación también pretende resolver el llamado *problema de la planitud*. Como vimos, la evolución del universo comienza dominada por el término de *materia-energía*, sin que los de *curvatura* y *constante cosmológica* tengan ninguna relevancia. Es decir, el valor del parámetro de densidad, inicialmente, tiene un valor extraordinariamente próximo a 1. Ahora bien, la evolución temporal hace que la importancia relativa de cada componente cambie, de modo que la cuestión que se plantea es por qué ahora, casi 14.000 millones de años después, el término de materia-energía sigue teniendo un valor no demasiado alejado de 1 (alrededor de 1/3, según los ajustes a los datos de la RCF). Dado el ritmo de variación del parámetro, eso implica que su valor inicial tuvo que haber sido casi exactamente idéntico a 1, lo que exigiría un ajuste físico sin razones aparentes.

En el caso en que k y Λ fuesen estrictamente nulos, el valor del parámetro de densidad sería exactamente 1, y así continuaría durante toda la evolución del caso. Pero, como sabemos, la presencia del término de *constante cosmológica* en el universo de hoy invalida esa posibilidad, y el problema queda planteado.

La inflación, en algunas de sus variantes, podría explicarlo. Aunque, al final, quizás no sea necesario, pues hay varios trabajos que niegan que tal problema exista, argumentando que se debería simplemente a cómo son definidos los parámetros cosmológicos.[110]

El modelo estándar propone que las fluctuaciones de densidad de la materia oscura, que no interactúa con ninguna otra salvo gravitatoriamente, pudieron crecer sin trabas (salvo la que impone la propia expansión), desde el momento en que surgieron. Ahora bien, el universo durante las fases primordial y temprana es extremadamente homogéneo e isótropo, de modo que queda por explicar de dónde vienen esas irregularidades en la materia oscura, cuál es su origen, y cuál es el espectro de sus amplitudes con respecto a los valores promedio y cuáles sus escalas características. La solución, de nuevo, vendría dada por la inflación, durante la cual se producen fluctuaciones cuánticas de los campos materiales, el de la materia oscura en particular, que serán las semillas de los futuros halos sobre los que se precipitará, en su momento, la materia bariónica.

Esas fluctuaciones pueden tener toda una distribución de amplitudes, que podrían ser diferentes según la escala a la que se consideren. Ese espectro de fluctuaciones puede ser caracterizado como una función potencial de la escala a la que se consideren. Desde el punto de vista observacional, el análisis de la distribución de materia a gran escala indica que la amplitud de las fluctuaciones es, aproximadamente, la misma para todas las escalas, lo que implica un espectro de potencias plano. También los análisis de los datos de la RCF, como veremos, apoyan esa conclusión. No puede decirse que el espectro plano de fluctuaciones (llamado de Harrison-Zeldóvich) ha sido probado, pero sí está justificado aceptarlo dentro de ese marco estándar.

Modelo y datos. Valores de los parámetros cosmológicos

Desde el punto de vista observacional, la primera y fundamental tarea que se presenta dentro de la cosmología relativista es la de determinar el valor de los parámetros cosmológicos. Cierto es que, por otro lado, el comportamiento del plasma cosmológico en las eras tempranas, así como el crecimiento de las irregularidades, exigen determinar algunos otros factores para que el modelo sea consistente, en particular la fracción de densidad bariónica y algunos de los acontecimientos específicos como el momento de su reionización. También, la forma del espectro de fluctuaciones iniciales, de las que se han originado las estructuras que se observan. Pero, para los objetivos de esta presentación, pondremos el énfasis en los parámetros cosmológicos que determinan la métrica del espaciotiempo, la densidad de materia, en particular la de materia bariónica, que determina la cantidad de helio primordial y la importancia de la constante cosmológica.

La medida de los parámetros cosmológicos puede abordarse desde dos perspectivas diferentes. Por un lado, pueden tomarse los que resultan del ajuste de los modelos a los datos de la RCF, aportados por WMAP o PLANCK. Este punto de vista que, para abreviar, y siendo conscientes de que no es del todo preciso, venimos llamando *cosmológico*, ha producido ajustes de alta precisión que pueden dar la impresión de haber prácticamente cerrado el problema. Por otro lado, desde un punto de vista que hemos llamado *astrofísico*, esos parámetros son accesibles desde el estudio de las galaxias, los cúmulos y supercúmulos o la distribución de materia a gran escala, sin que se proponga, de entrada, el ajuste explícito a un modelo determinado. Ambos caminos son plenamente válidos y justificados, y los resultados obtenidos en ambos casos deben ser comparados y confrontados.

Aproximación desde la astrofísica

Las medidas son difíciles e intrincadas, debido a los posibles sesgos, pero los esfuerzos acumulados han producido notables resultados que vamos a resumir en lo que sigue.

Desde el punto de visto observacional, la constante de Hubble (el ritmo de expansión, según los modelos) es el parámetro que relaciona dos observables, la distancia y el valor de z, y que fija la escala del universo a través de una relación que, en primera aproximación, es lineal, $z = (H_0/c)\, D$, en la que D es la distancia.

Su determinación directa requiere, por lo tanto, confeccionar una amplia muestra de galaxias (u otros astros extragalácticos, como SNIa) que cubra el mayor rango posible de esos observables, z y D, con valores suficientemente precisos. Como ya hemos comentado, hay serias incertidumbres asociadas con la determinación de distancias y con la identificación de la parte cosmológica del *redshift*. Por lo que no es de extrañar que el valor de H_0 haya variado sustancialmente a lo largo del tiempo a medida que se mejoraban los métodos y se conocían mejor las propiedades de los calibradores de distancia y se examinaban muestras más lejanas, en las que la componente no cosmológica de z es cada vez menos relevante.

Recordemos que tras la primera determinación por Lemaître y, algo más tarde, por Hubble, que la situaban en torno a 500-550 km/s/Mpc, la primera gran revisión se produjo cuando Baade, en los años 1950, demostró que hay dos poblaciones estelares diferentes en nuestra galaxia. Los calibradores, en particular las cefeidas, que se habían usado para medir distancias mezclaban estrellas de ambas poblaciones (ver nota en el capítulo IV), que tienen características intrínsecas diferentes, lo que resultaba en sesgos inevitables en las distancias que se determinaban. Tomando en cuenta esas diferencias, el nuevo valor del parámetro de escala quedaba reducido a la mitad, aproximadamente.

Antes de proseguir, queremos traer a la palestra otra consecuencia del valor de la escala de distancias, a saber, que también fija la escala de tamaños relativos, al permitir traducir los tamaños angulares medidos en tamaños físicos. Aunque no se tuvo en cuenta en su momento, esta simple consideración hubiera puesto de manifiesto la imposibilidad de esos altos valores que se obtenían para H_0, pues implicarían que nuestra galaxia sería la de mayor tamaño, con diferencia, de todas las observadas de su clase, una idea difícil de aceptar y de reconciliar con la hipótesis de copernicidad. Para ilustrar, tomemos el caso de $H_0 = 250$ km/s/Mpc y $z = 0,033$ ($cz = 10.000$ km/s). Una galaxia del tamaño de la Vía Láctea se vería, a la distancia correspondiente de 40 Mpc, con una dimensión angular de casi medio grado sobre la bóveda celeste, lo que en ningún caso se observa. Visto desde nuestra perspectiva, ese tenía que haber sido un argumento suficiente para poner en tela de juicio esas determinaciones.

Planteándolo en la otra dirección, el simple hecho de admitir que la nuestra no es ni la mayor ni la menor de las galaxias de su tipo permite acotar el valor de la escala de distancias de manera inmediata. El resultado es que el valor de H_0 debe situarse entre los límites de 120 y 30 km/s/Mpc, aproximadamente. Una magnífica acotación del valor de la constante, a partir de muy simples consideraciones.[111]

Otro problema que planteaban esas primeras determinaciones de H_0, y que fue tenido en cuenta, es el de las escalas temporales, pues resultan en edades para el universo que son significativamente más cortas que las determinadas para los cúmulos globulares. Una inconsistencia flagrante que forzaba a la consideración de la constante cosmológica para tratar de resolverlo. De todas formas, señalemos que esa solución no resolvía el problema, no planteado explícitamente, de los tamaños relativos de las galaxias.

Posteriores refinamientos de los calibradores, de la mano, principalmente, de Sandage, produjeron, en 1958, un nuevo valor, que parecía mucho más razonable desde todo punto de vista. Ese nuevo valor, de 75 km/s/Mpc, seguía, sin embargo, sujeto a importantes incertidumbres, de hasta un factor 2 según el mismo Sandage. En la década de 1970, el esfuerzo principal para medir H_0 fue llevado a cabo por dos grupos, liderados por Sandage y Tammann, por un lado, y por de Vaucouleurs por otro. Curiosamente, mientras los primeros encontraban valores cada vez más bajos de H_0, convergiendo en torno a 50-60 km/s/Mpc, de Vaucouleurs y colaboradores se afirmaban en valores sensiblemente mayores, entre 80 y 100 km/s/Mpc. Hay que señalar que, según esos mismos autores, esos resultados eran irreconciliables, pues cada conjunto de medidas representa una distribución de errores/incertidumbres sin apenas intersección con la otra.

La siguiente etapa vino de la mano de una nueva generación de instrumentos y telescopios, en particular el telescopio espacial Hubble. Se definieron ambiciosos programas de detección de cefeidas en galaxias más lejanas, en particular en M100, en el cúmulo de Virgo.[112] Se desarrollaron nuevos métodos para calibrar distancias. En su artículo recapitulativo de 2010, Freedman y Madore dan como mejor estimación H0 = 73 ± 2 (incertidumbre) ± 4 (sistemático) km/s/Mpc.[113]

Los esfuerzos no han concluido. W. Freedman y colaboradores han encontrado, usando las estrellas del TRGB como método, un valor inferior, H_0 = 69,6 ± 2,0 km/s/Mpc. Y en una recopilación más reciente, A. Riess[114] da el valor H_0 = 73,6 ± 1,5 km/s/Mpc. Las diferencias, aunque pequeñas a primera vista, son sin embargo problemáticas cuando se trata de ajustar los parámetros del modelo cosmológico.

Por su parte, la aplicación del calibrador de Tully-Fisher proporciona H_0 = 75,0 ± 2,3 ± 1,5 km/s/Mpc, mientras que los últimos trabajos de Sandage y Tammann, usando cefeidas y TRGB como calibradores en galaxias con SNIa, determinan un valor H_0 = 64,1 ± 2,3 km/s/Mpc.

Ese es el rango de las más recientes y cuidadosas determinaciones de la escala de distancias, de 64 a 75 km/s/Mpc.

Puede resultar conveniente decir que el valor de la constante se sitúa alrededor de 70 km/s/Mpc cuando se trata de sobrevolar los resultados y presentar el modelo estándar, pero no es suficiente cuando se pretende lograr el ajuste definitivo. Como veremos en el próximo capítulo, esas diferencias entre determinaciones de los parámetros cosmológicos pueden llevar a discrepancias reales. Todavía no se ha llegado al final de la historia.

La situación con respecto al parámetro de densidad es mucho más problemática. Transitar desde las estimaciones directas de la densidad de materia a partir de las observaciones de galaxias, su dinámica y sus agrupaciones, hacia el parámetro de densidad no es trivial. No solo por las dificultades intrínsecas sino por la necesidad de determinar la escala a la que la densidad alcanza el valor cosmológico. La estrategia, por tanto, consiste en determinar el valor de la densidad a escalas cada vez mayores, con la expectativa (razonable, dada la granularidad de la distribución, con presencia de grandes vacíos) de que la densidad iría disminuyendo paulatinamente, hasta estabilizarse a partir de cierta escala, la cosmológica.

Este es el camino que recorrió de forma sistemática G. de Vaucouleurs, extendiendo el análisis hasta el límite de la capacidad instrumental de su época. Como ya hemos indicado al hablar de estructuras de diferentes niveles, encontró fuertes indicios de agrupamientos a escalas de hasta 100 Mpc, e incluso, con menor fiabilidad estadística, hasta 200 Mpc. En su análisis, recuperó un antiguo trabajo de Carpenter, quien, en los años 1930, constató la existencia de un límite superior al número de galaxias que contiene un grupo o cúmulo, que llamó «restricción a la densidad». El resultado, establecido para un total de 42 grupos y cúmulos, fue extendido y ratificado por de Vaucouleurs hasta las mayores escalas que había sondeado, poniendo de manifiesto que existe una relación bien definida entre la escala considerada y la densidad promediada en esa misma escala. Este resultado muestra, como se espera, que, cuanto mayor es la escala de agrupamiento, menor es la densidad de materia. Resulta, además, que el producto de la densidad por el diámetro del sistema que se considera es, aproximadamente, constante, de acuerdo con la restricción de Carpenter. Podría esperarse que, a una cierta escala, la densidad se estabiliza y encuentra su valor cosmológico. Pero, según de Vaucouleurs, no hay ningún indicio de haber alcanzado esa escala.

Esa conclusión está obviamente en contra de lo que presupone el principio cosmológico, y suscitó una fuerte discusión; autores como Peebles la contestaron, argumentando que existe un límite al agrupamiento, y, por tanto, a partir de ese límite, se puede hablar de escala cosmológica. Numerosos trabajos hablan de una escala de homogeneidad alrededor de los 100 Mpc, pero sigue siendo una cuestión de debate, como tendremos ocasión de recordar.

En cuanto al valor de esa densidad en diferentes escalas, aun teniendo en cuenta la existencia de incertidumbres apreciables, los resultados son sorprendentes. Es obvio que las densidades que pueden medirse en galaxias, grupos o partes centrales de cúmulos tienen que estar muy por encima del valor cosmológico, como así resulta ser. A escalas de unos 100 Mpc los datos indican que el parámetro de densidad no solo está por debajo del valor crítico, sino que incluso está por debajo de 0,2 (ver próximo capítulo), en desacuerdo con los valores obtenidos a partir de los ajustes a los datos de la RCF. Existe, pues, todo un dominio por explorar, desde el punto de vista de la astrofísica, para encontrar la densidad cosmológica de materia.

Aproximación desde la Radiación Cósmica de Fondo

El descubrimiento de la RCF constituye un acontecimiento mayor en la historia de la cosmología. La detección de sus minúsculas fluctuaciones de temperatura y su distribución sobre el cielo han permitido deducir, ajustándola a los modelos cosmológicos, el ritmo de expansión y el contenido material y energético del universo, incluido el papel de la constante cosmológica, precisar el valor de los parámetros cosmológicos e identificar, en definitiva, el modelo cosmológico que mejor se ajusta a los datos.

Insistimos: esta aproximación desde la RCF se basa en el ajuste de esos datos a diferentes modelos evolutivos, para determinar qué valores del conjunto de parámetros, que especifican un modelo, son los que proporcionan el ajuste óptimo.

A modo de gran resumen, esos ajustes, además de constatar que los valores obtenidos son compatibles con la relación de consistencia mencionada, apuntan a un valor del término de curvatura compatible con cero, a una densidad de materia-energía, $(\Omega_m)_0$, que representa alrededor del 30 % del contenido total del universo, y por consiguiente $(\Omega_\Lambda)_0$ representa el 70 % restante, valor que muestra la irresistible ascensión de la constante cosmológica. Es el modelo estándar.

Desde el estudio de la RCF, todo parece encajar de manera exacta, hasta casi sorprender, según las expresiones de los mismos científicos que han analizado los datos y realizado los ajustes. Desde esa perspectiva, puede decirse que se conoce con alta precisión (los errores que se reportan son muy pequeños) el ritmo de expansión, el contenido energético y material y el pasado del universo. También está inscrito en ese modelo el futuro que, si se permite la expresión, empezó ya hace unos miles de millones de años, cuando la constante cosmológica/energía oscura empezó a sobreponerse a todas las demás componentes del universo, por lo que estamos asistiendo a una expansión que se está desbocando, sin límite.

Son las misiones WMAP y PLANCK las que han proporcionado los datos más detallados y precisos de los que se dispone de la distribución de temperatura de la RCF sobre la bóveda celeste. Las medidas se han tomado con instrumentos diferentes, con resoluciones angulares diferentes (mayor la de PLANCK), y los datos se han analizado con métodos diferentes. Precisamente, lo que exige el método científico convencional. Los resultados son lo suficientemente parecidos como para asegurar que en ambos casos se mide algo real y para abonar la calidad de los esfuerzos.

Los valores deducidos de los ajustes para los tres parámetros cosmológicos básicos, $[H_0 ; \Omega_m ; \Omega_\Lambda]$, son [70,0; 0,279; 0,721] según WMAP y [67,36; 0,315; 0,685] según PLANCK.[115] Ambos favorecen el caso $k = 0$.

Tomando, para ilustrar, las conclusiones de la misión PLANCK, estas serían las principales características del universo:

- Ritmo de expansión: $H_0 = 67,36$ km/s/Mpc
- Edad del universo: 13.797 millones de años
- Densidad de materia-energía: $(\Omega_m)_0 = 0,315$ (corresponde a 2,68×10-30 g/cm3), con la siguiente mezcla de ingredientes:
  - Materia oscura: 26,5 % (84,13 % de toda la materia)
  - Materia bariónica: 4,93 % (15,65 % de toda la materia)
- Radiación de fondo: T = 2,7255 K, que corresponde a una densidad de 411 fotones/cm^3

- Término de constante cosmológica: $(\Omega_\Lambda)_0 = 0{,}685$, que equivale a una densidad de $5{,}83\times10^{-30}$ g/cm^3 ($\Lambda = 1{,}088\times10^{-56}$ cm^{-2})
- Término de curvatura: $(\Omega_k)_0 = -0{,}0096$ ($\pm$ 0,0061). Suele tomarse como cero
- Índice espectral de las fluctuaciones iniciales: $1 - n = 1 - 0{,}9649$ ($\pm$ 0,0042), compatible con un espectro de fluctuaciones plano, independiente de la escala.
- Abundancia primordial de He (referida a la del hidrógeno, en masa): 0,2463

Aunque estos resultados suelen ser considerados como definitivos, la situación no es tan sencilla. Como vamos a ver en el capítulo siguiente, esos ajustes proporcionados por WMAP y PLANCK son parecidos, sí, pero no exactamente iguales. Al examinarlos con detalle, emergen diferencias que no son despreciables, sobre todo si se tiene en cuenta la complejidad de los ajustes, que pueden ser muy sensibles a pequeños cambios en algún parámetro. A lo que hay que añadir que la comparación entre los resultados de las vías astrofísica y cosmológica presenta aún más fuertes discrepancias e incertidumbres.

VI
Acerca del modelo estándar

> El espíritu humano se siente inclinado naturalmente a suponer en las cosas más orden y semejanza de los que en ellas se encuentra; y mientras que la naturaleza está llena de excepciones y diferencias, el espíritu ve por doquier armonía, acuerdo y similitud. De ahí la ficción de que todos los cuerpos celestes describen al moverse círculos perfectos; de las líneas espirales y tortuosas, solo se admite el nombre.
>
> **Francis Bacon**
> *Novum Organum*, aforismo 45

La cosmología actual se ancla en el mundo de las observaciones y datos gracias a la constatada universalidad del fenómeno del desplazamiento hacia el rojo, incluida su relación con la distancia. Desde ese momento, la idea del universo en expansión parece hacerse indiscutible. El descubrimiento de la RCF no solo confirma esa idea fundacional, sino que también hace inevitable, a los ojos de la gran mayoría de astrónomos, la idea de un universo evolutivo.

El proceso de creación de la cosmología relativista se asemeja a lo que ocurre, de manera general, con el de asentamiento de cualquier ciencia a partir de un paradigma aceptado, que, en el caso de la cosmología, es el de un universo homogéneo e isótropo, en expansión. A partir de esa aceptación, los esfuerzos se dirigen a la búsqueda de la consistencia con todos los datos existentes o que se van acumulando a partir de nuevas observaciones, para poder especificar el modelo que mejor encaje con ellos.

En ese proceso, si algunos datos, una vez corroborados, presentan algún problema, se ponen en cuarentena hasta que se encuentre una explicación, quizás de la mano de hipótesis adyacentes que permitan salvar el núcleo del paradigma. En cuanto a los principios en que se basan los modelos y otras cuestiones conceptuales que subyacen, su discusión queda pospuesta para mejor ocasión, quizás para cuando se disponga de una explicación, como ya comentamos al hablar de la teoría de Newton. De esa forma se hace posible el progreso de la ciencia en su capacidad para explicar los fenómenos conocidos y predecir nuevos fenómenos y propiedades.

Una última anotación que puede ser pertinente. La teoría de la gravedad de Einstein permite una infinitud multidimensional de modelos cosmológicos de los que los evolutivos solo son una familia muy particular. Cuando, más adelante, se mencione el sostén teórico de esos modelos, no nos referimos a la RG sino a las hipótesis o principios que se superponen a la teoría de Einstein para deducirlos. Sin duda, un día se dispondrá de una nueva teoría de la gravedad y habrá que reconsiderar la cosmología. Pero, incluso dentro de la teoría actual, los modelos cosmológicos podrían ser puestos en entredicho, al basarse en principios que son, en esencia, simplificadores de la complejidad observada.

En lo que sigue vamos a presentar algunas consideraciones que tienen que ver con aspectos y asunciones básicas de la cosmología relativista a la vista de datos de los que ya se dispone. Trataremos de poner frente a frente los resultados que se obtienen directamente de las observaciones con los que se derivan del ajuste de un tipo determinado de modelo a los datos de la RCF. Vías que, con el fin de diferenciarlas, hemos venido denominado como astrofísica y cosmológica.

Algunas constataciones simples sobre el universo

En el primer capítulo hemos considerado aspectos relacionados con la duración y extensión del universo, sobre si es finito o infinito, eterno o limitado en el tiempo. También vimos cómo, a través de la introducción del espaciotiempo curvo, tal y como formula la RG, los conceptos *limitado* y *finito* se desacoplan, rompiendo de una vez los argumentos basados en su equivalencia dentro de la geometría euclídea.

Vamos a ver ahora cómo, según ya apuntamos en ese capítulo I, si se tienen en cuenta todos los avances en materia de astrofísica, esas discusiones toman un cariz muy diferente, y algunas de ellas quedan relegadas al terreno de los puros conceptos, sin que nada del mundo observado, por el momento, los llame a escena. El universo puede que sea tan grande y duradero como se pretenda, pero lo que las observaciones describen está acotado, necesariamente, en el espacio y en el tiempo.

Desde un punto de vista práctico, el universo siempre puede tomarse como finito, dado que la parte observable del mismo, aquella de la que podemos recibir señales, es siempre finita. Lo es, en primer lugar, por la capacidad necesariamente limitada de nuestros sistemas de observación, incapaces de captar la luz de ningún astro, por grande que sea su luminosidad, a partir de cierta distancia. También, por razones más básicas. En efecto, dado que todo astro tiene una vida finita y que la información se propaga a velocidad finita, la señal de la existencia de ese astro no puede alcanzar distancias más allá de ese tiempo multiplicado por la velocidad de la luz. Así,

301

una estrella como el Sol, nacida hace unos 4.500 millones de años, solo ha podido ser captada dentro de los 4.500 millones de años-luz hasta los que la noticia de su nacimiento ha podido llegar.

Como ya dijimos, hace falta un genio como Kepler para asociar, por primera vez, la finitud del universo con la constatación trivial de que el cielo es oscuro por la noche. Si el universo fuese infinito y las estrellas estuviesen distribuidas uniformemente, en cualquier dirección que mirásemos nos toparíamos, como en el habitual símil del bosque, con una *pared* de estrellas, y el cielo debería brillar igual de día que de noche.

El razonamiento era impecable en su tiempo cuando se admitía, sin más argumento, que la vida de las estrellas era de duración ilimitada y que la información se propaga de manera instantánea, a velocidad infinita. Ya sabemos que ninguna de esas condiciones se cumple. Como relata Harrison en el libro ya citado, fue Kelvin el primero en tomar en consideración que la vida de las estrellas es finita (recordemos la propuesta de Kelvin-Helmholtz sobre el origen de la energía producida en las estrellas, que les daba tiempos de vida de algunos millones de años) y, además, que la luz se propaga a velocidad finita, como estaba probado. En esas condiciones, ambas desconocidas en el siglo XVII, aunque pudiera haber infinitas estrellas, tan solo una pequeña parte de ellas podría contribuir al brillo de fondo de cielo. De tal forma que se da respuesta a la paradoja, como bien argumenta el ya citado Harrison, sin que sea relevante que el número de estrellas o el propio universo sean finitos o infinitos. Tan solo importan las estrellas de las que se pueda tener noticia. La paradoja ha desaparecido.

Hay que notar también que esa explicación no necesita de la expansión del universo ni del fenómeno del *redshift*, aunque todavía puede leerse en manuales y artículos que la paradoja de Olbers se resuelve gracias al papel clave que desempeñan esos factores. Los cálculos detallados[116] demuestran que la expansión tan solo juega un pequeño papel, mientras que la explicación está en los dos factores mencionados ya por Kelvin y por Harrison. Hasta el punto de que, como lo demuestran esos mismos cálculos, no hay tal paradoja ni siquiera en el marco de un universo estático.

Finalmente, Harrison indica que la razón última de que el cielo sea oscuro por la noche es inmediata: si bien fue diferente en el pasado (según el modelo estándar), en la etapa cosmológica actual el universo no contiene suficiente densidad de energía para brillar como una estrella. En efecto, a partir de la densidad de materia que se estima, es inmediato deducir la densidad de energía que se produciría si toda ella fuese instantáneamente convertida en radiación (recordemos, $E = mc^2$). Si la consideramos, para continuar con la ilustración, como la de un cuerpo negro, la temperatura resultante no superaría los 20 K. Es decir, para que el cielo pudiese brillar como el sol, la densidad de materia del universo debería ser muy superior.

Mientras se desdibuja su importancia cosmológica y desaparece la paradoja de Olbers, se hace patente el interés astrofísico por la medida del brillo del fondo de cielo (extragaláctico). La razón es que está conectado con la evolución de la materia luminosa, pues puede asimilarse a un reservorio en el que se va almacenando toda la energía radiada a lo largo de la historia del universo. Dicho en otras palabras, ese fondo contiene y guarda la información de la historia de formación y evolución de estrellas, galaxias y toda la materia luminosa.

Pero su detección es difícil y problemática, ya que la señal está inevitablemente contaminada por otras componentes, como son, además del efecto de la atmósfera terrestre, la luz zodiacal, la luz difusa de nuestra Galaxia y la contribución de galaxias individuales discernibles. Siendo las dos primeras componentes mucho más intensas que la que se pretende medir, la medida de ese fondo extragaláctico (muy poco) luminoso es muy difícil, y tan solo recientemente se ha reportado una primera detección, en una banda de frecuencias. Por cierto, los escasos datos y cotas superiores disponibles indican que el fondo podría ser significativamente más intenso que la luz integrada de las galaxias, quizás hasta el doble.[117]

En cuanto a la edad del universo, comencemos por decir que hablar de edad implica que es posible definir un tiempo y definir referencias, para poder establecer períodos de tiempo o edades. El modelo estándar atribuye al universo una edad que, según los resultados del análisis de datos de la sonda PLANCK, alcanza los 13.787 millones de años.

Desde el punto de vista astrofísico, hay básicamente dos formas directas de medir edades: las que proporciona la teoría de evolución estelar aplicada a estrellas individuales o a cúmulos globulares, considerados como los sistemas de más edad de nuestra Galaxia, y las basadas en la radiactividad natural.

La literatura abunda en discusiones sobre los diferentes métodos utilizados para medir la edad de los cúmulos globulares, con sus incertidumbres y posibles sesgos. En las dos últimas décadas del siglo xx se publicaron análisis de cúmulos globulares que arrojaban valores para su edad por encima de lo que permitía la cosmología, algunos próximos a los veinte mil millones de años.[118] Revisiones y refinamientos posteriores han proporcionado valores menos altos para los cúmulos más viejos, que tendrían una edad de unos 13.200 millones de años, con incertidumbres típicas del 10 %.[119]

Esto significa que la edad de esos sistemas está comprendida, con probabilidad del 65 %, entre 11.880 y 14.520 millones de años, intervalo que incluye la edad atribuida al universo por los modelos, pero que no excluye valores superiores. Es más, aun restringiendo el rango a lo que es compatible con los modelos, los valores son muy próximos a la edad del universo, lo que significa que hubo poco tiempo para que nacieran las estrellas que los forman y pone límites estrictos sobre los mecanismos que pudieron operar.

La otra forma de determinar edades de relevancia cosmológica de manera directa la ofrece el decaimiento de sustancias radiactivas. De manera natural, algunas sustancias se van transmutando en otras tras la emisión espontánea de radiación o de partículas, con ritmos determinados, hasta que la serie termina en un elemento estable. Un ejemplo conocido es el del uranio, que, tras diferentes pasos intermedios, acaba transformado en plomo. Las abundancias relativas de los elementos intermedios y final de la serie dan una precisa medida del tiempo transcurrido, a condición de conocer adecuadamente la abundancia inicial del primero de esa serie y el ritmo de decaimiento o vida media de cada elemento. Este método, utilizado por primera vez por Rutherford a principios del siglo XX, permitió datar la Tierra y mostrar que su edad se mide en miles de millones de años.

Dependiendo de si ese ritmo de decaimiento es más o menos rápido, cada familia de núcleos podrá dar información sobre etapas más o menos largas. Así, por ejemplo, el método U-Pb, con una vida media de 4.700 millones de años, es adecuado para datar etapas geológicas, aunque no para procesos mucho más rápidos. En el otro lado, el ^{14}C tiene una vida media de 5.730 años, por lo que es adecuado para datar acontecimientos históricos.

La llamada nucleocosmocronología trata de aplicar esos métodos a astros o sistemas astrofísicos, tomando como abundancias iniciales las que resultan de la teoría de la nucleosíntesis y evolución estelar. Se ha aplicado, entre otros, para determinar la edad del Sol en 4.570 ± 20 millones de años o la de la estrella de Cayrel, con muy poco contenido metálico, supuestamente formada en los inicios de la propia Vía Láctea, con un resultado de 14.000 ± 2.400 millones de años. También se ha usado el método uranio-torio para determinar la edad de la Vía Láctea obteniendo 14,5 (+2,8, -2,2) miles de millones años. En esos dos últimos casos, los valores centrales están en zona de tensión/conflicto con la edad del universo del modelo estándar, si bien los márgenes de incertidumbre son suficientemente amplios como para que la compatibilidad no esté comprometida.

En base a esos datos más recientes puede decirse que el persistente problema de edades parece haber sido controlado. Señalamos de nuevo que, en algunos casos, las determinaciones astrofísicas están próximas a la edad otorgada al universo por el modelo estándar y que una ligera subestimación podría producir un conflicto en algunos casos. Por otro lado, tengamos en cuenta que, al final del recorrido, es la introducción, una vez más, de una constante cosmológica no nula la que permite superar todos los problemas y producir la buscada concordancia.

Las vías astrofísica y cosmológica para estudiar el universo

Desde la astrofísica, en el camino hacia la cosmología, se trata de medir, en primer lugar, la escala de distancias y, a medida que va siendo técnicamente posible, tratar de detectar su variación (aceleración-deceleración), cuando se consideran distancias cada vez mayores. A la vez, se va estudiando la distribución de las galaxias y sus estructuras para delimitar el contenido global de materia y energía, que se deduce tanto de las luminosidades como de la dinámica. Programa que no solo sigue vigente, sino que está concentrando grandes esfuerzos a través de ambiciosos proyectos de cartografiado, como ya hemos mencionado.

Por otro lado, el descubrimiento de la RCF no solo significó un respaldo decisivo a los modelos evolutivos, que la habían previsto, sino que, además, abrió una nueva vía de estudio, puramente cosmológica, a partir de un universo anterior, denso, caliente y uniforme, muy diferente al que ahora observamos directamente.

Para que el análisis de la RCF pudiese realmente constituirse en una vía cosmológica hubo que esperar los casi treinta años que van de su descubrimiento hasta el lanzamiento de COBE primero, y algunos decenios más hasta WMAP y PLANCK. Los datos recogidos permitieron establecer, en primer lugar, el alto grado de isotropía de dicha radiación y su carácter de radiación de cuerpo negro, con un valor único y preciso de la temperatura y, además, la existencia y amplitud de minúsculas irregularidades que, siempre en el marco estándar, son los embriones de las galaxias y aglomeraciones que hoy observamos. El análisis de la RCF se ha convertido en una poderosa vía de estudio para caracterizar el universo desde la globalidad, desde la perspectiva puramente cosmológica que ofrece el marco estándar.

Esas dos vías abordan el estudio del universo desde dos perspectivas contrapuestas. La astrofísica nos presenta un universo complejo e intrincado, sobre el que se trata de medir parámetros relevantes para la cosmología. Por su parte, la RCF refleja un universo casi exactamente uniforme, sin estrellas ni galaxias, cuyos datos son ajustados por determinados modelos cosmológicos.

La cosmología actual nos dice que el uno proviene del otro, de modo que la formación de estrellas, las galaxias y estructuras, la escala de distancias o la densidad de materia y de energía que hoy determinan el universo, no serían sino la evolución (descrita por las ecuaciones del modelo) de las que reinaban en un universo caliente, denso y en equilibrio. Es decir, el actual es la consecuencia evolutiva de lo que la RCF anuncia.

De modo que ambos caminos, desde la globalidad o desde el análisis del universo heterogéneo, deberían llevar a la misma conclusión, a los mismos valores de los parámetros cosmológicos, si los modelos que consideran los ajustes a los datos sobre la RCF son los apropiados.

Ambas vías, de naturaleza y metodología diferentes, son obviamente importantes y ninguna debe imponerse por razones de principio. Las dos han aportado resultados extraordinarios y no sería admisible dar más peso a una u otra, salvo el que vehiculan los errores e incertidumbres asociados a esas determinaciones. Se trata de conjuntos de resultados de diferente naturaleza y significado al tratarse, las unas, de medidas directas y, las otras, de ajustes a una familia predeterminada de modelos. Al final, si todo es correcto, el ritmo de expansión que proporciona el análisis de la RCF debe coincidir, dentro de los errores combinados, con la constante que fija la escala de distancias elaborada a partir de medidas directas de distancias y *redshift*. Lo mismo debería ocurrir con los demás parámetros cosmológicos o con las abundancias de los elementos ligeros.

Habitualmente, después de los análisis proporcionados por WMAP y PLANCK, se toman los resultados extraídos de los ajustes a los datos de la RCF como única referencia, para mostrar cuál es el modelo definitivo. En una fase posterior, se indaga el grado de acuerdo, dentro de errores e incertidumbres, con las medidas directas de la escala de distancias u otros parámetros cosmológicos, aceptando de antemano que los valores físicamente precisos son los de los ajustes. Con esa actitud, no siempre se tienen en cuenta las reales incertidumbres que les rodean y que, a fin de cuentas, no son sino ajustes a un conjunto dado de modelos multiparamétricos. Consideramos conveniente que las discrepancias que puedan surgir entre ambos conjuntos de medidas y resultados sean analizadas y comprendidas, antes de que ninguna conclusión se imponga.

El valor de H_0, en este caso el parámetro de expansión, según WMAP y PLANCK es 70 y 67,36 km/s/Mpc, respectivamente. Desde la astrofísica, el rango de los valores más recientes obtenidos para H_0, la escala de distancias es de 64 a 75 km/s/Mpc, si bien la mayoría se sitúan entre 69,6 y 75 km/s/Mpc. Un conjunto de valores que se sitúa, efectivamente, en un rango estrecho, si bien superior al 10 %. Dado que los errores reportados son muy pequeños, esas diferencias, que se ha dado por dulcificar con el nombre de tensiones,[120] pueden ser relevantes.

Antes de nada, señalemos que las diferencias entre los ajustes obtenidos por las misiones WMAP y PLANCK, que parecen pequeñas, son sin embargo dignas de ser tenidas en cuenta. En efecto, si en lugar de comparar por separado cada uno de los parámetros, se comparan los ajustes 6-paramétricos en conjunto, la discrepancia entre ambos resultados es muy significativa.[121] Lo que puede hacer pensar en efectos sistemáticos y que, en todo caso, indica la sensibilidad de los resultados a los tratamientos y métodos de ajuste utilizados. Insistimos, podríamos contentarnos con esos valores para cada parámetro, contenidos en pequeñas horquillas, pero la comprensión de esas diferencias, de su origen y de su influencia en el ajuste global, ponen de manifiesto la necesidad de analizar la sensibilidad de los valores obtenidos a los ajustes que se llevan a cabo. Algo que es parte esencial del trabajo científico, pues el diablo podría estar en los detalles.

Con ese antecedente, no es sorprendente que haya diferencias apreciables entre los resultados obtenidos a partir de los ajustes a los datos de la RCF y los valores astrofísicos. Un reciente trabajo ha profundizado en el análisis de esas diferencias, comparando los valores del parámetro de expansión determinado por PLANCK o deducido de otros análisis de la RCF con el de la escala de distancias determinada a partir de las cefeidas.[122] La conclusión es que la llamada tensión entre las diversas determinaciones cobra categoría de discrepancia significativa, dejando una minúscula probabilidad de que ambos datos representen dos medidas diferentes de un mismo valor.

El análisis puede ir un paso más lejos. Cabe, en efecto, preguntarse qué ocurriría si, a la hora de hacer los ajustes a los datos de la RCF, se tomasen en cuenta los valores de H_0 que ofrece la astrofísica, es decir, si se inyectasen en esos ajustes el valor de la escala de distancias (con sus errores), como valor predeterminado del ritmo de expansión. Esto es precisamente lo que ha analizado recientemente un equipo científico, tomando los valores proporcionados por los dos grupos liderados por Freedman y por Riess, los menos discordantes con los que obtiene WMAP y PLANCK. En ambos casos, según muestra ese análisis, los ajustes cambian significativamente, hasta el punto de que el modelo ΛCDM ya no representa

el mejor ajuste y se abren nuevas opciones, algunas franca-
mente exóticas.[123]

Este tipo de resultados muestra que la cuestión cosmológica no está cerrada, ya que no es posible descartar otros tipos
de modelos evolutivos. Y, quizás más importante, ilustra la
delicadeza de los ajustes a los datos de la RCF y de cómo los
resultados dependen de cómo y con qué datos de entrada se
aborde el problema del ajuste.

El valor de la densidad material, tanto oscura como bariónica, que resulta del estudio de la RCF está también afectado
por un error muy pequeño, lo que se interpreta como un signo de robustez de dichas determinaciones. Ya hemos indicado, sin embargo, las discrepancias significativas cuando se
comparan los valores dados por ambas misiones, que afecta
igualmente al parámetro de densidad.

Desde la astrofísica, la situación es menos satisfactoria
pues, como vimos en el capítulo anterior, las determinaciones de la densidad de materia están afectadas por importantes incertidumbres. Son, sin embargo, perturbadoras
pues los valores que se determinan para las mayores escalas sondeadas están por debajo de lo que los ajustes a la
RCF proporcionan. Añadimos aquí la referencia a un trabajo
reciente, que considera grupos y cúmulos de galaxias en un
rango de distancias de hasta unos 135 Mpc,[124] que concluye que el parámetro de densidad de materia no sobrepasa,
a partir de ciertas escalas, el valor 0,17, que es poco más de
la mitad del valor cosmológico. Resultado que, por otro lado,
concuerda con los aportados por De Vaucouleurs a partir de
los años sesenta. Los propios autores de ese trabajo señalan
que, para conciliar su resultado con el cosmológico, habría
que suponer que una gran parte de la materia oscura cósmica, alrededor de la mitad, debería encontrarse fuera de las

zonas colapsadas, es decir, fuera de los grupos y cúmulos de galaxias, lo que no es fácil de explicar y, en todo caso, es una posibilidad sin más argumento.

La cosmología estándar necesita que la materia oscura sea dominante, pero también impone condiciones sobre la bariónica, debido a su decisiva influencia en los procesos de la nucleosíntesis primordial. Es decir, a partir de la densidad bariónica se predice la abundancia de helio primordial, que puede ser, por tanto, comparada con la que se obtenga de las observaciones directas.

Para el caso del helio, como ya indicamos, las medidas en diferentes épocas han dado valores consistentemente por encima del 20 %, con algunos por encima del 30 % (recordamos que es la fracción de helio con respecto al hidrógeno, medida en masa). Hay que tener en cuenta que esas medidas no se refieren a los valores primordiales, sino a los observados, forzosamente contaminados por la contribución propia de las estrellas. Como consideración inicial y básica, puesto que el helio no se destruye, son los valores más bajos observados los que están más próximos de la abundancia primordial.[125]

A fin de determinar cuáles son los sistemas más apropiados para determinar la abundancia primordial de helio, hay que recordar que durante la nucleosíntesis primordial no se produjeron elementos más pesados. Lo que indica que los candidatos óptimos serían, siempre en el esquema evolutivo estándar, los sistemas de menor metalicidad. En otros términos, se considera que, cuanto menor sea la metalicidad de un sistema, más próxima estará su abundancia de helio a la primordial. De modo que, cuando se analiza una muestra amplia, se examina la relación (estadística) entre la abundancia de helio y la metalicidad (ambas se miden) y se extrapola a cero-metalicidad para determinar la abundancia de helio primordial. Claro está que, cuanto menor sea la metalicidad característica de la muestra y menor su rango de valores, más fiable puede resultar este método.

No vamos a entrar aquí en la discusión de las incógnitas que ese método plantea (en particular, los avatares de la evolución de los sistemas considerados, incluyendo la pérdida selectiva de metales), sino que vamos a referir simplemente los resultados que, a lo largo de los años, fijaban la abundancia de helio primordial entre 22 % y 24 %.[126] Un resultado reciente, con una nueva selección de sistemas de baja metalicidad y con nuevas técnicas de análisis, ha encontrado, sin embargo, un valor más alto, de 25,5 %, con errores relativamente pequeños, para la abundancia de helio primordial.[127] Esta es la situación desde la perspectiva astrofísica.

Recordemos que el valor que proporciona la misión PLANCK es 24,5 % (24,87 % según WMAP), ambas alejadas de los valores observacionales. Es evidente que, si inyectase el valor del 25,5 % que proporcionan las medidas directas más recientes, el ajuste a la RCF quedaría descuadrado.

Un aspecto clave a considerar es que una determinada abundancia de helio primordial impone, para un ritmo dado de expansión, un valor específico de la densidad bariónica. Así, dejando de lado por un momento las discrepancias entre diferentes determinaciones, los resultados de PLANCK proporcionan para la densidad bariónica un valor del 4,95 % del contenido total (materia y energía y constante cosmológica) del universo. Ahora bien, las determinaciones directas de la densidad bariónica, que toman en cuenta la contenida en las galaxias (principalmente en las estrellas) y en los cúmulos (principalmente en forma de plasma caliente, responsable de la emisión en rayos-X), son sistemáticamente inferiores, entre 1/3 y 1/2 del valor obtenido del ajuste de la RCF. Importante discrepancia que ha llevado a formular la idea de que hay un déficit de bariones («missing baryons»)[128] o que existen «bariones ocultos», todavía no detectados. Los esfuerzos por encontrarlos se han multiplicado en los últimos años, tratando de identificarlos en el medio intergaláctico.[129] Pero todavía no hay resultados concluyentes.

Como reflejan los párrafos anteriores, la situación con respecto al helio primordial plantea incertidumbres. Sigue siendo problemático extraer la parte primordial de las abundancias de helio que se observan en diferentes sistemas y, en todo caso, sigue sin producirse la esperada concordancia entre las vías astrofísica y cosmológica. A lo que se añade el problema de que la vía cosmológica señala la existencia de una importante fracción de bariones que no ha sido detectada de manera definitiva hasta la fecha.

Otras consideraciones: el valor de k y de Λ

La densidad de materia, la escala de distancias o la abundancia de helio primordial son parámetros analizables tanto desde la perspectiva astrofísica como desde la cosmológica. No es el caso de los parámetros libres del modelo, la constante cosmológica, Λ, y la constante de curvatura espacial, k, puesto que no se ha logrado, todavía, proporcionar medidas directas con márgenes de error suficientemente pequeños.

En principio, el valor de Λ podría obtenerse directamente del análisis de la relación z-distancia. De hecho, fue así como se detectó su presencia. Pero las incertidumbres en los datos no permiten, todavía, estimar un valor suficientemente preciso. Por otro lado, recordemos que el resultado que se encuentra a partir de consideraciones cuánticas, identificándola con la densidad de energía del vacío, es 120 órdenes de magnitud superior al de la cota superior que dan las observaciones, obviamente la mayor discrepancia jamás encontrada. Finalmente, nuestros resultados de 1991 muestran que su valor, en términos de parámetro cosmológico, no puede ser muy inferior a 0,70 pues, de lo contrario, no sería discernible en los datos. Es una cota inferior, muy próxima a los valores que se obtienen a partir de los ajustes de la RCF, pero hasta que no pueda explorarse con la necesaria precisión el universo lejano no podrá ser acotada de manera más precisa.

Veamos ahora el parámetro de curvatura. Los ajustes a los datos de la RCF, como ya hemos indicado, proporcionan valores compatibles con cero, que, por otra parte, es el favorecido por la teoría de la inflación. En cuanto a los intentos de determinación directa, desde la astrofísica, están aún lejos de proporcionar medidas con un aceptable rango de incertidumbre, como ya indicamos.

La situación, por lo tanto, es incierta, dado que la introducción de una curvatura espacial no nula podría suponer un gran cambio, ya que su presencia puede imitar una variación del parámetro H con el tiempo, que se superpone a la evolución propia del mismo.

En resumen, tan solo se dispone, por el momento, de determinaciones cosmológicas, a partir de la RCF, de los parámetros Λ y k. Sin minusvalorar esos resultados, darlas por definitivas, teniendo en cuenta las incertidumbres existentes en cuanto a la escala de distancias, a la densidad total de materia o a la abundancia de helio primordial y la densidad de bariones, sería dejar sin análisis y progreso observacional temas de primera importancia en astrofísica y en cosmología.

Insistimos en que no se trata, solamente, de pulir las pequeñas diferencias que han surgido entre las diferentes determinaciones de los parámetros cosmológicos, sino de analizar esos síntomas por si fuesen indicadores de cuestiones más profundas, que podrían traer ya sea confirmaciones contundentes o extraordinarias sorpresas. En cualquier caso, el camino ha de recorrerse para evitar que podamos quedar atrapados en ecuantes y epiciclos.

Acerca de la homogeneidad (a gran escala) del universo

Los modelos cosmológicos se basan en una cierta idea de uniformidad del universo que, a partir de una escala, siempre por determinar, se repite incesantemente. Imagen que puede resultar sorprendente pues, según ese esquema, si se llama, como ya hicimos anteriormente, molécula cosmológica a lo que encierra la escala cósmica, el universo estaría hecho de un fluido compuesto de esas moléculas, idénticas en cuanto a lo que encierran, que siguen estrictamente el flujo de Hubble. El universo, globalmente, sería el conjunto de todas ellas, produciendo la imagen de un universo que revela todo su contenido y propiedades, en cada instante cosmológico, en una célula cósmica, igual a cualquier otra.

Toda la diversidad estaría contenida en una de ellas, cuya complejidad y la heterogeneidad no afectan en modo alguno la quietud del flujo cosmológico arrastrado por la métrica. Desde el punto de vista estrictamente cosmológico, esas moléculas cosmológicas son puntos sin contenido que se acomodan a las trayectorias impuestas por la métrica, sus geodésicas.

Hemos hablado insistentemente de que la existencia de un tiempo cósmico es consecuencia directa de la aceptación del principio cosmológico, que impone la condición de homogeneidad e isotropía espaciales. Ese principio, este es el momento de desvelarlo, no es suficiente para que pueda definirse el tiempo cósmico, ya que debe cumplirse también

316

el llamado principio o postulado de Weyl, formulado en los primeros años 1920.[130] Viene a expresar que la familia de las trayectorias de todas aquellas células cosmológicas que, según el modelo, son las geodésicas del espaciotiempo, deben converger hacia un punto pasado común, sin cortarse en ningún momento. Esas geodésicas materializan lo que se denomina *flujo de Hubble*, y su origen común es lo que más tarde fue bautizado como *big-bang*.

Ese postulado, que no suele mencionarse cuando se expone el principio cosmológico, implica que esas moléculas cosmológicas deben estar en reposo relativo o, en otras palabras, que sus velocidades peculiares con respecto al flujo de Hubble son nulas, como tan gráficamente apunta Schrödinger en el texto citado anteriormente. De lo contrario, cada molécula tendría su propio tiempo (recordemos la dilatación del tiempo causada por el movimiento relativo) y sería imposible su sincronización simultánea, por lo que no podría definirse un tiempo común para todas. En otras palabras, no habría tiempo cósmico. El postulado de Weyl impone que esa sincronización es posible, de manera que todas esas partículas cósmicas pueden ser referidas a un sistema en el que están en reposo relativo (sistema comóvil), quedando a merced únicamente de la propia dinámica del espaciotiempo, como naves llevadas por la corriente.

En consecuencia, la escala cosmológica no es solamente aquella en la que la distribución de la materia se hace, finalmente, homogénea, sino que debe también cumplir la condición de movimientos propios estrictamente nulos.

La cuestión cobra toda su relevancia, más allá de los aspectos puramente conceptuales, cuando se tiene en cuenta que es la existencia de tiempo cósmico, que garantiza el postulado de Weyl, la que permite construir una explicación geométrica del fenómeno-z y una historia del universo con etapas tempranas en equilibrio, todas ellas descritos por los modelos evolutivos de tipo Friedman.

Lo que nos lleva a otras cuestiones. Recordemos que, en el modelo estándar, en cada momento las propiedades son uniformes. Pero esa igualdad es inverificable, ya que la información se propaga a velocidad finita. Puesto que todos los puntos en una sección espacial son coetáneos, con la misma coordenada temporal (cósmica), ninguna información «tiene tiempo» para viajar de uno a otro, y por lo tanto no pueden estar en contacto causal todos a la vez.

Es posible tratar de construir pruebas de consistencia, en particular a partir de las medidas de isotropía, pero probar directamente la homogeneidad es una tarea imposible.

A modo de inciso, notemos que, puesto que los modelos cosmológicos emanan de la teoría de la gravedad, la homogeneidad es, en términos físicos, una condición improbable por el carácter atractivo de la gravedad y la tendencia irremediable al colapso, a la aglomeración. Salvo a escalas en las que la constante cosmológica pudiera prevalecer.[131]

Homogeneidad global frente a heterogeneidad local, un verdadero problema que la cosmología tiene que resolver. Con el corolario de la necesidad de hacer nacer lo heterogéneo de lo homogéneo, sin que por ello se altere en modo alguno la uniformidad global. Tratando de deshacer (gracias a la física y sobre el papel) ese camino, lo que se pretende es, a partir de la heterogeneidad observada en el universo próximo, construir una imagen de homogeneidad global que corresponda a los postulados cosmológicos. En suma, definir y encontrar la escala a partir de la cual las heterogeneidades quedan diluidas, los promedios tienen sentido y la homogeneidad vuelve a reinar. El dominio de nuestro pájaro.

Las comparaciones entre diferentes regiones cosmológicas, aun a diferentes tiempos cósmicos, necesariamente requiere, entre otras, la realización de promediados, a comenzar por el de la densidad. Habitualmente, un sistema heterogéneo, en las fases iniciales del crecimiento de las irregularidades, se describe como un sustrato energético-material promedio, un medio suave y homogéneo, sobre el que se superponen fluctuaciones de pequeña amplitud, restringidas a volúmenes determinados. De manera que se espera describir la métrica como la que corresponde a ese sustrato uniforme con ligeras perturbaciones. Obviamente, este esquema de cálculo solo es aplicable mientras se trate de ligeras perturbaciones, de amplitud muy pequeña frente a los valores promediados.

En todo caso, esa idea de promediar y tomar valores promediados como característicos no está, sin embargo, justificada de manera inmediata en RG, ya que no satisface, desde un punto de vista estricto, algunas de las condiciones que impone ese marco conceptual. Para que pudiera ser considerado como válido (en el orden de aproximación que resulte), el procedimiento de promediado debe cumplir dos condiciones: (I) que su definición sea válida dentro del marco de la RG, y (II) que las ecuaciones de Einstein no sean alteradas por ese promediado. Como argumenta G. Ellis,[132] esas condiciones no están garantizadas en el caso general y suscita cuestiones de principio, insoslayables, caracterizando lo que se ha dado en llamar el problema del promediado en RG.

En efecto, nos topamos con que promediar y calcular las ecuaciones de Einstein son operaciones que no conmutan, es decir, no es lo mismo promediar y luego resolver las ecuaciones que primero resolverlas y luego promediar. Técnicamente, el problema tiene su origen en que los tensores no pueden promediarse con independencia del sistema de coordenadas que se elija, de manera covariante en términos más técnicos, como exige la RG. Cierto es que la literatura abunda en procedimientos propuestos para encontrar soluciones aceptables. De hecho, como acabamos de apuntar, toda la teoría de crecimiento de irregularidades dentro del modelo estándar está basada en el cálculo de perturbaciones (de pequeña amplitud) alrededor de un valor medio que se considera bien definido en cada momento. No obstante, el problema es de principio, porque, en definitiva, expansión y promediado no conmutan, y no hay forma exacta de definir ese valor promedio. Pretender que la teoría o modelo que se propone es pertinente para describir y entender un sistema, el universo en este caso, que se adecua tan solo «aproximadamente» a los principios sobre los que se basa, es un problema de naturaleza diferente que necesita de un análisis particular en cada caso.

Veamos ahora la situación desde el lado de la búsqueda observacional de la escala de homogeneidad. Se evoca a menudo la isotropía observada de la RCF como prueba de la del universo e, indirectamente, de su homogeneidad. El análisis de la distribución de temperaturas de la RCF muestra que la media sobre todo el cielo, con la resolución de las diferentes misiones, está bien definida. Aunque con algunas (ligeras) dudas.

Se ha llamado la atención sobre la posible existencia de una determinada zona, extensa, en la que la temperatura promediada de la RCF podría ser inferior a la media. Esa región fría, bautizada como Cold Spot, descubierta en los datos proporcionados por WMAP, tiene una dimensión de unos 5 grados de diámetro, y está localizada en la zona que corresponde a la constelación de Eridanus. El valor reportado de su temperatura es inferior a la global en 7×10^{-5} K, es decir, apenas 4 veces el valor típico de las fluctuaciones. La detección no puede darse como totalmente confirmada, pues podría tratarse de una fluctuación excepcional de la distribución general. De hecho, el análisis de los datos de la misión PLANCK ha arrojado algunas dudas sobre la existencia de anomalías como el Cold Spot, si bien sigue siendo tema de estudio y debate.

Se pone de manifiesto una vez más la dificultad de los análisis estadísticos de la distribución de temperaturas de la RCF y de la detección de anomalías a ciertas escalas. Si bien, aun teniendo presentes esas precauciones, la isotropía de la RCF, referida a promedios sobre escalas angulares que corresponden a grandes regiones en el universo actual, es generalmente admitida.

A menudo se invoca la isotropía como camino indirecto para establecer la homogeneidad. Ambos conceptos no son, obviamente, equivalentes, pues hay distribuciones isotrópicas que no son homogéneas (una rueda de bicicleta con radios) y a la inversa (una pared de ladrillos). Cierto es que observaciones relacionadas con la isotropía pueden ser relevantes para establecer, o al menos justificar, la inobservable homogeneidad, pero, como argumenta el citado Harrison (*op. cit.*), para ello es necesario, previamente, invocar el principio cosmológico, con lo que el razonamiento es circular. En otras palabras, principio cosmológico (postulado) más isotropía (observada) implican homogeneidad (no observada). En palabras del propio Harrison, «un estado de isotropía (todas las direcciones son similares) en un lugar no prueba la homogeneidad y un estado de anisotropía no prueba la heterogeneidad». Solo la aceptación del principio cosmológico, junto a la observación de isotropía, permiten sacar conclusiones, por lo que la homogeneidad sigue siendo una hipótesis no probada, por más que dé lugar a un modelo de éxito.

Todo lo cual, aunque pudiera parecer una digresión lateral, es crucial para el modelo cosmológico estándar pues, sin homogeneidad, no hay tiempo cósmico y no es posible elaborar la explicación geométrica del fenómeno del *redshift*. Simplemente, el modelo no es posible. La siguiente sección es una ilustración de lo que podría significar este último comentario.

La paradoja de Hubble-Lemaître-De Vaucouleurs y la escala cosmológica

Los datos y las simulaciones cosmológicas indican que la escala de homogeneidad sería, al menos, de algunas decenas de Mpc. En consecuencia, las predicciones del modelo estándar solo son, en puridad, aplicables a esas escalas o superiores. Recordemos que el *redshift* cosmológico es un fenómeno que solo debería manifestarse allí donde el principio cosmológico se cumple, ya que la explicación geométrica que ofrece el modelo estándar no puede, en rigor, operar a escalas muy inferiores a la cosmológica, en las que la métrica de Friedman no puede definirse.

Las observaciones muestran, por otro lado, que el fenómeno del *redshift*, tanto su mera existencia como su relación con la distancia, se manifiesta a pequeñas escalas, definitivamente inferiores a la de homogeneidad. Baste recordar que la ley de Hubble-Lemaître se estableció por primera vez a partir de datos del universo local, lo que ha sido confirmado por datos posteriores, que muestran una relación lineal, apenas perturbada, entre z y distancia, a partir de unos 2 Mpc. Fue Sandage, uno de los grandes valedores del modelo estándar, quien puso sobre la mesa, en 1972, la paradoja que supone la observación del fenómeno-z en escalas en las que el universo es manifiestamente heterogéneo. En aquel momento, Sandage tomó ese resultado como un argumento en contra de las ideas sobre la existencia de aglomeraciones jerarquizadas de galaxias y a favor de que la métrica de Friedman se manifiesta ya sin apenas perturbaciones incluso a escalas pequeñas. De tal modo que la cosmología, con esas ligeras perturbaciones, comenzaría apenas abandonada nuestra galaxia. Sin embargo, la realidad que se va imponiendo refleja irregularidades de gran amplitud a esa y mayores escalas, con cúmulos y supercúmulos de galaxias, o grandes estructuras lineales, demasiado grandes para ser consideradas como pequeñas perturbaciones.

Se ha especulado, tratando de solucionar el problema, con que la distribución de materia total, incluida la oscura, sería mucho más suave, pero las sobredensidades, muy alejadas del régimen de perturbaciones, persisten. Incluso se ha propuesto una solución en base al posible papel homogeneizador de la energía oscura, pero se constata que no juega un papel destacado a pequeñas escalas, ni en épocas anteriores del universo. Fue el mismo Sandage, en 1995, quien, reconociendo todos esos problemas, incluyó la paradoja entre los problemas relevantes pendientes de solución.

En nuestra opinión, siendo esa una gran dificultad, hay otra, a un nivel más básico que la relación z-distancia, a saber, la existencia misma del *redshift* cosmológico a esas escalas. Pues, si es un fenómeno geométrico, ligado a la forma concreta de la métrica, no puede existir en una región en la que esa métrica no se puede definir, como bien expresa Schrödinger en las palabras ya citadas. No se trata, solamente, de que la existencia de grandes fluctuaciones a escalas menores que la cosmológica pueden alterar (sin distorsionarla demasiado, como se observa) la relación z-distancia, sino de que el modelo estándar no puede ofrecer una explicación al *redshift* observado. Si el criterio de homogeneidad no se cumple, ¿cuál es, en primer lugar, el origen del *redshift*?

Una forma diferente de plantearse esa cuestión, relacionada también con la definición de la escala cosmológica, consiste en preguntarse a partir de qué escala se manifiesta la expansión y, por lo tanto, existe el *redshift* cosmológico. Al margen de los problemas de no homogeneidad y, en consecuencia, de validez de la solución estándar, si la expansión operase a todas las escalas de igual forma, no sería perceptible. La cita que ponemos a continuación, contenida en uno de los grandes manuales clásicos sobre gravitación, lo expresa muy claramente:

> ¿El Universo se expande, lo que hay entre un cúmulo de galaxias y otro se expande, la distancia entre el Sol y la Tierra se expande, la longitud de una vara de un metro se expande, el átomo se expande? Entonces, ¿cómo puede tener sentido hablar de expansión? ¿Expansión relativa a qué? ¡Es un sinsentido! Más tarde, se da cuenta el estudiante de que el átomo no se expande, que la vara de un metro no se expande, que la distancia entre el Sol y la Tierra no se expande. Solo las distancias entre cúmulos de galaxias y mayores están sujetas a la expansión. No las distancias menores.[133]

¿Por qué, entonces, según el modelo estándar, puede siquiera existir el *redshift* a escalas claramente inferiores a la de los cúmulos de galaxias?

La cosmología pretende describir y explicar el universo a gran escala, pero, a través de la presencia de fuertes irregularidades en la distribución de materia y de su falta de reflejo en la ley de Hubble-Lemaître, se nos cuela en el entorno local, apenas más allá de nuestra vecina Andrómeda, muy lejos aún del dominio cosmológico. Esta paradoja que produce la consideración simultánea de la heterogeneidad de la distribución de materia a pequeñas escalas (de Vaucouleurs) y la manifestación del fenómeno-z (Hubble-Lemaître) en esas mismas escalas, tiene difícil respuesta dentro del modelo estándar y ha impulsado especulaciones sobre la propia naturaleza del *redshift* o de la métrica del universo.[134]

La cuestión de la escala cosmológica adquiere nuevos tintes cuando se encuentran manifestaciones estrictamente cosmológicas, ligadas a la métrica global del espaciotiempo, a escalas demasiado pequeñas. Es como si la frontera astrofísica-cosmología fuese diluyéndose.

El desarrollo de la astrofísica y el estudio de la distribución de galaxias ha ido empujando cada vez más lejos el dominio cosmológico. A lo largo de la apenas centenaria historia de la moderna cosmología, la escala cosmológica se ha alejado, creciendo a medida que el volumen explorado era mayor, los datos cada vez más abundantes y de mayor calidad, sin que pueda aún afirmarse de manera rotunda que ha sido encontrada. Pero, por otro lado, el aspecto fundamental de la teoría cosmológica estándar, a saber, la naturaleza geométrica del fenómeno-z, se nos muestra casi a las puertas de nuestra galaxia. Comprender y solucionar esta situación paradójica podría encerrar una de las claves para reformular la cosmología en el futuro.

Una alternativa jerárquica. ¿Un universo fractal?

La cuestión de la homogeneidad ha sido problemática siempre que ha entrado en escena, tanto desde el punto de vista conceptual como desde el empírico. Incluso, recordémoslo, en el marco newtoniano.

En el esquema estándar, lo fundamental es la uniformidad y los sistemas que observamos, hasta fases avanzadas de su evolución, son considerados como meras perturbaciones. Dando la vuelta al argumento, sobre la base de los datos que iba obteniendo y analizando, en los años 1960, G. de Vaucouleurs propuso que el universo pudiera tener una estructura totalmente jerarquizada, en la que la existencia de irregularidades es la sustancia y no el accidente, de modo que nunca se alcanza, a ninguna escala, la hipotética homogeneidad. En la presentación que hizo en 1971 de sus ideas sobre un universo jerárquico argumentaba que esa «granularidad» de la distribución de materia, con esa organización en grupos, cúmulos y supercúmulos hasta escalas considerables, no son perturbaciones de la distribución de materia en el universo, como lo propone el principio cosmológico, sino una característica constitutiva de ese universo.

Los resultados presentados por De Vaucouleurs son anteriores a la formulación de la teoría de fractales por Mandelbrot a principio de la década de 1970. Esta nueva teoría matemática proveyó de métodos y herramientas de análisis apropiados, en particular, para el estudio de la distribución de materia en el universo. Pietronero y colaboradores fueron los primeros (y casi únicos durante algún tiempo), a contracorriente, en utilizar esas nuevas herramientas en astrofísica, extendiendo y sistematizando los análisis, confrontando los estudios existentes, que daban razón a la homogeneidad a partir de escalas relativamente pequeñas (algunos Mpc). Su conclusión era diferente, dando al universo observado una estructura fractal de dimensión 2. Detengámonos, pues, un instante para tratar de presentar el significado de todo esto.

Un fractal es un concepto geométrico que trata de describir y captar la naturaleza de sistemas cuya estructura se repite a diferentes escalas, por lo que se dice que es autosimilar. Ejemplos clásicos de fractales en la naturaleza (es decir, que pueden caracterizarse a través de la teoría de fractales, aunque no sean realizaciones exactas) son las nubes, las montañas, las líneas costeras o los copos de nieve. El aspecto definitorio es la repetición de un mismo patrón a diferentes escalas, que puede ser exacta, aproximada o de naturaleza estadística.

El aspecto que aquí nos interesa resaltar es el de la dimensión fractal, que tiene que ver con cómo el objeto fractal llena el espacio en que está contenido, a medida que es examinado con mayor detalle (resolución). Es evidente que, si observamos una línea costera desde un avión, obtendremos una longitud diferente de la que mediríamos si la recorremos a pie, como sería diferente según la resolución utilizada, ya sea de 5 m, de 1 m, o de 1 cm, etc. La dimensión fractal se define, de hecho, como la que se obtiene en el límite en que la resolución se hace infinitamente fina.

Si los elementos del sistema, en nuestro caso las galaxias en el universo estuvieran distribuidos homogéneamente en un espacio 3D, su dimensión fractal será 3 y la densidad media sería la misma en todas las escalas que contuviesen un mínimo número de galaxias. En caso contrario, la dimensión fractal sería inferior a 3 y la densidad media variaría con la escala considerada, disminuyendo a medida que la escala aumenta. De hecho, la variación de densidad con la escala que observó De Vaucouleurs le llevó a concluir que el universo no era homogéneo (a las escalas consideradas) y propició que se plantease la cuestión de que tuviese una estructura fractal.

En el terreno observacional, la situación es ciertamente difícil de abordar, aunque la acumulación de datos en las últimas décadas ha permitido diferentes análisis que han alimentado una cierta controversia (limitada, en todo caso, por no ser considerado, en general, como tema prioritario). Hay que tener en cuenta que, dado que el universo no es homogéneo hasta escalas considerables, al menos, la búsqueda de la escala de homogeneidad exige el sondeo de enormes volúmenes, que tienen que ser, forzosamente, ampliamente superiores a los que esa escala implica. Si consideramos, para ilustrar, que los supercúmulos representan la máxima escala de aglomeración (lo que no parece ser el caso, pues hay vacíos de tamaño superior y grandes paredes), el volumen de muestreo en busca de la homogeneidad tendría que ser muy superior al de un supercúmulo, de modo que pudiera contener un número suficiente de ellos para analizar su distribución. Una tarea extraordinaria, pero necesaria.

El resultado que se esperaría, dentro del modelo estándar, es que la dimensión fractal, para las escalas menores, fuese inferior a 3, hasta que se produce la transición a la homogeneidad, que se muestra como un cambio de esa dimensión fractal hasta alcanzar el valor 3, que corresponde a la homogeneidad, a partir de cierta escala.

Efectivamente, varios análisis coinciden en que, a escalas relativamente pequeñas, la dimensión fractal es de alrededor de 2, pero la detección del cambio hasta el valor 3 es más problemática, y no todos los autores coinciden. Para algunas muestras y análisis, ese cambio no se detecta ni siquiera a la escala del volumen muestreado. En cambio, en otros casos, se reporta un cambio abrupto hasta el valor 3, pero siempre ocurre a escalas no demasiado diferentes a la de todo el volumen muestreado, por lo que se incumpliría una de las condiciones, a saber, muestrear un volumen significativamente superior al de la homogeneidad.

Como ya dijimos antes al hablar del problema del promediado en RG, la respuesta no es sencilla, y no se dispone de ninguna suficientemente general y rotunda. Hay una cierta actividad en la búsqueda de soluciones más generales que las de Friedman, que puedan acomodar la observada heterogeneidad y que permitan caracterizar su efecto sobre el universo a grandes escalas y su evolución. Cuestiones como las de la energía y materia oscuras podrían tener otro tipo de planteamientos y respuestas en ese tipo de modelos generales. Bien es verdad que, por interesante que pueda parecer, la actividad no es mucha y los resultados escasos, por el momento. Cabe citar las propuestas de Baryshev (*op. cit.*) sobre una solución fractal a la RG, que podría incluso explicar la paradoja de Hubble-Lemaître-De Vaucouleurs.

Una última consideración. Se ha argumentado a veces que la homogeneidad es necesaria para asegurar el principio de copernicidad. Ahora bien, la estricta uniformidad del principio cosmológico no es necesaria para satisfacer el principio copernicano de que todas las localizaciones son equivalentes a la hora de desarrollar una visión del universo, a suficiente escala. Es decir, la homogeneidad no es imprescindible para que el universo tenga el mismo aspecto (estadísticamente) para todos los observadores.

El propio Mandelbrot constataba que una distribución fractal de la materia puede ser isótropa alrededor de todo punto y no tener centro, es decir, no tener posición privilegiada, siempre en sentido estadístico y a ciertas escalas.

¿Alternativas? Otras visiones sobre cuestiones cosmológicas

Mais on ne se bat pas dans l'espoir du succès ? Non ! Non ! C'est
bien plus beau lorsque c'est inutile !

...

oui, vous m'arrachez tout, le laurier et la rose !
Arrachez ! Il y a malgré vous quelque chose
que j'emporte, et ce soir, quand j'entrerai chez Dieu,
mon salut balaiera largement le seuil bleu,
quelque chose que sans un pli, sans une tache,
j'emporte malgré vous,
et c'est...
c'est ? ...
mon panache.

Edmond Rostand
Cyrano de Bergerac

Ya terminando, insistimos de nuevo en que el aspecto básico
sobre el que se funda la cosmología estándar es la explicación geométrica que aporta para el fenómeno-z. El espaciotiempo se expande, y esa expansión hace aumentar las distancias entre las galaxias y estira las ondas, produciendo el
fenómeno del *redshift*, que, además, está directamente ligado
con la distancia. La formulación y el desarrollo del modelo,
que hemos trazado en capítulos anteriores, es la historia de
un gran éxito, que suscita un amplísimo consenso entre los
científicos y goza, además, del favor de amplios sectores del
público interesado. Hasta tal punto que se ha quedado sin alternativas globales que puedan discutir su supremacía.

Sin embargo, hay una serie de intentos, parciales, que proponen explicaciones diferentes de algunos de los «hechos
cosmológicos». Bajo la perspectiva, que es la nuestra, de que

el aspecto crucial de la cosmología es la explicación del fenómeno-z, vamos a dedicar los siguientes párrafos a repasar algunos de ellos.

Digamos de entrada que, bajo esa perspectiva, el modelo estacionario (considerado como alternativa global durante un tiempo), no es radicalmente diferente del modelo estándar, puesto que acepta la expansión de la métrica como explicación del fenómeno-z. Igualmente puede decirse de la propuesta MOND (que no es por ahora una alternativa cosmológica, ver luego) si bien, en este caso, se trata de una alternativa, aunque sea meramente heurística, a la teoría de la gravitación más que al modelo cosmológico propiamente dicho.

Ha habido propuestas, todas ellas parciales y sin que hayan desembocado en reales alternativas cosmológicas, que han planteado la posibilidad de que el *redshift* no sea de origen geométrico, sino que se deba a alguna propiedad, desconocida por el momento, de la propia luz. Si bien estas propuestas se dirigen al núcleo del paradigma, no presentan esa ambición global que les permitiera ofrecer una alternativa completa, con explicaciones para todos los «hechos cosmológicos». Quizás, una de las razones sea que, al no considerar el *redshift* como un efecto geométrico, quedan sin fijar los criterios métricos que permitirían iniciar una nueva cosmología.

Ya señalamos que una parte esencial de la práctica de la cosmología es decidir qué elementos del cuerpo de observaciones son de naturaleza cosmológica o, como venimos diciendo, constituyen «hechos cosmológicos». El primero y fundamental es el *redshift*, pero también se cualifican de ese modo la radiación (cósmica) de fondo o la parte «primordial» (cósmica) de la abundancia medida de helio; o las protoirregularidades, que propiciarán la formación de galaxias y estructuras. En todos los casos el atributo cósmico es una decisión, razonada dentro de un determinado contexto. Pero cuando se renuncia a la evolución del universo, la RCF, la abundancia de helio o el origen de las fluctuaciones dejan de ser cosmológicos y necesitan explicaciones desligadas de consideraciones cosmológicas globales.

Sería ingenuo pensar que esa cosmología que hoy es estándar no va a cambiar y ser superada, aunque no sea posible predecir en qué dirección. Todas las pretendidas alternativas, por limitadas que resulten, participan de ese afán de progreso en el conocimiento y de desbordamiento de los marcos de referencia que cada época impone, para tratar de comprender mejor los datos y predecir nuevas avenidas de comprensión del universo. El que no hayan conseguido resultados convincentes hasta ahora no importa tanto como la muestra de vitalidad científica que suponen. Hay cuestiones que hay que abordar, aunque la victoria no esté asegurada e incluso, cuando la derrota es, a corto plazo, inevitable, como nos recuerda Cyrano de Bergerac. Al fin y al cabo, los dogmas de la circularidad de los movimientos y de la centralidad de la Tierra tardaron siglos en ser destronados por las nuevas ideas sobre la naturaleza y el universo.

El caso de los modelos estacionarios merece cierta atención para ilustrar lo anterior. Están basados en el principio cosmológico perfecto que mantiene la equivalencia de todos los observadores en el espacio y en el tiempo. Propuesto inicialmente por Bondi y Gold en un trabajo de 1948[135] (cuya lectura sigue siendo muy recomendable), a partir de consideraciones y principios generales, trata de hacer compatible la expansión del universo con la constancia de sus propiedades en el tiempo. Como escriben sus autores, «Es claro que un universo en expansión solo puede ser estacionario si la materia es continuamente creada», con un ritmo de creación que estiman (orden de magnitud) en la masa de un átomo de hidrógeno por metro cúbico cada millón de años. En un artículo contiguo en la misma revista, F. Hoyle propone una realización concreta del modelo (con la que muestran su desacuerdo Bondi y Gold), que mantiene la expansión e introduce un nuevo término que corresponde a la creación de materia, que compensa la dilución por la expansión y permite mantener la densidad (y presión) constantes.[136]

La adopción del principio cosmológico perfecto conlleva la renuncia al modelo evolutivo, lo que entraña una extraordinaria dificultad para abordar la RCF o la síntesis de una gran parte del helio que se observa. Dificultades que no han sido realmente superadas a pesar de los esfuerzos de varios autores, motivados en particular por Hoyle, que han tratado de encontrar explicaciones a los «hechos cosmológicos» en forma de procesos físicos que ocurrirían en un universo no evolutivo. Esos problemas, junto con la falta de «combatientes», han llevado al abandono, en la práctica, del modelo estacionario.

Diferente es la propuesta MOND, sin ambición cosmológica, en principio, aunque pretende que la materia oscura no sería necesaria, con las consecuencias que eso podría tener en cosmología. Frente a la necesidad de invocar la materia oscura para explicar la dinámica de galaxias y agrupaciones, M. Milgrom planteó en 1983 que, en lugar de postular la presencia de materia desconocida, los datos podrían indicar que la dinámica de Newton deja de ser válida bajo ciertas condiciones, y por lo tanto tendría que ser modificada.[137] Esta modificación supone, en términos prácticos, que la dependencia de la fuerza de gravedad con la distancia cambia de $1/r^2$ a $1/r$ a partir de un cierto límite. De esa forma, cuando se entra en ese régimen gravitatorio modificado o «régimen MOND», la velocidad orbital deja de depender de la distancia al centro y se hace constante, es decir produce curvas de rotación que se hacen planas, que es lo que los datos indican.

El aspecto conceptual más destacable de la propuesta es que ese cambio de régimen gravitatorio, no se produce a una cierta distancia del centro o a partir de cierto valor de la densidad material, sino para un determinado valor de la aceleración. Milgrom constató que en las galaxias en rotación la curva comienza a hacerse plana cuando la aceleración cae por debajo de un cierto valor. Su propuesta, basada en esa constatación, es que se produce un cambio de régimen gravitatorio, del newtoniano al MOND, cuando la aceleración gravitatoria es menor que el valor crítico de $a_0 \sim 10^{-10}$ m/s^2. Por encima de ese valor, la dinámica newtoniana es aplicable, pero, por debajo, hay que modificarla, definiendo el llamado régimen MOND. Recordemos que la teoría de Newton ha sido ampliamente verificada para situaciones en las que la aceleración es muy superior (por ejemplo, la aceleración que produce el Sol sobre Neptuno es algo superior a 10^{-6} m/s^2), pero no para valores tan bajos como los que se observan en galaxias de disco.

Esta propuesta fenomenológica (ideada para «salvar el fenómeno») explica las curvas de rotación planas de las galaxias con disco por construcción, pues fue concebida con ese propósito. En el régimen MOND la mayor (proporcionalmente) fuerza gravitatoria de la sola materia bariónica hace que la velocidad de rotación deje de descender y se haga independiente de la distancia al centro. Pero sus éxitos van más allá, ya que análisis más detallados muestran que incluso las irregularidades que a veces se ven en los perfiles luminosos de algunas galaxias, que corresponderían a irregularidades en la distribución de materia bariónica en el disco, tienen su correlato en la curva de rotación predicha por MOND. Aspecto que resulta muy difícil de explicar en el marco de la materia oscura salvo que se impongan extraños acoplamientos locales entre las componentes bariónica (minoritaria) y oscura (mayoritaria). Las consecuencias de la propuesta MOND también han sido analizadas en otros contextos, constatándose que reproduce hasta el detalle la variación radial de la dispersión de las velocidades de galaxias enanas, que no tienen una explicación simple en el caso de la materia oscura, o la dinámica de galaxias de muy bajo brillo superficial, en las que la teoría convencional debe suponer una enorme predominancia de la materia oscura.

Del mismo modo, se ha comprobado que MOND puede explicar la dinámica de grupos de galaxias e incluso cúmulos que no sean ricos en gas emisor en rayos X. Sin embargo, parece menos satisfactoria al analizar los cúmulos de galaxias ricos en gas emisor en rayos X.

En un reciente artículo de revisión,[138] Milgrom hace notar que, en ese tipo de sistemas, la hipótesis MOND no consigue explicar totalmente la situación, siendo la discrepancia de un factor entre 1,5 y 2 (en el caso newtoniano sin materia oscura, esa discrepancia alcanza un factor en entre 5 y 10). Para solucionarla, Milgrom propone que, además de la materia bariónica luminosa, podrían existir los bariones ocultos de los que ya hemos hablado. Si una buena parte de ellos se localizase en ese tipo de cúmulos de galaxias, la hipótesis MOND podría explicar completamente la dinámica de los cúmulos de galaxias.

Finalmente, en esas condiciones Milgrom hace notar que la propuesta MOND puede explicar también las observaciones de los cúmulos en colisión, que suele ser considerado como un argumento definitivo en su contra.

Otro de los propósitos iniciales de la teoría MOND era comprender y explicar la relación empírica establecida por Tully y Fisher, de la que ya hemos hablado en su papel como indicador de distancias. La cuestión se ha tornado en uno de los argumentos fuertes a favor de la propuesta MOND. Recordemos que la relación de Tully-Fisher se establece entre la velocidad máxima de rotación y la masa de la galaxia. Tratándose de dinámica, la masa de referencia debe ser la total, oscura más bariónica. Ahora bien, los datos indican una muy estrecha relación cuando se usa solamente la masa bariónica, deducida de la luminosidad en el infrarrojo (región espectral que mejor traza la masa bariónica, en estrellas), como si la masa estuviese dominada por la componente bariónica.

En cualquier caso y a pesar de sus innegables éxitos, el propio Milgrom es el primero en señalar que la teoría MOND es una teoría formulada para poder explicar correctamente las observaciones que involucran bajas aceleraciones, sin proponer una explicación conceptual autoconsistente. Por esa razón en particular, no aspira a construir una cosmología «nueva». Bien es verdad que se ha elaborado una versión relativista de la idea MOND y se han considerado los problemas que se derivan de un universo de baja densidad (no hay materia oscura), que conserva los rasgos esenciales (explicación del fenómeno-z) del modelo estándar, aunque con una ley gravitatoria modificada en el régimen de muy bajas aceleraciones. Teoría que, entre sus éxitos recientes, ha conseguido demostrar, por primera vez, que las galaxias de disco con gas y estrellas son un resultado general, no forzado, del colapso de nubes de gas en el marco de la teoría MOND. Y que, quizás, podría también prescindir de la energía oscura.

Milgrom insiste en que su propuesta aspira a desarrollarse como una nueva teoría fundamental de la gravitación, de la que su estado actual de desarrollo constituye un sustituto heurístico. En esa dirección, apunta que la aceleración límite que ha introducido, a_0, podría representar la frontera entre dos formas de describir la gravedad, de forma similar al de la constante de Planck, que sirve para separar el mundo clásico del cuántico. De ese modo, apunta a la necesidad de una teoría cuántica de la gravitación para poder penetrar en el significado profundo de la modificación de la dinámica newtoniana, y formularla de manera precisa y rigurosa.

En cualquier caso, por sus virtudes explicativas y sus promesas futuras, y a pesar de su origen puramente heurístico, la propuesta MOND se mantiene viva. Además del éxito en explicar lo que se propone y no contradecir los datos de observación, tiene la virtud de mantener la alerta sobre la posibilidad, siempre abierta, de que las leyes que han sido verificadas a ciertas escalas pudieran no ser válidas en otras.

A vueltas con el *redshift* y la naturaleza de la luz

El descubrimiento del fenómeno-*z* propició desde el principio diferentes propuestas alternativas a la explicación geométrica, cuya aceptación se consideraba provisional por aquel entonces. Cabe citar, en este sentido, las palabras de conclusión de Hubble y Tolman en su trabajo de 1935[139] sobre las posibilidades observacionales de establecer la verdadera naturaleza del *redshift*: «Hasta que se disponga de más información, los autores desean manifestar su posición abierta con respecto a la explicación más satisfactoria del *redshift* nebular y, en la presentación de resultados puramente observacionales, continuar usando la frase velocidad "aparente" de recesión. Ambos autores se inclinan a pensar, sin embargo, que, si el *redshift* no se debe al movimiento de recesión, su explicación involucrará, probablemente, algunos principios físicos radicalmente nuevos».

Antes de continuar, recordemos, siguiendo lo que Zwicky analizara ya en los años 1930, las condiciones básicas que las observaciones imponen sobre cualquier mecanismo de *redshift* que se proponga. Se constata que el *redshift* mostrado por cada línea espectral es exactamente el mismo, indicando que la disminución fraccional de frecuencia (es decir, pérdida de frecuencia dividida por frecuencia) es constante. Además, esa disminución, acumulada a lo largo de toda una trayectoria es proporcional a la distancia (en primera aproximación), como exige la ley empírica de Hubble-Lemaître. Otra condición es que el cambio de dirección de los fotones inducido por el mecanismo que se proponga debe ser imperceptible, incluso tras múltiples interacciones, puesto que no se aprecia emborronamiento de las imágenes ni siquiera a las mayores distancias observadas. Por último, no debe ensanchar las líneas espectrales más allá de ciertos límites impuestos también por las observaciones.

Condiciones inmediatamente satisfechas por la explicación geométrica, pero que resultan extraordinariamente exigentes para cualquier mecanismo que se proponga, hasta el punto de que todas las propuestas alternativas tienen que añadir hipótesis o supuestos para poder cumplirlas.

Nombres como los de Nernst o Zwicky, entre otros, están asociados a consideraciones tempranas sobre la naturaleza del *redshift*. En todos los casos, la idea que subyace es que se trata de una pérdida real de energía (frecuencia) de los fotones causada por la interacción con otras partículas, que ganan la energía perdida por los fotones. En ese sentido, Finlay-

Freundlich, en los años 1950, hizo una propuesta puramente heurística basada en interacciones de los fotones emitidos por una fuente con los del medio. Propuesta que fue luego reconsiderada por Max Born y cuyo análisis por parte de Schrödinger propició sus comentarios ya citados sobre la naturaleza del *redshift* cosmológico y de la explicación estándar. También L. de Broglie, usando su mecánica ondulatoria del fotón, hizo su propuesta dentro de este marco de teorías del *redshift,* que se ha dado en llamar *tired-light* (luz cansada).

A partir de los años 1960 algunas de esas ideas se reconsideraron en relación con los problemas que se encontraban para explicar el origen de la energía radiada por los cuásares más luminosos. Algunos autores plantearon que algunos de ellos, al menos, podrían estar a distancias mucho menores de las que indican sus valores de *redshift*, en cuyo caso, una buena parte sería de origen no cosmológico. En el plano observacional, H. Arp generó una cierta controversia al presentar casos de posibles asociaciones entre galaxias y cuásares que, a pesar de tener valores muy diferentes de *redshift*, podrían estar a la misma distancia.[140] Pero la comunidad científica, en su gran mayoría, no aceptó las conclusiones de Arp (aunque la calidad de sus datos no fue nunca discutida) y la cuestión acabó decayendo.

Mientras, la constatación de que el fenómeno-z se observa a escalas locales, muy por debajo de la escala cosmológica y, por lo tanto, en principio, fuera del dominio en el que la explicación geométrica es aplicable, junto con los rescoldos de la controversia motivada por los datos de Arp, motivó nuevas propuestas sobre la naturaleza del *redshift* que, a decir verdad, no han cesado del todo hasta nuestros días, aunque con muy escaso eco en la comunidad. Entre ellas, citamos la propuesta inicial de J.-C. Pecker y J.-P Vigier, que modificaba la anterior de Finley-Freundlich. También, con nuestra participación directa en la misma, queremos citar la propuesta de interacción de los fotones, dotadas de masa no nula, con partículas hipotéticas (que aparecen en la teoría ondulatoria de De Broglie), que parece cumplir los requisitos que los datos imponen.[141]

Que la masa del fotón no es nula fue una idea insistentemente defendida por L. de Broglie, entre otros, quien argumentaba que si fuese nula se crearían ciertas contradicciones básicas. Pero, por otro lado, el electromagnetismo cuántico se ha construido admitiendo que esa masa es estrictamente nula y, en opinión de muchos físicos, debe serlo para que la teoría sea consistente. De modo que fue necesario demostrar, tarea que comenzó el propio Schrödinger y fue culminada años más tarde por otros autores (incluido nuestro grupo), que, si la masa del fotón es suficientemente pequeña, no se produce ninguna contradicción con todo el cuerpo de datos y experiencias. Con el corolario de que, en ese caso, se abren nuevas posibilidades de interacción, que han sido consideradas en la búsqueda de mecanismo físicos de *redshift*.

Fue De Broglie, en 1940, el primero en establecer empíricamente un límite superior a la masa del fotón, en base a que, si ese fuese el caso, la velocidad de una onda luminosa no solo no sería estrictamente c, sino que dependería de su frecuencia, y en consecuencia las ondas de frecuencia diferente, aun siendo emitidas simultáneamente, no llegarían a la vez al observador.[142] L. de Broglie, en un ejercicio que rememora el de Röemer dos siglos antes, analizó los datos de estrellas binarias eclipsantes para medir en diferentes bandas fotométricas (es decir, distintas frecuencias) el momento de salida del eclipse de la componente eclipsada. Diferencias en la medida de ese momento a diferentes longitudes de onda habrían puesto de manifiesto el efecto de la masa del fotón, pero no detectó ninguno, por lo que tan solo pudo establecer una cota superior a la misma.

Hasta la fecha no ha habido ninguna detección positiva, a pesar de que se han implementado nuevos y más sofisticados y sensibles experimentos y observaciones. Los más recientes, basados en el estudio del campo magnético de nuestra galaxia, han determinado límites más estrictos, del orden de 10^{-60} g, que es un valor muchos órdenes de magnitud inferior a lo que, por ejemplo, se ha medido como masa combinada de los tres neutrinos.[143] De modo que los datos son compatibles con una masa nula: el fotón.

Esas cotas establecidas experimentalmente no constituyen, por otro lado, una sorpresa, si se considera la capacidad de la luz de transmitirse a enormes distancias. Hay que tener en cuenta que, en el caso de que la masa del fotón no sea nula, el alcance de las fuerzas electromagnéticas (que son vehiculadas por los fotones) ya no sería infinito. De modo que el hecho de recibir fotones desde enormes distancias también proporciona información, al menos de orden de magnitud, sobre su masa. Para ilustrar, consideremos los fotones de la RCF, que provienen de una distancia de unos 13.700 millones de años-luz, que corresponde, en el modelo estándar, a $z \sim 1.000$. En los inicios de la mecánica cuántica, una vez establecida la dualidad onda-corpúsculo, De Broglie mostró que a toda partícula de masa m se le puede asociar una longitud de onda (llamada con su nombre), definida como $\lambda = h/mc$, siendo h la constante de Planck. Si, para ilustrar, tomamos aquella distancia como un límite inferior a esa longitud de onda, se puede inmediatamente establecer un límite superior a la masa. En este caso, el límite es del orden de 10^{-65} g, todavía lejos de la capacidad actual de medida.

Un valor extraordinariamente pequeño que, sin embargo, de no ser estrictamente nulo, podría tener extraordinarias consecuencias y modificar nuestras concepciones sobre el universo. La luz estaría ligada, en sus propiedades fundamentales, a la dimensión explorable del universo. La dimensión del universo estaría en correspondencia con la longitud de onda asociada a la masa del fotón.

Reconociendo su carácter especulativo, la idea de que el *redshift* llamado cosmológico no tenga su origen en las características globales, promediadas o suavizadas, de la métrica del universo, sino en causas que operarían a todas las escalas, plantea la opción de su verificación en entornos próximos, ya sea el sistema solar o el laboratorio.

Recordemos que la motivación última de ese tipo de iniciativas, en parte inspiradas por la existencia de la paradoja Hubble-Lemaître-De Vaucouleurs, es la de buscar explicaciones que no necesiten invocar las propiedades subyacentes del todo, su métrica en este caso, para explicar lo que se observa a escalas locales.

Bien es verdad que, en el caso de que se considere que todo el fenómeno-z tiene esa explicación no cosmológica, la elaboración de una «nueva» cosmología queda en cierto modo descontextualizada, ya que tiene que afrontar las dificultades que significa explicar los llamados «hechos cosmológicos» renunciando al modelo evolutivo estándar. Esas dificultades son en el fondo similares a las que ha tenido que enfrentar el modelo estacionario y, junto con la falta de motivación y actividad científica en este dominio, ha supuesto su práctica desaparición del panorama científico.

Giordano Bruno, en su libro *De gl'eroici furore*, escribe «Se non é vero é molto ben trovato». Máxima que es asumida por grandes figuras científicas y que, de hecho, opera eficazmente en la práctica científica. El viejo dilema entre describir eficazmente y con éxito, por un lado, y tratar de profundizar en la comprensión de la realidad a partir del análisis de los principios e hipótesis de partida, por otro, está permanentemente presente.

El equilibrio es siempre difícil e inestable, y la cuestión de lo que la práctica cotidiana de la ciencia puede permitirse va y viene. A menudo surgía, en discusiones con colegas y editores de revistas profesionales en relación con los temas cosmológicos, la cuestión de si sería oportuno plantear la cuestión del origen de z sin tener disponible una cosmología completa, una explicación adecuada de todos los «hechos cosmológicos». Aunque minoritaria, nuestra opinión es que, si realmente se considera que hay aspectos conceptuales u observacionales que cuestionan la interpretación estándar, está totalmente justificada su investigación, bajo la premisa obvia de rigor en la formulación y consistencia matemática.

Las teorías no nacen de una vez y ya acabadas. Al fin y al cabo, investigar significa buscar, indagar. Todos los paradigmas surgieron sin que llegasen a cubrir todos los problemas y tardaron tiempo en establecerse y, en definitiva, ninguno está libre de añadidos e hipótesis salvadoras, justificadas porque, asegurada su consistencia formal, ayudan a «salvar el fenómeno». La historia de la ciencia nos enseña que en esos aspectos aparentemente abstractos o de principio está encerrada la clave que quita y pone paradigmas. Como apuntaba Max Planck, el estrechamiento de los espacios de investigación de los que se denominan «heterodoxos» o, más cariñosamente, «no ortodoxos»,[144] así como la falta de planteamientos programáticos amplios, lleva a la desaparición de los que investigan alternativas a los modelos estándar. Hasta la siguiente revolución científica.

Una gran teoría y algunos problemas

> No triunfa una nueva teoría científica convenciendo a sus oponentes y haciéndoles ver la luz sino, más bien, porque sus oponentes mueren y llega una nueva generación que se ha familiarizado con ella.
>
> **Max Planck**[145]

La cosmología se presenta como un corpus de doctrina científica, asentado sobre un paradigma formulado de manera precisa, la expansión de la métrica del universo. Recoge y explica los principales «hechos cosmológicos», en particular la existencia del fenómeno-z, con la ley de Hubble-Lemaître, la abundancia de helio y la existencia y propiedades de la RCF. A medida que el conocimiento observacional ha ido afianzando las líneas maestras del paradigma, mayor ha sido la motivación y atrevimiento para abordar problemas específicos. Entre ellos, el origen y crecimiento de irregularidades, la dinámica de los grandes sistemas o la aceleración de la expansión (problemas que, por otra parte, surgen dentro del marco estándar), añadiendo las hipótesis convenientes, tales como la inflación o añadiendo ingredientes que, en ese marco, aparecen como necesarios, tales como la materia y energía oscuras.

A las palabras que hemos citado de M. Planck, se puede añadir la frase de P. Feyerabend a propósito de cómo se van imponiendo las nuevas ideas: «... las teorías devienen claras y "razonables" solo después de que las partes incoherentes de ellas han sido utilizadas durante mucho tiempo». La historia lo ha mostrado una y otra vez: ninguna teoría es perfecta, pero, en cada momento, hay una que se hace dominante, aunque tenga que recurrir a sus propios epiciclos, es decir, hipótesis que permitan salvar el fenómeno.

No compartimos, sin embargo, la idea de que, al final, se reemplaza un mito por otro, como expresaban científicos como Alfvèn. Lo que ocurre, en nuestra opinión, es la sustitución de una teoría imperfecta por otra también imperfecta, aunque con mayor capacidad no solo explicativa, sino también para abrir nuevos caminos y dominios al conocimiento. Por muchos problemas conceptuales que suscite la mecánica cuántica, como era también el caso de la de Newton, es innegable el papel que ha jugado y juega en el desarrollo del conocimiento y también de su aplicación para el desarrollo de la sociedad, en todos sus aspectos y con todas sus contradicciones.

Hemos presentado el modelo cosmológico estándar, sus motivaciones e hipótesis, pero no hemos dejado de apuntar, siguiendo nuestras inclinaciones, algunos aspectos que podrían ser problemáticos. Es cierto que la historia lo demuestra, su predominio no parece correr peligro mientras no haya una alternativa formulada y comprobable para alguno de sus aspectos más importantes, como el fenómeno del *redshift*, o incluso para todo el esquema cosmológico, incluyendo la RCF y las abundancias de los elementos ligeros. Ya comentamos que la falta de alternativas globales lleva a posponer la consideración de problemas más concretos.

Hemos insistido numerosas veces en que la hipótesis de homogeneidad e isotropía (con el principio de Weyl) es la que hace posible establecer la métrica estándar y explicar el fenómeno-z. También hemos tratado de ilustrar los problemas que se encuentran cuando se considera la cuestión con cierto detenimiento, tanto en el terreno de los datos de observación como en el del tratamiento formal del problema (recordemos la cuestión del promediado en RG). Se trata de una cuestión de principio que, una vez aceptada, justifica la posterior introducción de nuevas hipótesis, a lo largo de los recorridos que exigen la explicación de ciertos fenómenos observados.

Nos referimos, en particular, a ingredientes, de naturaleza y causa todavía desconocida, que se injertan en la teoría básica para darle la necesaria capacidad explicativa. Así, la idea de la inflación, con sus dificultades de base por tratar campos cuánticos en el marco geométrico, clásico, de la RG, es necesaria para explicar la isotropía de la RCF y, a la vez, para justificar la existencia de perturbaciones iniciales. No hay, sin embargo, una explicación aceptable para la asimetría materia-antimateria, imprescindible para que exista el universo que observamos.

En cuanto a los ingredientes, ha habido que considerar la existencia de materia oscura fría, sin colisiones, para conectar el universo temprano con el actual y explicar las heterogeneidades que se observan. Y, por supuesto, proporcionar una explicación de la observada dinámica de galaxias y cúmulos. En cuanto a la energía oscura, último ingrediente en aparecer, permite explicar la aceleración de la expansión. Si se trata simplemente de la constante cosmológica, la proporciona la RG. Si se trata de un nuevo campo material, habrá que determinar su naturaleza y propiedades.

En resumen, el modelo, con todas las hipótesis añadidas, indica que tan solo alrededor del 5 % de toda la materia-energía de ese universo modelizado es de naturaleza conocida, y aproximadamente la mitad sigue aún sin detectarse. Y, también, que actualmente su evolución está ya dominada por la constante cosmológica, en expansión exponencial, sin freno posible.

Estas hipótesis están naturalmente bien motivadas por su propia finalidad, pero todavía no tienen soporte empírico directo, independiente de lo que quieren explicar. Se cumple, una vez más, como han discutido muchos epistemólogos en las últimas décadas, que, una vez establecido un paradigma, se hace todo lo posible, dentro de los límites que la ciencia permite, para mantenerlo, dejando a un lado o en suspenso las propuestas que podrían alterarlo.

Bien es verdad, por otro lado, que la ciencia no puede permitirse concentrar su actividad cotidiana en cuestiones de principio frente a la opción de explicar y motivar avances que conllevan desarrollos de todo tipo, que se transmiten a la sociedad. El balance, necesariamente dispar entre ambas disposiciones, se va resolviendo en cada momento del desarrollo científico, concentrando los esfuerzos sobre cuestiones de principio tan solo en momentos determinados, que acaban produciendo cambios o, incluso, revoluciones científicas. Mientras, en las épocas digamos *normales*, se impone la ortodoxia de la eficacia frente a la multitud de caminos sin salida por los que la discusión del paradigma puede llegar a transitar.

Creemos haber dejado claro, a estas alturas, que nuestras consideraciones no tratan de poner en tela de juicio la importancia y el valor explicativo del modelo estándar y sus logros, sino de mostrar el bastidor sobre el que se construye.

Puede resultar casi imposible no admirarse ante tal despliegue científico y sobreponerse a la tentación de considerar que poco más queda por hacer en cosmología. Lo que, desafortunadamente, a nuestro entender, se hace en demasiadas ocasiones cuando se trata de difundir la cosmología en conferencias o artículos divulgativos.

Por cierto, y como una consecuencia ciertamente lateral pero ilustrativa de esa actitud, no es infrecuente oír, por parte de personas muy interesadas por la ciencia, que se sienten algo confusos al constatar que han tenido ocasión de oír o leer, en diferentes ocasiones, que los principales problemas de cosmología estaban resueltos, aunque la solución difiera de una ocasión a otra. Baste considerar que, en una generación, hemos visto cambiar significativamente los valores atribuidos a los parámetros cosmológicos, postular la inflación y la materia oscura y reintroducir la constante cosmológica, mutada luego en energía oscura. ¿Cómo compaginar todo eso con presentaciones que dan los problemas por resueltos definitivamente?

La ciencia avanza y algunos resultados pueden ir cambiando, gracias a un mejor conocimiento y a medidas más precisas. Precisamente por ese carácter de la ciencia y, en particular en algo tan complejo como es el universo, parece más conveniente evitar transmitir la idea de que la cuestión está definitivamente cerrada. Aunque solo fuese por precaución ante las enseñanzas de la historia de la ciencia. Recuerdo personalmente cómo, hasta principios de los años 1990, hablar o trabajar sobre la constante cosmológica era considerado, en el mejor de los casos, como un ejercicio académico sin mayor importancia. Hoy, la comunidad cosmológica considera que ese es, precisamente, el elemento dominante en la evolución actual y futura del universo. Y la determinación de su naturaleza, quizás el mayor problema de la ciencia.

En la presentación al público interesado de los avances y resultados de la investigación, en cosmología en nuestro caso, creemos necesario indicar, además de los grandes logros de la ciencia, las dificultades del trabajo, la necesidad de verificación y la puesta permanente en tela de juicio de algunas conclusiones, necesariamente temporales, que hacen que la trayectoria de la ciencia no sea una simple línea recta o una geodésica en un universo sin sobresaltos.

Como hemos indicado, el modelo estándar no tiene competidores. Lo que, por otro lado, se puede decir de todos los paradigmas que han sido de éxito, comenzando por el tolemaico en su largo reinado. Pero eso no significa que los esfuerzos tanto desde el lado observacional como desde el conceptual, intentando explorar los límites del modelo y abrir nuevas vías, aunque sean minoritarios, no se indiquen también. Quizás no resulten obvias, a primera vista y desde fuera, las razones que lleven a esos análisis, pero la ciencia está obligada a explorar caminos siempre dentro de la racionalidad y rigor científicos y sometidos al juicio de los datos. Así es como progresa la ciencia, y la historia lo demuestra una y otra vez, desde Copérnico, Kepler y Galileo o Newton, hasta los padres de la mecánica cuántica y al propio Einstein.

A fin de cuentas, no todo es perfecto y definitivo en el mundo de la cosmología. Hemos visto las tensiones y desavenencias que existen entre los valores de ajuste y algunos datos de observación desde la astrofísica. Como es bien sabido, los datos contrastados, los grandes principios (unicidad, conservación) permanecen. Las teorías, incluso las mejor construidas y avaladas por hechos, acaban siendo superadas, englobadas como aproximaciones en las que las reemplazan.

La RG no echa por tierra la teoría de Newton, sino que resuelve algunas de sus inconsistencias conceptuales y perfecciona su explicación de la gravedad, conteniéndola como aproximación y extendiendo el rango de fenómenos predecibles y observables. Mientras la alternativa no fue formulada, y tuvieron que pasar 229 años, la teoría de Newton, con todas sus inconsistencias detectadas y conocidas, resistió como mejor explicación posible, atendiendo a otro de los principios que suelen guiar la práctica científica, a saber, no abandonar una teoría que funciona, con todos los inconvenientes que pueda tener, mientras no haya una alternativa que funcione mejor y, en la medida de lo posible, supere las viejas inconsistencias. La ciencia también presenta este carácter instrumentalista, que le da un aroma conservador.

La cosmología no es, como su nombre ya descubre, una teoría, sino una opción que, bajo ciertas hipótesis, ofrece la RG, entre una múltiple infinidad de otras. La posibilidad de cambiar de modelo está siempre abierta, sin que eso implique tener que modificar la RG necesariamente. Y si así fuese (hay científicos trabajando en nuevas teorías de la gravedad, pensando en alternativas a la RG, como es de esperar o en una formulación básica de la idea MOND), bienvenida sea. La ciencia progresa no porque puedan considerarse unas teorías superiores a otras, sino porque producen esa ampliación del dominio empírico de aplicación y de puesta a prueba con nuevas propuestas.

En el caso de la astrofísica y, *a fortiori*, de la cosmología, dado su carácter observacional y la no inmediatez de muchas de las constataciones, el problema de la aceptación de teorías y paradigmas se plantea a un nivel básico. Si siempre hace falta darse un momento de sosiego para recuperar el aliento científico y no dar nunca nada por definitivo en el ámbito de la ciencia, tanto más cuando se trata de astrofísica y de modelos.[146]

Al final, volvemos a las consideraciones que ya se hacían los primeros cosmólogos en las primeras décadas del siglo XX. El dominio de las observaciones define la astrofísica, que va revelando propiedades del universo accesible. Para dar el salto a la cosmología hay que, por un lado, imponer algún principio que permita organizar los conceptos en torno al universo y, por otro, aceptar que lo observado es una muestra fiel del universo en su conjunto. Esa es la base de partida para la construcción de una cosmología en cada época histórica y ámbito de cultura. Lo era para el mundo tolemaico o para el newtoniano, con las estrellas fijas como último confín del universo. En el caso de la cosmología actual, formulada dentro de la RG, es la homogeneidad e isotropía espaciales, junto con la validez general y el carácter cosmológico de los hechos observados en el universo accesible.

Si se admite, por otro lado, que lo observado es ya una muestra fidedigna del universo, resulta que lo aún inexplorado podrá aportarnos mucha información, pero no nos aportará nada sustancialmente nuevo que sea relevante para la cosmología. Precisamente en esta época, habríamos sido capaces de aprehender el universo, y tan solo quedarían los detalles astrofísicos por esclarecer. Posición hasta cierto punto entendible, que, por otro lado, se ha ido repitiendo a lo largo de la historia en diferentes disciplinas, incluida la cosmología, pero que, quizás, a pesar de tantos éxitos acumulados, deje traslucir una cierta (e inconsciente) arrogancia y falta de perspectiva, que antes o después podría verse tajantemente desmentida.

La astrofísica es, como ya apuntaba Hubble, lo que podemos observar y analizar directamente. La cosmología la suponemos en base a hipótesis que clasifican y estructuran la información ofrecida por las observaciones. Actitud irrenunciable, legítima y poderosa para impulsar observaciones, desarrollos tecnológicos y conocimientos, si bien, en nuestra opinión, lo importante es no perder la perspectiva. La ley de Hubble-Lemaître es un hecho de observación incontestable. Su interpretación como un efecto de la expansión de la métrica del espaciotiempo es una elaboración teórica consistente y contrastable, pero no necesariamente una verdad establecida para siempre.

Nuestra intención, desde la exposición y el reconocimiento de los méritos del modelo estándar, es avivar esa idea de que la cosmología no está acabada y que las sorpresas que esperan en ese ámbito serán mayúsculas. Cambiar el modelo cosmológico o, a mayor razón, la teoría de la gravitación supondrá un esfuerzo conceptual mayor, cuando llegue. En ambos casos, el avance no puede imaginarse sino a través de profundos cambios conceptuales en todos los dominios de la física.

Afortunados los que puedan verlos.

Notas por capítulos

Introducción

1 Vicent J. Martínez: *Marineros que surcan los cielos*, Publicacions de la Universitat de València, 2007.

I
El universo y la cosmología

2 En palabras de Herbert Dingle (*Journal of the Academy of Sciences*, 1936, vol. 26, pp. 183-195): «El universo en sí mismo es un postulado, no es nada que observemos...», p. 185. (traducción del autor)

3 E. Hubble: *Rhodes Memorial Lectures*, Oxford, publicadas luego como libro con el título *The Observational Approach to Cosmology*, <https://ned.ipac.caltech.edu/level5/Sept04/Hubble/paper.pdf> (traducción del autor).

4 A. Koyré: *From the Closed World to the Infinite Universe*, The John Hopkins Press, Baltimore, 1957 (traducción del autor).

5 G. Bueno: *¿Qué es la ciencia?*, Pentalfa, 1995.

6 Ver E. Harrison: *Darkness at night*, Harvard University Press, 1987, para un relato completo y técnico del problema y su historia. Ver también V. Martínez, *op. cit.*, que abre su libro con esta cuestión.

7 M. Yourcenar, en su novela *L'Oeuvre au noir* (Gallimard, 1968) expresa esta idea de forma literaria: «Su Majestad sabe, como yo, que el porvenir contiene más posibilidades de las que puede traer al mundo. Y no es, en absoluto, imposible oír algunas de ellas moverse en el fondo de la matriz del tiempo. Pero solo el acontecer decide cuál de esas larvas es viable y llega a término». (traducción del autor).

8 Nos permitimos redondear algunas de estas cifras, siempre que no suponga pérdida de rigor.

9 A. F. Chalmers: *Qué es esa cosa llamada ciencia*, Siglo XXI, 2010.

10 Algo que ocurre siempre ante ese tipo de situaciones. Como luego insistiremos, ante una discrepancia de esa naturaleza hay dos actitudes básicas diferentes. La más común es aceptar las leyes e invocar una nueva componente, desconocida, frente a la de mantener las componentes conocidas y tratar de encontrar una modificación de las leyes correspondientes que puedan explicar las anomalías. En el caso de la materia oscura, esa alternativa es la teoría MOND, que propone explicar las anomalías por un cambio, en determinadas circunstancias, de la ley de Newton.

11 Ver Lucrecio: *De Rerum Natura*, Acantilado 2012, para una visión completa y poética de las ideas hasta el siglo I de nuestra era.

12 A. Koestler: *Los sonámbulos. El origen y desarrollo de la cosmología*, Salvat, 1989.

13 Entre otros muchos, A. Ferrer Soria y E. Ros Martínez: *La aventura de la física de partículas*, Publicacions de la Universitat de València, 2019; R. Fernández Álvarez-Estrada, M. Ramón y F. J. Llanes: *Partículas elementales: una vía hacia el cosmos*, Anaya, 2017.

14 Aunque se ha propuesto en alguna ocasión la variación de algunas constantes para explicar ciertas observaciones, hasta ahora ninguna ha sido confirmada; antes, al contrario, los datos indican su constancia, dentro de las precisiones alcanzadas.

15 En una escala en que la intensidad de la interacción fuerte se le da el valor 1, la electromagnética tendría una intensidad de 0,0073; la débil, de 10^{-9}, y la gravitatoria, de 10^{-38}.

16 H. Alfvén (1908-1995), uno de los fundadores de la magnetohidrodinámica y Premio Nobel de Física en 1970, consideraba que la detección de campos magnéticos a escalas de galaxias y de cúmulos de galaxias indicaría que las fuerzas electromagnéticas podrían jugar un papel relevante en cosmología. Desarrolló un modelo alternativo a las teorías cosmológicas estándar, llamado *plasma cosmology*. Si bien el papel de esas fuerzas en los procesos de formación estelar o en la física del medio intracumular está reconocido, las propuestas cosmológicas no han calado en la comunidad científica.

17 Ver H. Kragh: «The most philosophically of all the sciences, Karl Popper and physical cosmology». <http://philsci-archive.pitt.edu/9062/1/Popper_%26_cosmology_PhilSci.pdf>

18 P. Feyerabend: *Tratado contra el método*, Tecnos, 2003.

II

La luz, mensajera de los cielos

19 Para una historia del concepto de la visión y de la luz, ver, entre otros, David Park: *The fire within the eye*, Princeton University Press, 1997.

20   Ver Manuel Lozano Leyva: *De Arquímedes a Einstein. Los diez experimentos más bellos de la física*, DeBolsillo, 2012.

21   El concepto de *campo* como magnitud que toma un valor determinado en cada lugar e instante fue introducido en el dominio de la física por Faraday.

22   En 1878, poco antes de morir, escribía en la *Enciclopedia británica*: «Sean las que fueren las dificultades que tengamos a la hora de formar una idea consistente de la constitución del éter, no puede haber duda de que los espacios interplanetarios e interestelares no están vacíos, sino que están ocupados por una sustancia o cuerpo material, que es ciertamente el más grande, y probablemente el más uniforme del que tengamos alguna noticia» (traducción del autor).

23   La relación señal-ruido, S/N, es el cociente entre la señal que llega del astro que queremos medir y el ruido total, producido fundamentalmente por el fondo de cielo, por el propio detector y por la naturaleza estadística de la señal, su ruido intrínseco.

III
La gravedad o la cohesión del universo

24   E. Hecht: «Kepler and the origins of pre-Newtonian mass», *American Journal of Physics*, 85, 115-123, 2017. <https://www.researchgate.net/publication/313147180_Kepler_and_the_origins_of_pre-Newtonian_mass>

25   J. J. Pérez, I. Solís: «Domingo de Soto en el origen de la ciencia moderna», *Revista de Filosofía*, no. 12, 1994, pp. 455-476. <https://revistas.ucm.es/index.php/RESF/article/view/RESF9494220455A/11294>

26   Ver Manuel Lozano Leyva: *op. cit.* De hecho, los experimentos del tipo «torre de Pisa» fueron llevados a cabo por el ingeniero y matemático Simon Stevin (1548-1620), de Brujas.

27   Alexander Koyré propone que Galileo dedujo esa relación y que los experimentos, de los que no dejó anotaciones detalladas, fueron comprobaciones poco refinadas. Basta considerar que la velocidad final es proporcional al tiempo para recuperar todas las leyes del movimiento uniformemente acelerado; en particular, que el espacio recorrido es proporcional al tiempo al cuadrado. La revolución de Galileo está en recurrir a las pruebas experimentales (algunas imaginadas, adelantándose a los «experimentos mentales» de Einstein) para conocer la naturaleza.

28   La magnitud de un astro mide su luminosidad observada. La explicación del sistema introducido por Hiparco tuvo que esperar hasta el siglo XIX, y tiene una base inmediata de naturaleza fisiológica. En esa escala, una diferencia de 1 magnitud corresponde a un factor 2,5 en brillo. Es decir, una diferencia de 5 magnitudes corresponde a un factor 100 en luminosidad. Se trata, pues, de una escala logarítmica, con un factor de 2,5 e invertida; es decir, cuanto mayor es la magnitud, menor es la luminosidad de un astro.

Esta escala responde al modo de detección y sensibilidad del ojo humano, como estableció Pogson en el siglo XIX.

29 Como recuerda P. Feyerabend, en su obra citada *Tratado contra el Método,* Galileo había expresado en su libro *Tratatto della sphera* estar en línea con Aristóteles y Tolomeo, y apoya sus argumentos contra el movimiento de la Tierra.

30 Recordemos que 1 minuto de arco equivale a 1/21.600 de la circunferencia. Puede ilustrarse también como el ángulo que subtiende una vara de 1 m situada a 3,44 km.

31 Ver J.-P-Luminet: *La discorde céleste. Kepler et le trésor de Tycho Brahé,* JC Lattés, 2008; J. Gilder y A.-L. Gilder: *Heavenly Intrigue. Johannes Kepler, Tycho Brahe and the murder behind one of history`s greatest scientific discoveries,* Anchor, 2005; Max Brod: *Tycho Brahe's Path to God,* Northwestern University Press, 2007.

32 Algunas de sus frases: «La imaginación es más importante que el conocimiento. El conocimiento es limitado y la imaginación circunda el mundo»; «La lógica te llevará de A a B. La imaginación te llevará a todas partes»; «Creo en la intuición y en la inspiración... en algunos momentos siento que estoy en lo cierto, aunque no conozca todavía la razón».

33 C. Solís Santos: «La Revolución copernicana y quienes la hicieron», *Teorema: Revista Internacional de Filosofía,* vol. 4, n.º 1, 1974, p. 29. <https://dialnet.unirioja.es/servlet/articulo?codigo=2046046>

34 Nos parece interesante traer aquí la definición de inercia que, con ánimos divulgativos, hace Julio Verne en su obra *Autour de la Lune* (Livre de Poche, 1966, capítulo IV): «Si un cuerpo está en reposo, permanecerá en ese estado mientras no se le aplique ninguna fuerza. Si está en movimiento, no se detendrá nunca si no es por algún obstáculo que entorpezca su marcha. Esta indiferencia al movimiento o al reposo es la inercia» (traducción del autor).

35 Es verdad que, de manera correspondiente, también hay dos magnitudes que intervienen en el caso electromagnético, la carga eléctrica y la masa inerte. Pero son de naturaleza diferente, mientras que en el caso de Newton ambas son de igual naturaleza, lo que, conceptualmente, es difícilmente aceptable.

36 En física se llama *cuerpo o partícula de prueba* al que puede sentir los efectos de un campo de fuerzas (la gravedad, por ejemplo), pero no contribuye a ese campo (no produce efectos gravitatorios, en ese caso), lo que es una buena aproximación para un primer análisis de los movimientos de los planetas, ya que la casi totalidad de la masa del sistema solar está concentrada en el Sol. Sin olvidar que la consideración de los pequeños efectos de los planetas, junto con el papel dominante del Sol, es clave para entender el comportamiento del sistema solar y su evolución.

37 David Park: *op. cit.* (traducción del autor).

38   E. Harrison: «Newton and the infinite Universe», *Physics Today*, February 1986, 24.

39   Un simple cálculo muestra que, con la distancia, la disminución de flujo recibido de cada estrella es exactamente compensado por el aumento del número de estrellas que contribuyen, de modo que se acaba por tener una bóveda celeste con la misma luminosidad en cualquier dirección.

40   Ver D. Böhm: *The Special Theory of Relativity*, «Routledge, 1966» para una magnífica exposición.

41   Cuando se trata de relatividad general, espacio y tiempo no existen por separado, sino que forman una única entidad. Para hacerlo visible, escribiremos, en ese caso, *espaciotiempo* en una sola palabra.

42   Se denomina *caída libre* al movimiento que solo está sujeto a la fuerza de la gravedad.

43   Recordemos que, en la dinámica de Newton, cuando referimos el movimiento de un cuerpo a un sistema que está acelerado, es decir, que no es inercial, aparecen términos nuevos. Por ejemplo, si el sistema de referencia está en rotación (acelerado y, por lo tanto, no inercial), aparece un término conocido como *fuerza de Coriolis*, que traduce el que estemos tomando ese referencial no inercial para describir su movimiento, por lo que las leyes deben ser modificadas adecuadamente.

44   A. Einstein presentó tres artículos en 1915 con las líneas maestras de la RG, publicando en 1916 la formulación detallada de la nueva teoría: A. Einstein: «Grundlage der allgemeinen Relativitätstheorie», *Annalen der Physik*, 49, 769, 1916. <https://en.wikisource.org/wiki/The_Foundation_of_the_Generalised_Theory_of_Relativity> (en inglés).

45   La confección de grandes catálogos es una constante en astronomía, con el fin de identificar y clasificar en familias los astros y analizar sus propiedades. A partir de finales del siglo xx, comenzando con el *Sloan Digital Sky Survey*, se hace manifiesta la intención cosmológica a la que nos referimos. El Observatorio Astrofísico de Javalambre ha sido diseñado y construido por el CEFCA <http://www.cefca.es> para llevar a cabo ese tipo de cartografiados, a través de proyectos específicos como J-PAS <http://www.j-pas.org> o J-PLUS <http://www.j-plus.org>

46   Para seguir parte de la historia de la constante, ver, por ejemplo, Alex Harvey: «The cosmological constant», <https://arxiv.org/pdf/1211.6337.pdf>

47   M. Moles: «Physically Permitted Cosmological Models with Nonzero Cosmological Constant», *The Astrophysical Journal*, 382, 369, 1991.

48   M. Moles: *op. cit.*

49   Precisemos que la explicación mezcla cálculos newtonianos con el efecto einsteiniano que aporta la solución de Schwarzschild. Es decir, la cifra total calculada, descontado el efecto del movimiento de la Tierra, es la suma de la que proporciona el cálculo de la acción perturbadora de los demás planetas sobre la órbita de Mercurio, realizada en el marco de la teoría de

Newton, y lo que aporta la RG por medio de la solución de Schwarzschild. Una curiosa situación que no ha dejado de ser señalada por algunos filósofos de la ciencia y epistemólogos. Para un análisis crítico, desde el punto de visto metodológico, puede verse, entre otros, P. Feyerabend: *op. cit.*, p. 45 y siguientes.

50 Jean-Marc Ginoux: «Albert Einstein and the Doubling of the Deflection of Light», *Foundations of Science*, 27, pp. 1-22, 2021. <https://www.researchgate.net/publication/349642967_Albert_Einstein_and_the_Doubling_of_the_Deflection_of_Light>. En esta referencia se da cuenta del triste episodio de la protesta de científicos de Alemania y de otros países, Francia en particular, argumentando que la prioridad debía ser para von Soldner. Agria actitud, con tintes antisemitas, que llevó a esos científicos a protestar incluso por la concesión del Nobel a Einstein. El juicio de la historia ha sido contundente, y Einstein es la figura del científico por excelencia.

51 Vanderriest, C.; Schneider, J.; Herpe, G.; Chevreton, M.; Moles, M.; Wlerick, G.: «The value of the time delay (AB) for the 'double' quasar Q0957+561 from optical photometric monitoring», *Astronomy and Astrophysics*, 215, 1, 1989.

52 Ver, entre otras obras del mismo autor, *The curious history of relativity: How Einstein's theory of gravity was lost and found again*, Princeton University Press, 2018.

53 A. Einstein: «Über Gravitationswellen», *Sitzungsberichte der Königlich Preussischen Akademie der Wissenschaften zu Berlín*, Seite, 154-167, 1918.

54 S. Carlip: «Aberration and the speed of gravity», *Physics Letters A*, 267, 81-87.

55 De hecho, la idea de que puede haber cuerpos tan densos que ni siquiera la luz puede escaparse de ellos fue propuesta por el geólogo John Mitchell en 1783, quien comprobó que la velocidad de escape en la superficie de un cuerpo que tuviera un tamaño de unas 500 veces la del Sol y su misma densidad sería superior a la de la luz.

56 I. Martí Vidal: *Viaje al interior de un agujero negro*, Institució Alfons el Magnànim - Centre Valencià d'Estudis i d'Investigació, 2021.

57 Con la posible excepción de la llamada radiación de Hawking, que a través de creación de pares partícula-antipartícula en la superficie (horizonte de sucesos) de un agujero negro, permitiría que una fracción (muy pequeña) de energía se escape. Radiación que no ha sido observada hasta ahora.

58 Recordemos que el nombre en inglés es *quasar*, que es la contracción de *quasi stellar* porque parecen, en las imágenes, meras estrellas, sin resolver o apenas resueltas.

IV
Descubriendo el universo

59 P. W. Hodge: «The extragalactic distance scale», *Annual Review of Astronomy and Astrophysics*, vol. 19, pp-357-372, 1981. Ver en <https://articles.adsabs.harvard.edu/full/1981ARA%26A..19..357H> (traducción del autor).

60 Se utilizan, además, como ya venimos haciendo, múltiplos de esta unidad como el kiloparsec (1 kpc = 1.000 pc), el megaparsec (1 Mpc = 1.000.000 pc) o el gigaparsec (1 Gpc = 1.000.000.000 pc).

61 Recordemos que la luminosidad recibida disminuye con el cuadrado de la distancia.

62 Nos referimos a las cefeidas clásicas. W. Baade descubrió la existencia de dos tipos de poblaciones estelares. Las cefeidas clásicas son de Población I, relativamente jóvenes y presentes sobre todo en zonas de formación estelar reciente, principalmente los brazos espirales. Por otro lado, están las de tipo W Virginis, de Población II, más viejas y menos luminosas, que se localizan en las zonas centrales de las galaxias espirales y en los halos. La confusión entre ambas, antes de la clarificación de Baade, había llevado a una fuerte sobreestimación del valor de la constante de Hubble-Lemaître, como luego comentaremos.

63 En astrofísica, *metalicidad* se refiere a la abundancia conjunta de todos los elementos más pesados que el helio.

64 Las estrellas de tipo RR Lyrae, de Población II, ya mencionadas anteriormente, son variables pulsantes, de períodos entre 0,2 y 2 días, con una amplitud de variación (máximo-mínimo) entre 0,2 y 2 magnitudes. La magnitud absoluta media es de 0,5, y está muy bien definida, por lo que se usa como calibrador de distancias. Dado que son mucho menos brillantes que las cefeidas o gigantes rojas, su alcance también es mucho menor. Ya fueron utilizadas por Shapley en una primera determinación del tamaño de la Vía Láctea.

65 R. B. Tully, J.R. Fisher: «A new method of determining distances to galaxies». <http://articles.adsabs.harvard.edu/pdf/1977A%26A....54..661T>

66 H. Shapley y H. D. Curtis: «The scale of the Universe», *Bulletin of the National Research Council*, vol. 2, part 3, no. 11, pp. 171-217, 1921. <https://archive.org/details/scaleofuniverse00shap/page/n1/mode/2up>

67 A. van Maanen: «Investigations on proper motions. X. Internal motion in the spiral nebula Messier 33, NGC598», *The Astrophysical Journal*, vol. 57, p. 264, 1923.

68 Herbert D. Curtis: «Modern Theories of Spiral Nebulae», *Journal of the Royal Astronomical Society of Canada*, vol. XIV, p. 317, 1920.

69 K. Lundmark resumió su investigación durante los años anteriores en un trabajo de 1927 cuyo título, *Studies of Anagalactic Nebulae*, es explícito en cuanto a su opinión sobre la existencia de nebulosas, que llama *anagalácticas*, que no pertenecen a nuestra galaxia, externas a ella.

70 Permítasenos un inciso en este punto. Quizás parezca innecesaria, en este libro, la proliferación de citas específicas y detalles que damos, alrededor de este acontecimiento. Pero nos parece necesario poner al lector que así lo desee en contacto con los artículos originales, ya que se trata de un evento mayor en la historia de la ciencia, y todos ellos son de acceso público, en la base de datos

NASA/ADS <https://ui.adsabs.harvard.edu>. Su lectura, además de proporcionar información sin mediación, produce cierta emoción, al permitir constatar, de primera mano, cómo se iban tanteando las posiciones que, finalmente, pusieron todas las bases de la astronomía y cosmología actuales. Ese proceso paulatino, con pasos medidos y cautelosos, llevó en pocos años a la demostración de que muchas de las nebulosas están fuera de nuestra galaxia y son sistemas estelares independientes.

71   E. Hubble: «N.G.C. 6822. A Remote Stellar System», *Astrophysical Journal*, vol. 62, p. 409, 1925.

72   E. Hubble: «A Spiral Nebula as a Stellar System. M33», *Astrophysical Journal*, vol. 63, p. 236, 1926.

73   E. Hubble: «A Spiral Nebula as a Stellar System. M31», *Astrophysical Journal*, vol. 69, p. 10, 1929.

74   M. Moles: *El jardín de las galaxias*, CSIC - Catarata, 2009.

75   Las galaxias elípticas (y las lenticulares) suelen llamarse «de tipo temprano» (*early type*) porque ocupan la parte más a la izquierda del diagrama de Hubble, quien pensaba que las elípticas evolucionaban hacia espirales, llamadas por eso de tipo tardío (*late type*). Es obvio que nada tiene que ver con el contenido estelar de cada familia, puesto que las espirales tienen poblaciones más jóvenes, más tempranas, que las elípticas.

76   Esos valores implican que el período de rotación de una galaxia como la Vía Láctea se mide en unos pocos centenares de millones de años. Es otra forma de mostrar que los resultados de Van Maanen eran erróneos.

77   Ver, entre otros, L. A. Thompson: «Vesto Slipher and the First Galaxy Redshifts», <https://arxiv.org/pdf/1108.4864.pdf> para la cronología y autoría de estos eventos, que serían fundamentales para el desarrollo de la astrofísica y la cosmología.

78   De manera específica, se define el *redshift* como $z = \lambda_o/\lambda_e$ -1, siendo λ_o la longitud de onda observada y λ_e la emitida por la fuente (valor de laboratorio). Por ejemplo, la primera línea de la serie de Balmer, llamada *Hα*, que tiene una longitud de onda medida en laboratorio de 656,3 nanómetros, en la galaxia M51 se observa a 657,3 nanómetros ($z = 0,00152$), mientras que para el mucho más lejano cuásar 3C273 se observa a 760,2 nanómetros ($z = 0,1583$).

79   A.S. Eddington: *The Mathematical Theory of Relativity*, Cambridge University Press, Cambridge, 1923. Se trata de la primera de las exposiciones sistemáticas sobre la nueva teoría de la relatividad de Einstein y de las nuevas ideas sobre espaciotiempo y gravedad.

80   Citado por J. Ehlers: «Editorial note to: H. Weyl, On the general relativity theory», *General Relativity and Gravitation*, 41, pp. 1655-1660, 2009.

81   K. Lundmark: «Curvature of Space-Time in de Sitter's World», *Monthly Notices of the Royal Astronomical Society*, vol. 84, p. 747, 1924 (traducción del autor).

82   G. Lemaître: «Un Univers homogène de masse constante et de rayon croissant, rendant compte de la vitesse radiale des nébuleuses extra-galactiques», *Annales de la Société Scientifique de Bruxelles*, A47, p. 49-59, 1927.

83   E. Hubble: «A relation between distance and radial velocity among extra-galactic nebulae», *Communications from the Mount Wilson Observatory to the National Academy of Sciences*, no. 105, Proceedings of the National Academy of Sciences, vol. 15, pp- 158-173, 1929.

84   S. Weinberg: *The First Three Minutes. A Modern View of the Origin of the Universe*, Basic Books, segunda edición, 1993 (traducción del autor).

85   D.- L. Block: «Georges Lemaître and Stigler's Law of Eponimy», en R. D. Holder and S. Mitton (eds.), *Georges Lemaître: Life, Science and Legacy*, Astrophysics and Space Science Library - Springer, 2013. <https://arxiv.org/abs/1106.3928>

86   Trabajo expuesto, en particular, en «The large scale distribution of galaxies and clusters of galaxies», *Publications of the Astronomical Society of the Pacific*, vol. 83, no. 492, p. 113, 1971.

87   A. A. Penzia y R.W. Wilson: «A Measurement of Excess Antenna Temperature at 4800 Mc/s», *The Astrophysical Journal*, vol. 142, p. 149, 1965.

88   R.H. Dicke, P.J.E. Peebles, P.G. Roll, D.T. Wilkinson: «Cosmic Black-Body Radiation», *Astrophysical Journal*, vol. 142, pp. 414-419, 1965.

89   A. McKellar: «Evidence for the Molecular Origin of Some Hitherto Unidentified Interstellar Lines», *Publications of the Astronomical Society of the Pacific*, vol. 52, no. 307, p.187, 1940.

90   En 1983, la entonces Unión Soviética lanzó un satélite llamado RELIKT-1 para medir la RCF y tratar de detectar irregularidades. Llevaba a bordo un solo detector y los datos no fueron adecuadamente analizados y publicados hasta años más tarde. Esos datos mostrarían que la RCF es un cuerpo negro con irregularidades, entre 2 cienmilésimas y 5 millonésimas de grado. Las condiciones que atravesaba la URSS, a punto de desaparecer, impidieron una investigación más adecuada de los resultados e imposibilitaron lanzar el previsto RELIKT-2. En 1992 los datos de COBE (que contaba con detector dual, que mejoraba la relación señal/ruido y permitía eliminar los espurios) fueron publicados.

91   Ver, por ejemplo, J. Masegosa, M. Moles, A. Campos-Aguilar: «Element Abundances in H II Galaxies», *The Astrophysical Journal*, 420, 576, 1994.

92   Ver, por ejemplo, Mariano Moles Villamate (coord.); Xavier Barcons Jáuregui, Narciso Benítez Lozano, Rosa Domínguez Tenreiro, Jordi Isern Vilaboy, Isabel Márquez Pérez, Vicent J. Martínez García, Rafael Rebolo López: *Claroscuro del Universo*, CSIC, 2008.

93   G. Bertone y D. Hooper: «A History of Dark Matter», 24 May 2016. <https://arxiv.org/abs/1605.04909>

94   La constante Λ puede tomar cualquier valor, positivo, negativo o nulo. Pero, como ya apuntamos, aquí solo consideramos el caso en que sea positiva.

95 Un equipo (Supernova Search Team), liderado por A. Riess. «Observational Evidence from Supernovae for an Accelerating Universe and a Cosmological Constant», *The Astronomical J.*, 116: 1009-38, 1998. El otro equipo (Supernova Cosmology Project), liderado por S. Perlmutter: «Measurements of Omega and Lambda from 42 High-Redshift Supernovae», *The Astrophysical J.*, 517: 565-86, 1999.

V

La cosmología relativista

96 Recordemos, una vez más, que esa apelación de *big-bang* fue introducida por Fred Hoyle en marzo de 1949, durante una charla retrasmitida por la BBC. El apelativo era más bien irónico, pues Hoyle se oponía a la teoría del inicio del universo. De hecho, el término *big-bang* fue rechazado por Gamow y otros defensores iniciales de esa teoría, que lo encontraban irónico como poco, aunque acabó imponiéndose. Ver <https://arxiv.org/ftp/arxiv/papers/1301/1301.0219.pdf>

97 A. F. Friedman: «Über die Krümmung des Raumes», *Zeitschift für Physik*, no. 10, p. 377, 1922. «Über die Möglichkeit einer Welt mit konstanter negative Krümmung des Raumes», *Zeitschift für Physik*, no. 21, 326-332, 1924. Pueden leerse las traducciones al inglés en *General Relativity and Gravitation*, vol. 31, no. 12, p. 1991-2000, 1999.

98 Esa presión se debe, cuando el universo está dominado por la materia no relativista como es el caso en el universo actual, a los movimientos propios de las galaxias, y es proporcional a dos tercios de su energía cinética. Siempre que esas velocidades sean pequeñas con respecto a la de la luz (y ese es el caso) esa contribución menor que la de la propia materia ($E = mc^2$), y puede despreciarse. Más adelante veremos que cuando el universo estuvo dominado por radiación (cuando era muy joven), el término de presión ya no puede despreciarse, si bien las ecuaciones de Friedman siguen siendo aplicables, una vez tomada en cuenta la nueva relación entre presión y densidad.

99 E. Schrödinger: «A thermodynamic relation between frequency-shift and broadening», *Il Nuovo Cimento*. I, no. 1, pp. 63-69, 1956 (traducción del autor).

100 E. Harrison: «The redshift-distance and the velocity-distance laws», *The Astrophysical Journal*, 403, pp. 28-31, 1993.

101 T. M. Davis, Ch. H. Lineweaver: «Expanding confusion: common misconceptions of cosmological horizons and the superluminal expansion of the universe», *Publications of the Astronomical Society of Australia*, 21, pp. 97-109, 2004.

102 Entre otros, M. Lozano Leyva: *El cosmos en la palma de la mano*, DeBolsillo, 2016; el ya citado de Vicent J. Martínez: *Marineros que surcan los cielos*, Publicacions de la Universitat de València, que contiene un hermoso viaje a través del universo; A. Fernández Soto: *Tras el Big Bang. Del origen al final del Universo*, Shackleton Books, 2020.

103   Entre otros, S. Weinberg: *Gravitation and Cosmology: Principles and Applications of the General Theory of Relativity*, John Wiley & Sons, 1972; E. Harrison: *op. cit.*; J. Cepa: *Cosmología física*, Akal, 2007. Todos contienen referencias que abarcan un largo período histórico.

104   E, Mörtsell, J. Jönsson: *A model independent measure of the large scale curvature of the Universe*, <https://arxiv.org/abs/1102.4485>

105   Ver A. Sandage: «The ability of the 200-inch telescope to discriminate between selected world models», *The Astrophysical Journal*, 133, 355, 1961. En esos momentos todavía no se había descubierto la RCF. Sandage constata que, según los datos conocidos, entre ellos los de McKellar, la temperatura del medio interestelar de nuestra galaxia no supera los 3K, por lo que concluye que la radiación de fondo tampoco puede superar ese valor. En esas condiciones, dadas las estimaciones existentes sobre la densidad de materia, la densidad de energía de la radiación es varios órdenes de magnitud inferior. Un argumento brillante y correcto.

106   Steven Weinberg: *op. cit.*, p. 9.

107   Ver, por ejemplo, J. M. Bermúdez de Castro, C. Briones Llorente, A. Fernández Soto: *Orígenes*, Crítica, 2015.

108   Las galaxias han podido ser detectadas gracias a que su luz está fuertemente intensificada por efecto de lente gravitatoria, lo que hace posible que potentes instrumentos, como los del observatorio ALMA, puedan medirla.

109   Algunos autores, entre ellos J. Barlow («Why the Universe is not anisotropic», *Physical Review* D, 51, 3113, 1955), argumentan que la isotropización, con irregularidades al nivel de las observadas, pudiera resultar directamente de la forma en que termina la era de Planck, sin que sea necesaria la inflación.

110   Ph. Helbig: «Is there a flatness problem in classical cosmology?», *Monthly Notices of the Royal Astronomical Society*, 421, 561, 2012.

111   Comentario que pudimos escuchar a G. Tammann en un congreso celebrado en París en 1976.

112   Recordemos, como comentamos anteriormente, las importantes incertidumbres que subsisten en la medida de su distancia, a pesar de todos los avances.

113   W. Freedman y B. Madore: «The Huble constant», *Annual Review of Astronomy and Astrophysics*, vol. 48, 2010. <https://arxiv.org/pdf/1004.1856.pdf>

114   A. Riess: «The Expansion of the Universe is Faster than Expected», <https://arxiv.org/pdf/2001.03624.pdf>

115   Los resultados finales de ambas misiones pueden verse en <https://arxiv.org/abs/1212.5225> y <https://ui.adsabs.harvard.edu/abs/2018arXiv180706205P/abstract>

116 Ver P. Wesson: «The extragalactic background light and a definitive resolution of the Olbers paradox», *The Astrophysical Journal*, 317, 601, 1987.

117 K. Mattila y P. Väisänen: «Extragalactic background light: inventory of light throughout the cosmic history» <https://arxiv.org/pdf/1905.08825.pdf>

118 C. J. Peterson: «Ages of globular Clusters», Publications of the Astronomical Society of the Pacific, 99, pp. 1153-1160, 1987. Ver también A. Sandage: «On the age of M92 and Ml5», *The Astronomical Journal*, 88, p. 1159-1165, 1983.

119 D. Valcin, J. L. Bernal, R. Jiménez, L. Verde, B. D. Wandelt: «Inferring the Age of the Universe with Globular Clusters». <https://arxiv.org/pdf/2007.06594.pdf>

120 Esto forma parte del lenguaje adoptado en los últimos decenios, en donde se habla de «tensiones» entre datos, de que los datos «favorecen» un modelo determinado o «sugieren» una determinada idea, o el propio adjetivo «estándar», incluso «de consenso» que se añade al modelo seleccionado..., algo alejado de la precisión y claridad que parece exigible. Un tema, el de la evolución de ese lenguaje, digno de estudio también en el ámbito de la ciencia, que parece haber adoptado, en muchas ocasiones, el de la producción y el comercio.

121 Ver, por ejemplo, D. Larson, J. L. Weiland, G. Hinshaw, C. L. Bennett: «Comparing PLANCK and WMAP: Maps, Spectra and Parameters», *Astrophysical Journal*, vol. 801, p. 9, 2015. Puede verse también en <https://arxiv.org/abs/1409.7718>

122 L. Verde, T. Treu, A. Riess: *Tensions between the early and late Universe*, 2019. <https://arxiv.org/abs/1907.10625>

123 E. di Valentino, A. Melchiorri, J. Silk: *Investigating Cosmic Discordance: Planck and luminosity distance data exclude ΛCDM*». <https://ui.adsabs.harvard.edu/link_gateway/2020arXiv200304935D/arxiv:2003.04935> Se habla de energía oscura de tipo «fantasma» para referirse a un campo para el que el coeficiente que relaciona densidad y presión es inferior a −1, por lo que su efecto acelerador es más pronunciado que el de una constante cosmológica. Su naturaleza es tan misteriosa como la de la energía oscura.

124 I. D. Karachentsev, K. N. Telikova: «Stellar and dark matter density in the Local Universe» <https://arxiv.org/pdf/1810.06326.pdf>

125 Lo que plantea otro problema, dado que la diferencia entre el valor observado y el valor cósmico tendría que ser explicado por la evolución estelar. Dado que esa diferencia puede llegar a ser muy significativa y que la contribución estelar está fuertemente acotada por otras consideraciones, la cuestión está lejos de ser trivial.

126 J. Masegosa, M. Moles, A. Campos-Aguilar: *op. cit.*, proporcionan uno de los valores más bajos para el He primordial.

127 Y. I. Izotov, T. X. Thuan, N. G. Guseva: «A new determination of the primordial He abundance using the HeIλ10830Å emission line: cosmological implications». <https://arxiv.org/pdf/1408.6953.pdf>

128 M. Anderson: *Missing baryons*. <https://wwwmpa.mpa-garching.mpg. de/~komatsu/lecturenotes/Mike_Anderson_on_missing_baryons.pdf>

129 F. Nicastro *et al*.: «Observations of the missing baryons in the warm–hot intergalactic medium». <https://arxiv.org/abs/1806.08395v1>

130 No suele invocarse el principio de Weyl, y nos ha parecido más oportuno traerlo a colación solo ahora, en las consideraciones finales, como un aspecto problemático más de la actual cosmología, en el terreno de conceptos y principios. Ver R. Maartens: «Is the Universe homogeneous?», *Philosophical Transactions of the Royal Society*, A(2011) 369, 5115-5137. <https://arxiv. org/abs/1104.1300>

131 La presencia de una constante cosmológica (positiva) puede asimilarse a una componente repulsiva de la gravitación. En este caso, la tendencia a producir aglomeraciones de materia es dificultada por esa repulsión cosmológica. Dado que el efecto de esa constante es solo apreciable, en el contexto estándar, a partir de etapas evolucionadas del universo, su efecto es poco importante cuando las galaxias y estructuras se formaron. Es más, cuando Λ domina, la densidad material tiende a cero y la homogeneidad corresponde al vacío.

132 G. F. R. Ellis: «Relativistic cosmology: its nature, aims and problems», en *General Relativity and Gravitation*, B Bertotti *et al* (Reidel, 215, 1984).

133 Ch. W. Misner, K. S. Thorne, J. A. Wheeler: *Gravitation*, W. H. Freeman & Co., 1979, p. 719 (traducción del autor).

134 Y. Baryshev: «Two fundamental cosmological laws of the local universe», en M. Krizek y Y. Dumin (eds.): *Conference Cosmology on Small Scales* 2016, Institute of Mathematics - Czech Academy of Sciences, 2016.

135 H. Bondi y T. Gold: «The steady-state theory of the expanding universe», *Monthly Notices of the Royal Astronomical Society*, 108, 252, 1948.

136 F. Hoyle: «A new model for the expanding universe», *Monthly Notices of the Royal Astronomical Society*, 108, 372, 1948. Ver: <http://articles.adsabs.harvard.edu/pdf/1948MNRAS.108..372H>

137 M. Milgrom (1983): *The Astrophysical Journal*, vol. 270, pp. 365-370. MOND corresponde a las siglas Modified Newtonian Dynamics.

138 M. Milgrom: «MOND vs. Dark matter in light of historical parallels», 2020. <https://arxiv.org/pdf/1910.04368.pdf>. En este trabajo pueden encontrarse las referencias relativas a la teoría MOND y sus logros explicativos.

139 E. Hubble y R. C. Tolman: «Two methods of investigating the nature of the nebular redshift», *The Astrophysical Journal*, 82, pp. 302-337, 1935 (traducción del autor). Ver también en: <http://articles.adsabs.harvard.edu/pdf/1935ApJ....82..302H>

140 H. Arp: *Quasars, redshifts and controversies*, Interstellar Media, 1987.

141 M. Moles: *Thèse d'État*, Paris VI, Université de Paris, 1978 – Z. Maric, M. Mo-

les, J.-P. Vigier: «Possible measurable consequences of the existence of a new anomalous redshift cause on the shape of symmetrical spectral lines», *Astronomy and Astrophysics*, 53, pp. 191-196, 1976, - Z. Maric, M. Moles, J.-P. Vigier. *Red-shifting of light passing through clusters of galaxies: a new photon property?*, Lettere Nuovo Cimento, 18, pp. 269-276, 1977.

142 Recordemos que la exigencia de la RR se refiere a la velocidad máxima de propagación, *c*. Solo una partícula de masa nula puede tener esa velocidad. Suele hablarse de la velocidad de la luz porque se admite, generalmente, que la masa del fotón es nula (como se pensaba hace algunos años de los neutrinos), pero es solo una forma de expresarlo.

143 Durante mucho tiempo se consideró que los neutrinos no tenían masa. Los datos actuales dan sin embargo masa a los neutrinos. La masa combinada de los tres tipos de neutrino (electrónico, muónico y tauónico) sería superior a 0,02 ev/c^2 (1 ev/c^2 = 1,78×10^{-33} g).

144 La designación como «no ortodoxas» de las ideas y propuestas que no concuerdan con las dominantes tiene un cierto carácter de condena que quizás no es pertinente en el campo de la ciencia y que puede alejar a los científicos, sobre todo jóvenes, de la exploración de nuevas vías. G. de Vaucouleurs, entre otros, señalaba estos aspectos en 1970. Al fin y al cabo, si bien la mayoría de esas propuestas que no se ajustan a la ortodoxia son finalmente abandonadas y olvidadas, tal vez alguna de ellas acabe por marcar los nuevos caminos de la ciencia. La historia lo muestra repetidamente.

145 Citado por J. Eisenstaedt: *op.cit.* (traducción del autor).

146 Se atribuyen (entre otros) al científico de la URSS y Premio Nobel de Física Lev Landau las palabras: «Los cosmólogos a menudo se equivocan, pero nunca dudan». Creemos que nuestra obligación científica es siempre dudar, lo de equivocarse se sobrentiende.

PRIMERA EDICIÓN DE LA OBRA
El universo a vista de pájaro, de Mariano Moles Villamate,
en la colección «Urània», dirigida por Vicent J. Martínez,
de la Institució Alfons el Magnànim - CVEI, con una
tirada de setecientos ejemplares, compuesta en la
tipografía IBM Plex Serif y Bulo Rounded e impresa por
Paper Plegat en el mes de febrero de 2024.

DE LA EDICIÓN Y LA PUBLICACIÓN DE ESTA OBRA
se ha encargado el equipo editorial del Magnànim:
Altea Tamarit, *jefa de difusión;* Ana Serrano, *difusión;*
Clara Berenguer, *jefa de publicaciones;* Enric Estrela,
subdirector; Hugo Valverde, *difusión;* José Martínez,
edición; José Luis Pinotti, *jefe de distribución;* Josep
Cerdà, *edición;* Julio Hervás, *distribución;* Luis Solsona,
distribución; María José Villalba, *administración;* Maryluz
Ivorra, *edición;* Óscar Moncho, *administración;* Robert
Martínez, *edición;* Rubén Luzón, *edición;* Toni Pedrós,
edición; Vicent Flor, *director;* Xavier Agustí, *edición;* &
Cristina González, *jefa de administración.*